河南省“十二五”普通高等教育规划教材

河南省数学教学指导委员会推荐用书

线性代数

王天泽　主编

科学出版社

北京

内 容 简 介

本书是河南省数学教学指导委员会推荐用书，根据一般工科本科类线性代数课程教学大纲的基本要求，结合作者多年实际教学经验编写而成. 内容包括：行列式、矩阵、线性方程组、矩阵的特征值与对角化、二次型、Matlab 实验. 每章后配备 A、B 两层次习题.

全书注重体现课改精神和大众化教育背景，强调数学的应用，在满足教学基本要求的前提下，适当降低了理论推导，概念讲解力求深入浅出以便于理解和掌握.

本书可作为高等院校非数学专业理工类、经管类、医药类、农林类等专业的线性代数课程教材，也可供自学者阅读和有关人员参考.

图书在版编目(CIP)数据

线性代数/王天泽主编. —北京：科学出版社, 2013
河南省“十二五”普通高等教育规划教材·河南省数学教学指导委员会推荐用书
ISBN 978-7-03-037481-3
Ⅰ. 线… Ⅱ.王… Ⅲ.线性代数-高等学校-教材 Ⅳ.O151.2

中国版本图书馆 CIP 数据核字(2013) 第 099697 号

责任编辑：昌 盛 胡海霞／责任校对：桂伟利
责任印制：师艳茹／封面设计：迷底书装

科学出版社 出版
北京东黄城根北街 16 号
邮政编码：100717
http://www.sciencep.com
三河市骏杰印刷有限公司 印刷
科学出版社发行 各地新华书店经销
*
2013 年 8 月第 一 版 开本: 720 × 1000 B5
2022 年 9 月第二十二次印刷 印张: 11 1/2
字数: 229 000

定价: 20.00 元
(如有印装质量问题，我社负责调换)

《线性代数》编写委员会

主编： 王天泽

编委：（按拼音顺序排序）

刘法贵　李亦芳　宋长明

徐少贤　张之正

前　言

线性代数是一个植根深远的数学分支, 起源较早、思想很深、理论完善、应用广泛. 它在培养现代大学生数学素质和利用数学解决实际问题能力方面具有重要作用, 是大学本科相关专业人才培养方案中课程体系和知识体系的重要组成部分, 是后续专业课程学习的知识基础、思想基础和方法基础.

线性代数的主要研究对象是线性方程组. 建立线性方程组求解的基本理论, 展现其广泛深入的应用, 是线性代数的一项重要任务. 线性代数的基本工具是矩阵及其基本理论. 线性方程组求解的实质可以理解为矩阵的初等变换. 因此, 建立关于矩阵的初步理论是线性代数的第二项重要任务. 不管是线性方程组还是矩阵, 它们都来源于生产和生活实践. 随着理论的发展完善, 它们反过来又能够用于解决生产和生活中的实际问题. 所以, 从思想、内容、方法等方面, 体现线性代数来源于实际反过来又解决实际问题的本质, 是线性代数的第三项重要任务. 本书就是按照这些任务要求进行写作的.

根据作者多年的教学实践和体会, 作为一本线性代数教程, 应该突显其构筑知识体系基础和锻炼实际应用能力的特点及需要. 因此, 本书在取材上尽量做到精简且实用: 以行列式、矩阵、线性方程组、二次型等经典题材为内容, 呈现线性代数的核心思想和主要脉络; 以线性方程组求解理论为目标和驱动, 以矩阵理论来贯穿和联系, 展示代数方法的严密逻辑和运算技巧. 然而, 对可能冲淡、甚至干扰到主要思想表达的一些细节, 或舍去, 或只谈大意. 同时, 在具体例子和问题的选取上, 希望体现大众化高等教育和学生职业需求的实用性要求. 书中每章都有一节以思考和拓展为题的内容, 给出延伸阅读的一些材料, 希望以此展现线性代数与其他知识体系的广泛联系, 开阔读者视野.

除了一些最基本的数学素质外, 比如中学解二元一次方程组的 Gauss 消元法, 本书基本不需要其他预备知识. 个别用到其他知识的内容, 一般都是例子. 跳过它们, 不会影响任何学习. 在习题安排上, A 类习题一般是用来巩固基本知识的, B 类习题一般会有体现拓展和应用的考虑. 并且作如下说明:

本书中 $*$ 号部分、楷体标示的例题、B 类习题、每章最后 1 节都属于延伸教学内容, 教师可根据学生学情、课程学时与学分等具体情况组织安排教学.

本书由刘法贵初步取材. 第 1~5 章分别由李亦芳、宋长明、刘法贵、徐少贤和张之正执笔. 全书统稿和定稿由王天泽完成. 限于作者水平, 不当或错误之处在所难免, 欢迎读者批评指正.

编　者

2013 年 2 月

目　　录

本书同步学习辅导书《线性代数学习指导》为您提供详尽的习题分析及其解答，助您学有所成!

书名:《线性代数学习指导》

书号：978-7-03-041593-6

定价：27.00 元

科学出版社电子商务平台上本辅导书购买的二维码如下:

第 1 章　行　列　式

行列式是线性代数的一个基本概念和重要工具, 应用领域十分广泛. 本章介绍 n 阶行列式的定义, 讨论其基本性质和计算. 作为应用, 给出求解一类特殊线性方程组的 Cramer 法则.

1.1　n 阶行列式的定义

1.1.1　2 阶和 3 阶行列式的定义

行列式的概念出现于线性方程组的求解, 最早是一种速记的表达式. 按照习惯, 先来介绍比较简单的 2 阶行列式. 给出 $4 = 2^2$ 个实数 a_{ij} $(i, j = 1, 2)$, 用表达式 $\begin{vmatrix} a_{11} & a_{12} \\ a_{21} & a_{22} \end{vmatrix}$ 来表示由它们给出的一个新的实数 $a_{11}a_{22} - a_{12}a_{21}$, 即定义

$$\begin{vmatrix} a_{11} & a_{12} \\ a_{21} & a_{22} \end{vmatrix} = a_{11}a_{22} - a_{12}a_{21}. \tag{1.1}$$

在上式中, 其左边比右边明显既简捷又有规律, 比较容易记忆. 因此, 我们就给式 (1.1) 左边的表达式冠一名称, 把它称为**2 阶行列式**, 它所表示的就是式 (1.1) 右边的实数, 其中“2 阶”一词表示式 (1.1) 左边表达式的行数和列数是 2. 为了叙述方便, 有时也用记号 D_2 来表示式 (1.1). 由此, 当 $D_2 = a_{11}a_{22} - a_{12}a_{21} \neq 0$ 时, 含有 2 个未知元 x_1, x_2 的线性方程组

$$\begin{cases} a_{11}x_1 + a_{12}x_2 = b_1, \\ a_{21}x_1 + a_{22}x_2 = b_2 \end{cases}$$

的唯一解

$$x_1 = \frac{b_1a_{22} - a_{12}b_2}{a_{11}a_{22} - a_{12}a_{21}}, \quad x_2 = \frac{a_{11}b_2 - b_1a_{21}}{a_{11}a_{22} - a_{12}a_{21}}$$

就可以有规律地表示为下述容易记忆的形式

$$x_1 = \frac{\begin{vmatrix} b_1 & a_{12} \\ b_2 & a_{22} \end{vmatrix}}{\begin{vmatrix} a_{11} & a_{12} \\ a_{21} & a_{22} \end{vmatrix}}, \quad x_2 = \frac{\begin{vmatrix} a_{11} & b_1 \\ a_{21} & b_2 \end{vmatrix}}{\begin{vmatrix} a_{11} & a_{12} \\ a_{21} & a_{22} \end{vmatrix}}.$$

类似地, 由 $9=3^2$ 个数 $a_{ij}\ (i,j=1,2,3)$ 组成的**3 阶行列式**

$$D_3=\begin{vmatrix} a_{11} & a_{12} & a_{13} \\ a_{21} & a_{22} & a_{23} \\ a_{31} & a_{32} & a_{33} \end{vmatrix} \tag{1.2}$$

定义为

$$D_3=a_{11}a_{22}a_{33}+a_{12}a_{23}a_{31}+a_{13}a_{21}a_{32}-a_{13}a_{22}a_{31}-a_{12}a_{21}a_{33}-a_{11}a_{23}a_{32}. \tag{1.3}$$

很明显, 记忆式 (1.2) 比记忆式 (1.3) 要方便很多. 并且, 利用 Gauss 消元法, 通过计算不难得到, 当 $D_3\neq 0$ 时, 含有 3 个未知元 x_1,x_2,x_3 的线性方程组

$$\begin{cases} a_{11}x_1+a_{12}x_2+a_{13}x_3=b_1, \\ a_{21}x_1+a_{22}x_2+a_{23}x_3=b_2, \\ a_{31}x_1+a_{32}x_2+a_{33}x_3=b_3 \end{cases}$$

的唯一解

$$\begin{cases} x_1=\dfrac{b_1a_{22}a_{33}+b_2a_{13}a_{32}+b_3a_{12}a_{23}-b_1a_{23}a_{32}-b_2a_{12}a_{33}-b_3a_{13}a_{22}}{a_{11}a_{22}a_{33}+a_{12}a_{23}a_{31}+a_{13}a_{21}a_{32}-a_{13}a_{22}a_{31}-a_{12}a_{21}a_{33}-a_{11}a_{23}a_{32}}, \\ x_2=\dfrac{a_{31}b_1a_{23}+a_{11}b_2a_{33}+a_{21}b_3a_{13}-a_{21}b_1a_{33}-a_{13}b_2a_{31}-a_{23}b_3a_{11}}{a_{11}a_{22}a_{33}+a_{12}a_{23}a_{31}+a_{13}a_{21}a_{32}-a_{13}a_{22}a_{31}-a_{12}a_{21}a_{33}-a_{11}a_{23}a_{32}}, \\ x_3=\dfrac{a_{21}a_{32}b_1+a_{31}a_{12}b_2+a_{11}a_{22}b_3-a_{22}a_{31}b_1-a_{11}a_{32}b_2-a_{12}a_{21}b_3}{a_{11}a_{22}a_{33}+a_{12}a_{23}a_{31}+a_{13}a_{21}a_{32}-a_{13}a_{22}a_{31}-a_{12}a_{21}a_{33}-a_{11}a_{23}a_{32}} \end{cases}$$

可以简捷地表示为

$$x_1=\frac{d_1}{D_3},\quad x_2=\frac{d_2}{D_3},\quad x_3=\frac{d_3}{D_3},$$

其中 d_1,d_2,d_3 分别是下述 3 阶行列式

$$d_1=\begin{vmatrix} b_1 & a_{12} & a_{13} \\ b_2 & a_{22} & a_{23} \\ b_3 & a_{32} & a_{33} \end{vmatrix}=b_1a_{22}a_{33}+b_2a_{13}a_{32}+b_3a_{12}a_{23}-b_1a_{23}a_{32}-b_2a_{12}a_{33}-b_3a_{13}a_{22},$$

$$d_2=\begin{vmatrix} a_{11} & b_1 & a_{13} \\ a_{21} & b_2 & a_{23} \\ a_{31} & b_3 & a_{33} \end{vmatrix}=a_{31}b_1a_{23}+a_{11}b_2a_{33}+a_{21}b_3a_{13}-a_{21}b_1a_{33}-a_{13}b_2a_{31}-a_{23}b_3a_{11},$$

$$d_3=\begin{vmatrix} a_{11} & a_{12} & b_1 \\ a_{21} & a_{22} & b_2 \\ a_{31} & a_{32} & b_3 \end{vmatrix}=a_{21}a_{32}b_1+a_{31}a_{12}b_2+a_{11}a_{22}b_3-a_{22}a_{31}b_1-a_{11}a_{32}b_2-a_{12}a_{21}b_3.$$

可以看出, 2 阶和 3 阶行列式分别是由 2^2 个数和 3^2 个数给出的另一个数的算式, 都表示一个具体的数值. 一般地, 对于给定的正整数 n, 我们自然希望考虑由 n^2 个实数 a_{ij} $(i,j=1,2,\cdots,n)$ 组成的 n 行 n 列表达式

$$D_n=\begin{vmatrix} a_{11} & a_{12} & \cdots & a_{1n} \\ a_{21} & a_{22} & \cdots & a_{2n} \\ \vdots & \vdots & & \vdots \\ a_{n1} & a_{n2} & \cdots & a_{nn} \end{vmatrix}, \tag{1.4}$$

按照类似规律给出一个新的实数的算式. 如果能够做到这一点, 就称其为n **阶行列式**, 并且 a_{ij} 称为行列式 D_n 的第 i 行第 j 列**元素**, $a_{11},a_{22},\cdots,a_{nn}$ 所在的对角线称为行列式的**主对角线**, 相应的元素 $a_{11},a_{22},\cdots,a_{nn}$ 称为**主对角元**, $a_{1n},a_{2,n-1},\cdots,a_{n1}$ 所在的对角线称为**次对角线**, 相应的元素 $a_{1n},a_{2,n-1},\cdots,a_{n1}$ 称为行列式的**次对角元**. 通常, 式 (1.4) 简记为 $D_n=|a_{ij}|$ 或 $\det(a_{ij})$.

在式 (1.4) 中, $n=1$ 是特殊情况. 我们把由 1 个数 a 组成的 1 阶行列式 D_1 定义为数 a 本身.

1.1.2 n 阶行列式的定义

我们已经有了 1 阶、2 阶和 3 阶行列式的定义, 并由定义可以看出,D_2 的算式相对简单好记, 而 D_3 的算式要复杂得多. 那么, 自然会问, 这算式是如何得到的? 更进一步, 当 $n\geqslant 4$ 时, 形如式 (1.4) 的 n 阶行列式 D_n 的具体算式又如何?

为此, 先分析 2 阶和 3 阶行列式定义中的算式的特点. 在式 (1.1) 中, 记 $A_{11}=a_{22}$, $A_{12}=-a_{21}$, 则

$$D_2=a_{11}A_{11}+a_{12}A_{12}.$$

注意到 A_{11} 和 A_{12} 都可看作 1 阶行列式, 上式表明, 2 阶行列式 D_2 可以通过“降阶”的办法, 转化为其第一行元素与 A_{1j} $(j=1,2)$ 乘积的和. 类似地, 在 D_3 的定义算式 (1.2) 和 (1.3) 中, 记

$$A_{11}=\begin{vmatrix} a_{22} & a_{23} \\ a_{32} & a_{33} \end{vmatrix},\quad A_{12}=-\begin{vmatrix} a_{21} & a_{23} \\ a_{31} & a_{33} \end{vmatrix},\quad A_{13}=\begin{vmatrix} a_{21} & a_{22} \\ a_{31} & a_{32} \end{vmatrix},$$

则由定义通过简单计算可得

$$D_3=a_{11}A_{11}+a_{12}A_{12}+a_{13}A_{13}.$$

这说明, 3 阶行列式 D_3 也可以通过“降阶”的办法, 转化为其第 1 行元素 a_{1j} 与 2 阶行列式 A_{1j} $(j=1,2,3)$ 的乘积之和. 换句话说, 可以通过上式来给出 3 阶行列式 D_3 的具体算式.

沿用这一思想, 我们自然要问, 能否运用递归的方法, 通过一些 $n-1$ 阶行列式来给出 n 阶行列式的具体算式? 回答是肯定的. 为实现这一思想, 首先给出余子式和代数余子式的概念.

定义 1.1　设 $n \geqslant 2$. 在表达式 (1.4), 即 $D_n = |a_{ij}|$ 中, 划去元素 a_{ij} 所在的第 i 行和第 j 列上的元素, 余下来的 $(n-1)^2$ 个元素按照原来相对位置构成的表达式

$$D_{n-1} = \begin{vmatrix} a_{11} & \cdots & a_{1,j-1} & a_{1,j+1} & \cdots & a_{1n} \\ \vdots & & \vdots & \vdots & & \vdots \\ a_{i-1,1} & \cdots & a_{i-1,j-1} & a_{i-1,j+1} & \cdots & a_{i-1,n} \\ a_{i+1,1} & \cdots & a_{i+1,j-1} & a_{i+1,j+1} & \cdots & a_{i+1,n} \\ \vdots & & \vdots & \vdots & & \vdots \\ a_{n1} & \cdots & a_{n,j-1} & a_{n,j+1} & \cdots & a_{nn} \end{vmatrix}$$

称为元素 a_{ij} 的**余子式**, 记为 M_{ij}. 用 $(-1)^{i+j}$ 乘 M_{ij} 得到的表达式 $(-1)^{i+j}M_{ij}$ 称为 a_{ij} 的**代数余子式**, 记为 A_{ij}, 即 $A_{ij} = (-1)^{i+j}M_{ij}$.

例如, 对于 $D_4 = \begin{vmatrix} 1 & 3 & 0 & 1 \\ 3 & 0 & 1 & 4 \\ 1 & 1 & 2 & 1 \\ 0 & 1 & 1 & 0 \end{vmatrix}$, 其第 1 行元素的余子式和代数余子式分别是

$$M_{11} = \begin{vmatrix} 0 & 1 & 4 \\ 1 & 2 & 1 \\ 1 & 1 & 0 \end{vmatrix}, \ M_{12} = \begin{vmatrix} 3 & 1 & 4 \\ 1 & 2 & 1 \\ 0 & 1 & 0 \end{vmatrix}, \ M_{13} = \begin{vmatrix} 3 & 0 & 4 \\ 1 & 1 & 1 \\ 0 & 1 & 0 \end{vmatrix}, \ M_{14} = \begin{vmatrix} 3 & 0 & 1 \\ 1 & 1 & 2 \\ 0 & 1 & 1 \end{vmatrix}$$

和

$$A_{11} = (-1)^{1+1}M_{11} = M_{11}, A_{12} = (-1)^{1+2}M_{12} = -M_{12},$$

$$A_{13} = (-1)^{1+3}M_{13} = M_{13}, A_{14} = (-1)^{1+4}M_{14} = -M_{14}.$$

由定义可以看到, 余子式 M_{ij} 和代数余子式 A_{ij} 与 D_n 的第 i 行和第 j 列元素无关. 利用定义 1.1, 根据上面对于 2 阶和 3 阶行列式算式定义的分析, 现在可以用递归方法给出 n 阶行列式的下述定义.

定义 1.2　设 $n \geqslant 2$. n 阶行列式 $D_n = |a_{ij}|$ 定义为

$$D_n = a_{11}A_{11} + a_{12}A_{12} + \cdots + a_{1n}A_{1n}, \tag{1.5}$$

其中 A_{1j} $(j = 1, 2, \cdots, n)$ 为元素 a_{1j} $(j = 1, 2, \cdots, n)$ 的代数余子式.

例 1.1 计算行列式 $D_3 = \begin{vmatrix} 1 & 2 & 3 \\ 3 & 4 & 5 \\ 2 & 3 & 4 \end{vmatrix}$.

解 根据式 (1.5), $D_3 = A_{11} + 2A_{12} + 3A_{13}$, 由 2 阶行列式的定义知

$$A_{11} = (-1)^{1+1}\begin{vmatrix} 4 & 5 \\ 3 & 4 \end{vmatrix} = 1,\ A_{12} = (-1)^{1+2}\begin{vmatrix} 3 & 5 \\ 2 & 4 \end{vmatrix} = -2,\ A_{13} = (-1)^{1+3}\begin{vmatrix} 3 & 4 \\ 2 & 3 \end{vmatrix} = 1,$$

故 $D_3 = 1 + 2 \times (-2) + 3 \times 1 = 0$.

例 1.2 设 a, b, c 为任意实数. 计算行列式 $D_3 = \begin{vmatrix} a & b & c \\ 3 & 4 & 5 \\ 2 & 3 & 4 \end{vmatrix}$.

解 根据式 (1.5), $D_3 = aA_{11} + bA_{12} + cA_{13} = a - 2b + c$.

利用式 (1.5) 和数学归纳法, 容易证明**下三角行列式**

$$D = \begin{vmatrix} a_1 & 0 & \cdots & 0 \\ * & a_2 & \cdots & 0 \\ \vdots & \vdots & & \vdots \\ * & * & \cdots & a_n \end{vmatrix} = a_1 a_2 \cdots a_n$$

以及行列式

$$\begin{vmatrix} 0 & 0 & \cdots & 0 & a_1 \\ 0 & 0 & \cdots & a_2 & * \\ \vdots & \vdots & & \vdots & \vdots \\ a_n & * & \cdots & * & * \end{vmatrix} = (-1)^{\frac{n(n-1)}{2}} a_1 a_2 \cdots a_n.$$

类似地, 不难得到**上三角行列式**

$$\begin{vmatrix} a_1 & * & \cdots & * \\ 0 & a_2 & \cdots & * \\ \vdots & \vdots & & \vdots \\ 0 & 0 & \cdots & a_n \end{vmatrix} = a_1 a_2 \cdots a_n$$

以及行列式

$$\begin{vmatrix} * & * & \cdots & * & a_1 \\ * & * & \cdots & a_2 & 0 \\ \vdots & \vdots & & \vdots & \vdots \\ a_n & 0 & \cdots & 0 & 0 \end{vmatrix} = (-1)^{\frac{n(n-1)}{2}} a_1 a_2 \cdots a_n.$$

这里 $*$ 表示任意的数.

在 1.2 节我们将会看到, 计算行列式的一个基本方法, 就是利用行列式的性质将其化成三角行列式来计算. 因此, 读者应熟记以上几个特殊行列式的计算公式.

1.2 行列式的性质和计算

当 n 比较大时, 利用 1.1 节中的定义实际计算一个 n 阶行列式的值, 一般是比较烦琐的, 通常需要利用行列式的性质来简化其计算.

1.2.1 行列式的性质

我们先给出行列式的一些基本性质. 考虑到这些性质的证明都较为经典, 并且在参考文献所列的其他线性代数书中都能够找到, 本书不再列出. 仅以 2 阶行列式为例, 作简单说明.

性质 1.1 互换行列式的行和列, 其值不变.

通常, 互换一个行列式的行和列所得到的行列式称为原行列式的**转置行列式**. 因此, 性质 1.1 是说一个行列式与其转置行列式相等. 以 2 阶行列式 $\begin{vmatrix} a & b \\ c & d \end{vmatrix}$ 为例, 互换其行和列得到的行列式是 $\begin{vmatrix} a & c \\ b & d \end{vmatrix}$. 由定义容易看到

$$\begin{vmatrix} a & c \\ b & d \end{vmatrix} = ad - bc = \begin{vmatrix} a & b \\ c & d \end{vmatrix}.$$

性质 1.2 行列式某一行 (列) 的公因子 k, 可以提到行列式外面.

例如, $\begin{vmatrix} ka & kb \\ c & d \end{vmatrix} = k(ad - bc) = k\begin{vmatrix} a & b \\ c & d \end{vmatrix}$.

性质 1.3 如果行列式某两行 (列) 成比例, 则其值为零.

性质 1.4 行列式两行 (列) 互换, 行列式变号.

将行列式 $\begin{vmatrix} a & b \\ c & d \end{vmatrix}$ 的第 1 行和第 2 行互换, 得到行列式 $\begin{vmatrix} c & d \\ a & b \end{vmatrix}$. 直接计算可知

$$\begin{vmatrix} c & d \\ a & b \end{vmatrix} = cb - ad = -(ad - cb) = -\begin{vmatrix} a & b \\ c & d \end{vmatrix}.$$

为叙述方便, 互换行列式的 i, j 两行 (列) 简记为 $r_i \leftrightarrow r_j$ $(c_i \leftrightarrow c_j)$.

性质 1.5 行列式某一行 (列) 的倍数加到另外一行 (或一列), 其值不变.

将行列式 $\begin{vmatrix} a & b \\ c & d \end{vmatrix}$ 的第 2 行的 k 倍加到第 1 行得到 $\begin{vmatrix} a+kc & b+kd \\ c & d \end{vmatrix}$. 直接计算可知

$$\begin{vmatrix} a+kc & b+kd \\ c & d \end{vmatrix} = (a+kc)d-(b+kd)c = ad-bc = \begin{vmatrix} a & b \\ c & d \end{vmatrix}.$$

行列式第 j 行 (列) 的 k 倍加到第 i 行 (列) 简记为 r_i+kr_j (c_i+kc_j).

性质 1.6 如果行列式某一行 (列) 各元素都是两个元素之和, 则该行列式可以分拆为两个行列式之和.

对 2 阶行列式来说, 直接计算可得

$$\begin{vmatrix} a+p & b+q \\ c & d \end{vmatrix} = (a+p)d-(b+q)c = (ad-cb)+(pd-qc) = \begin{vmatrix} a & b \\ c & d \end{vmatrix} + \begin{vmatrix} p & q \\ c & d \end{vmatrix}.$$

例 1.3 n 阶行列式 D 的元素要么为 1, 要么为 -1. 证明该行列式 D 的值为偶数.

证明 将行列式任意一行加到第 1 行后, 设第 1 行元素为 $a_1, a_2, \cdots, a_n$, 则 a_i 要么为 0, 要么为 2. 因此, 按第 1 行展开, 并注意到代数余子式 A_{1j} $(j=1,2,\cdots,n)$ 为整数, 因此

$$D = a_1A_{11}+a_2A_{12}+\cdots+a_nA_{1n}$$

为偶数.

例 1.4 设 $f(x), g(x), h(x)$ 二阶连续可导, 求

$$F(x) = \lim_{t\to 0}\frac{1}{t^3}\begin{vmatrix} f(x) & g(x) & h(x) \\ f(x+t) & g(x+t) & h(x+t) \\ f(x+2t) & g(x+2t) & h(x+2t) \end{vmatrix}.$$

解 根据行列式的性质, 实施 $r_2-r_1, r_3-2r_2+r_1$, 得

$$F(x) = \begin{vmatrix} f(x) & g(x) & h(x) \\ \lim\limits_{t\to 0}\dfrac{f(x+t)-f(x)}{t} & \lim\limits_{t\to 0}\dfrac{g(x+t)-g(x)}{t} & \lim\limits_{t\to 0}\dfrac{h(x+t)-h(x)}{t} \\ \lim\limits_{t\to 0}f_1(x,t) & \lim\limits_{t\to 0}g_1(x,t) & \lim\limits_{t\to 0}h_1(x,t) \end{vmatrix},$$

其中

$$f_1(x,t) = \frac{f(x+2t)-2f(x+t)+f(x)}{t^2},$$

$$g_1(x,t)=\frac{g(x+2t)-2g(x+t)+g(x)}{t^2},$$
$$h_1(x,t)=\frac{h(x+2t)-2h(x+t)+h(x)}{t^2}.$$

注意到

$$\lim_{t\to 0}\frac{f(x+t)-f(x)}{t}=f'(x),\lim_{t\to 0}\frac{g(x+t)-g(x)}{t}=g'(x),\lim_{t\to 0}\frac{h(x+t)-h(x)}{t}=h'(x),$$

及 $\lim\limits_{t\to 0}f_1(x,t)=f''(x),\lim\limits_{t\to 0}g_1(x,t)=g''(x),\lim\limits_{t\to 0}h_1(x,t)=h''(x)$. 因此,

$$F(x)=\begin{vmatrix} f(x) & g(x) & h(x) \\ f'(x) & g'(x) & h'(x) \\ f''(x) & g''(x) & h''(x) \end{vmatrix}.$$

例 1.5　设行列式 $\begin{vmatrix} a_1 & b_1 & c_1 \\ a_2 & b_2 & c_2 \\ a_3 & b_3 & c_3 \end{vmatrix}=m$, 证明

$$D=\begin{vmatrix} a_1+2b_1 & b_1-c_1 & c_1+3a_1 \\ a_2+2b_2 & b_2-c_2 & c_2+3a_2 \\ a_3+2b_3 & b_3-c_3 & c_3+3a_3 \end{vmatrix}=-5m.$$

证明　根据行列式的性质, 得

$$\begin{aligned} D &= \begin{vmatrix} a_1 & b_1-c_1 & c_1+3a_1 \\ a_2 & b_2-c_2 & c_2+3a_2 \\ a_3 & b_3-c_3 & c_3+3a_3 \end{vmatrix}+2\begin{vmatrix} b_1 & b_1-c_1 & c_1+3a_1 \\ b_2 & b_2-c_2 & c_2+3a_2 \\ b_3 & b_3-c_3 & c_3+3a_3 \end{vmatrix} \\ &= \begin{vmatrix} a_1 & b_1-c_1 & c_1 \\ a_2 & b_2-c_2 & c_2 \\ a_3 & b_3-c_3 & c_3 \end{vmatrix}+2\begin{vmatrix} b_1 & -c_1 & c_1+3a_1 \\ b_2 & -c_2 & c_2+3a_2 \\ b_3 & -c_3 & c_3+3a_3 \end{vmatrix} \\ &= \begin{vmatrix} a_1 & b_1 & c_1 \\ a_2 & b_2 & c_2 \\ a_3 & b_3 & c_3 \end{vmatrix}-6\begin{vmatrix} a_1 & b_1 & c_1 \\ a_2 & b_2 & c_2 \\ a_3 & b_3 & c_3 \end{vmatrix}=-5m. \end{aligned}$$

证毕.

1.2.2　n 阶行列式的展开式

根据定义 1.2, n 阶行列式 D_n 是其第 1 行元素与该行元素代数余子式对应乘积之和. 习惯上, 这也称为 n 阶行列式 D_n 按照第 1 行的**展开式**, 或称 D_n 可以按照第 1 行展开. 据此可以联想, D_n 能否按照其他行展开, 即对于 $1\leqslant i\leqslant n$, D_n 的

第 i 行元素与该行元素代数余子式对应乘积之和是否也等于 D_n 的值? 进一步, 对于 $1 \leqslant i,j \leqslant n, i \neq j$, D_n 第 i 行元素与第 j 行元素代数余子式的对应乘积之和又如何? 再进一步, 如果把上述讨论中关于行列式"行"的分析都改为"列", 是否有类似结论? 下面定理对这些问题给出了一个十分完整的回答. 其证明不难由定义 1.2、性质 1.1、性质 1.3 和性质 1.4 给出.

定理 1.1 对于任一 n 阶行列式 $D_n = |a_{ij}|$, 我们有

$$a_{i1}A_{j1} + a_{i2}A_{j2} + \cdots + a_{in}A_{jn} = \begin{cases} D_n, & i = j, \\ 0, & i \neq j; \end{cases} \tag{1.6}$$

$$a_{1i}A_{1j} + a_{2i}A_{2j} + \cdots + a_{ni}A_{nj} = \begin{cases} D_n, & i = j, \\ 0, & i \neq j. \end{cases} \tag{1.7}$$

注意, 式 (1.6) 是关于"行"的结果, 式 (1.7) 是关于"列"的结果. 用一句话来说, 定理 1.1 断言, 行列式 D_n 的第 i 行 (列) 元素与其对应的代数余子式的乘积之和等于行列式 D_n, 而第 i 行 (列) 元素与第 j $(i \neq j)$ 行 (列) 元素代数余子式的对应乘积之和为 0.

例 1.6 已知 $D_n = \begin{vmatrix} 1 & 1 & \cdots & 1 & 1 \\ 0 & 1 & \cdots & 1 & 1 \\ \vdots & \vdots & \ddots & \vdots & \vdots \\ 0 & 0 & \cdots & 1 & 1 \\ 0 & 0 & \cdots & 0 & 1 \end{vmatrix}$, 求 $\sum\limits_{i,j=1}^{n} A_{ij}$.

解 首先, 由于 D_n 为上三角行列式, 所以容易看出其值 $D_n = 1$. 因此, 由定义 1.2 得

$$A_{11} + A_{12} + \cdots + A_{1n} = 1.$$

其次, 在式 (1.6) 中, 令 $i = 1, 2 \leqslant j \leqslant n$, 可得

$$A_{j1} + A_{j2} + \cdots + A_{jn} = 0.$$

将上述式子左右两边分别相加可得

$$\sum_{i,j=1}^{n} A_{ij} = 1.$$

例 1.7 已知 n 阶行列式 D_n 的代数余子式 $A_{ij} = a_{ij}$, 且 D_n 含有非零元素. 证明: $D_n \neq 0$.

证明 不妨设 $a_{11} \neq 0$, 把 D_n 按照第 1 行展开, 得 $D_n = a_{11}^2 + a_{12}^2 \cdots + a_{1n}^2 \neq 0$.

1.2.3　行列式的计算

下面通过一些例子说明如何利用行列式的性质来简化和计算行列式. 仔细揣摩这些例子, 对于熟记行列式的性质和应用会有帮助.

例 1.8　计算 4 阶行列式 $D_4=\begin{vmatrix}3&1&-1&2\\-5&1&3&-4\\2&0&1&-1\\1&-5&3&-3\end{vmatrix}$.

解

$$D_4\xlongequal{c_1\leftrightarrow c_2}-\begin{vmatrix}1&3&-1&2\\1&-5&3&-4\\0&2&1&-1\\-5&1&3&-3\end{vmatrix}\xlongequal{r_2-r_1,r_4+5r_1}-\begin{vmatrix}1&3&-1&2\\0&-8&4&-6\\0&2&1&-1\\0&16&-2&7\end{vmatrix}$$

$$\xlongequal{r_2\leftrightarrow r_3}\begin{vmatrix}1&3&-1&2\\0&2&1&-1\\0&-8&4&-6\\0&16&-2&7\end{vmatrix}\xlongequal{r_3+4r_2,r_4-8r_2}\begin{vmatrix}1&3&-1&2\\0&2&1&-1\\0&0&8&-10\\0&0&-10&15\end{vmatrix}$$

$$\xlongequal{r_4+\frac{10}{8}r_3}\begin{vmatrix}1&3&-1&2\\0&2&1&-1\\0&0&8&-10\\0&0&0&\dfrac{5}{2}\end{vmatrix}=40.$$

该例子的方法, 对计算元素为数字的行列式普遍适用. 对这类行列式, 一般总是利用行列式的性质将它化为上三角行列式 (或下三角行列式) 来计算. 同时, 在计算过程中, 应尽量调整行列式, 使得计算简捷.

把一个行列式化为上三角行列式的过程可以程序化. 首先, 不妨假设行列式的元素不全为 0. 于是, 利用行与行或列与列互换, 总可以把行列式中处于 a_{11} 位置上的元素调整为非零的数. 这样, 可以进一步假设 $a_{11}\neq 0$. 其次, 由于 $a_{11}\neq 0$, 所以能够利用性质 1.5 将行列式中第 1 列的其他元素全化为 0. 接着, 对其右下角的 $n-1$ 阶行列式实施同样的简化程序. 如此类推, 经过有限步骤, 即可将要计算的行列式化为上三角行列式. 类似程序也可将一个行列式化为下三角行列式. 具体做法请读者自行思考. 需要注意的是, 在化简的过程中, 若出现全为 0 的行 (列), 则行列式必为 0, 后续程序就不必再进行了.

要使得计算简捷, 一般需要观察和思考. 比如在例 1.5 的行列式中, 尽管 $a_{11}=3$, 但是如果直接由此出发将第 1 列以下其余元素化为 0, 就会导致计算中出现很多分数, 继续简化行列式的计算会比较麻烦. 因此, 化简时应尽量把 a_{11} 位置上的非零元调整为 1 或 -1. 这也正是在例 1.8 中首先实施 $c_1 \leftrightarrow c_2$ 的原因. 另外, 性质 1.2、性质 1.5 和性质 1.6 在简化计算中常常十分有用, 请读者在练习中注意使用.

例 1.9 计算行列式 $D_3 = \begin{vmatrix} a & b & c \\ a & a+b & a+b+c \\ a & 2a+b & 3a+2b+c \end{vmatrix}$.

解 根据行列式的性质, 直接计算, 得

$$D_3 = \begin{vmatrix} a & b & c \\ 0 & a & a+b \\ 0 & a & 2a+b \end{vmatrix} = \begin{vmatrix} a & b & c \\ 0 & a & a+b \\ 0 & 0 & a \end{vmatrix} = a^3.$$

例 1.10 计算 n 阶行列式 $D_n = \begin{vmatrix} x & a & a & \cdots & a \\ a & x & a & \cdots & a \\ a & a & x & \cdots & a \\ \vdots & \vdots & \vdots & & \vdots \\ a & a & a & \cdots & x \end{vmatrix}$.

这是一个包含字母的行列式. 这类行列式的计算一般与例 1.8 和例 1.9 中的办法不同. 计算它们往往需要先观察其特点和规律, 然后再进行计算. 本例的特点是, 每行 (列) 元素之和相同, 其值为 $x+(n-1)a$. 注意到这一点便可以计算该行列式.

解 将行列式的第 2,3,$\cdots$,n 行依次加到第 1 行, 并提出公因子 $x+(n-1)a$ 可得

$$D_n = [x+(n-1)a] \begin{vmatrix} 1 & 1 & \cdots & 1 \\ a & x & \cdots & a \\ \vdots & \vdots & & \vdots \\ a & a & \cdots & x \end{vmatrix}.$$

在上式右边的行列式中, 将第 1 行的 $-a$ 倍依次加到第 $2,3,\cdots,n$ 行上去, 得

$$D_n = [x+(n-1)a] \begin{vmatrix} 1 & 1 & \cdots & 1 \\ 0 & x-a & \cdots & 0 \\ \vdots & \vdots & & \vdots \\ 0 & 0 & \cdots & x-a \end{vmatrix} = [x+(n-1)a](x-a)^{n-1}.$$

例 1.11 计算 $n+1$ 阶行列式

$$D_{n+1}=\begin{vmatrix} a_0 & a_1 & a_2 & \cdots & a_n \\ b_1 & d_1 & 0 & \cdots & 0 \\ b_2 & 0 & d_2 & \cdots & 0 \\ \vdots & \vdots & \vdots & & \vdots \\ b_n & 0 & 0 & \cdots & d_n \end{vmatrix} \quad (d_k\neq 0, k=1,2,\cdots,n).$$

解 由于 $d_k\neq 0, k=1,2,\cdots,n$, 所以可以使用 $r_1-\frac{a_1}{d_1}r_2-\cdots-\frac{a_n}{d_n}r_{n+1}$ 对 D_{n+1} 进行简化, 从而得到

$$D_{n+1}=\begin{vmatrix} a_0-\sum\limits_{k=1}^{n}\frac{a_kb_k}{d_k} & 0 & 0 & \cdots & 0 \\ b_1 & d_1 & 0 & \cdots & 0 \\ \vdots & \vdots & \vdots & & \vdots \\ b_n & 0 & 0 & \cdots & d_n \end{vmatrix}=\left(a_0-\sum_{k=1}^{n}\frac{a_kb_k}{d_k}\right)d_1d_2\cdots d_n.$$

例 1.12 证明: 当 $\alpha\neq\beta$ 时,

$$D_n=\begin{vmatrix} \alpha+\beta & \alpha\beta & & & & \\ 1 & \alpha+\beta & \alpha\beta & & & \\ & 1 & \alpha+\beta & \alpha\beta & & \\ & & \ddots & \ddots & \ddots & \\ & & & 1 & \alpha+\beta & \alpha\beta \\ & & & & 1 & \alpha+\beta \end{vmatrix}=\frac{\beta^{n+1}-\alpha^{n+1}}{\beta-\alpha}.$$

这里未写出的元素均为 0, 这种表达方式以后会经常使用. 另外, 由于 D_n 的这种形式, 所以也称为三对角行列式.

证明 我们对行列式的阶数 n 利用数学归纳法证明. 易见当 $n=1$ 时, 结论成立. 当 $n=2$ 时, 按照定义计算不难验证结论成立. 设 $n\geqslant 3$, 并设结论对不超过 $n-1$ 的正整数成立. 利用式 (1.6) 将 D_n 按照第 1 行展开, 并代入归纳假设, 经简单整理, 得到

$$D_n=(\alpha+\beta)D_{n-1}-\alpha\beta D_{n-2}=(\alpha+\beta)\frac{\beta^n-\alpha^n}{\beta-\alpha}-\alpha\beta\frac{\beta^{n-1}-\alpha^{n-1}}{\beta-\alpha}=\frac{\beta^{n+1}-\alpha^{n+1}}{\beta-\alpha}.$$

故由数学归纳法知, 结论对任意整数 $n\geqslant 1$ 都成立.

请读者思考, 当 $\alpha=\beta$ 时, 行列式 D_n 如何计算?

例 1.13 当 $n \geqslant 2$ 时, 证明: 范德蒙德 (Vandermonde) 行列式

$$D_n = \begin{vmatrix} 1 & 1 & \cdots & 1 \\ x_1 & x_2 & \cdots & x_n \\ x_1^2 & x_2^2 & \cdots & x_n^2 \\ \vdots & \vdots & & \vdots \\ x_1^{n-1} & x_2^{n-1} & \cdots & x_n^{n-1} \end{vmatrix} = \prod_{1 \leqslant i < j \leqslant n} (x_j - x_i).$$

证明 当存在 x_j, 其中 $1 \leqslant j \leqslant n-1$, 使得 $x_j = x_n$ 时, 由性质 1.3 易知结论成立. 故可假设对任意 $1 \leqslant j \leqslant n-1$, 均有 $x_j \neq x_n$. 对行列式的阶数 n 用数学归纳法证明. 当 $n=2$ 时, $D_2 = x_2 - x_1$, 结论成立. 假设结论对 $n-1$ 成立, 即

$$D_{n-1} = \prod_{1 \leqslant i < j \leqslant n-1} (x_j - x_i).$$

对于 D_n, 按 $i = n, n-1, \cdots, 2$ 的次序, 把第 $i-1$ 行的 $-x_n$ 倍加到第 i 行上, 得

$$D_n = \begin{vmatrix} 1 & 1 & \cdots & 1 & 1 \\ x_1 - x_n & x_2 - x_n & \cdots & x_{n-1} - x_n & 0 \\ x_1^2 - x_1 x_n & x_2^2 - x_2 x_n & \cdots & x_{n-1}^2 - x_{n-1} x_n & 0 \\ \vdots & \vdots & & \vdots & \vdots \\ x_1^{n-1} - x_1^{n-2} x_n & x_2^{n-1} - x_2^{n-2} x_n & \cdots & x_{n-1}^{n-1} - x_{n-1}^{n-2} x_n & 0 \end{vmatrix}.$$

将上式按第 n 列展开, 然后在所得的 $n-1$ 阶行列式中, 提出第 j 列的非零公因子 $x_j - x_n$, 得

$$D_n = (x_n - x_1)(x_n - x_2) \cdots (x_n - x_{n-1}) D_{n-1}.$$

由数学归纳法知结论对任意 $n \geqslant 2$ 成立.

例 1.14 求下列方程的根:

$$(1)\ f(x) = \begin{vmatrix} x & b & c & d \\ b & x & c & d \\ b & c & x & d \\ b & c & d & x \end{vmatrix} = 0; \quad (2)\ f(x) = \begin{vmatrix} x+1 & 2 & 2 \\ -2 & x+4 & -5 \\ 2 & -2 & x+1 \end{vmatrix} = 0.$$

对此类问题, 直接计算行列式, 可以得到 x 的多项式. 但多项式的因式分解一般比较麻烦, 因此, 求方程的根就更烦琐. 如果结合行列式特点, 利用行列式性质进行讨论, 有时会达到事半功倍的效果.

解 (1) 观察发现, 当 $x = b, c, d$ 时, 行列式中都会出现两行元素相同, 因此 $x = b, c, d$ 是 $f(x) = 0$ 的根. 又注意到行列式各行元素之和为定值 $x + (b + c + d)$.

所以

$$f(x)=(x+b+c+d)\begin{vmatrix}1 & b & c & d\\ 1 & x & c & d\\ 1 & c & x & d\\ 1 & c & d & x\end{vmatrix}.$$

因此, $x=-(b+c+d)$ 也是 $f(x)=0$ 的根. 这样方程 $f(x)=0$ 的 4 个根分别为 $b,c,d,-(b+c+d)$.

(2) 利用行列式的性质计算得

$$f(x)=\begin{vmatrix}x+3 & 0 & x+3\\ -2 & x+4 & -5\\ 2 & -2 & x+1\end{vmatrix}=\begin{vmatrix}x+3 & 0 & 0\\ -2 & x+4 & -3\\ 2 & -2 & x-1\end{vmatrix}$$
$$=(x+3)\begin{vmatrix}x+4 & -3\\ -2 & x-1\end{vmatrix}=(x+3)(x+5)(x-2).$$

因此, 方程 $f(x)=0$ 的 3 个根分别为 $-3,-5,2$.

例 1.15　已知 105,147,182 都是 7 的倍数. 证明: $D=\begin{vmatrix}1 & 0 & 5\\ 1 & 4 & 7\\ 1 & 8 & 2\end{vmatrix}$ 也是 7 的倍数.

证明　将 D 第 1 列的 100 倍, 第 2 列的 10 倍加到第 3 列, 并按第 3 列展开, 得

$$D=\begin{vmatrix}1 & 0 & 105\\ 1 & 4 & 147\\ 1 & 8 & 182\end{vmatrix}=105A_{13}+147A_{23}+182A_{33}.$$

由于 A_{13},A_{23},A_{33} 都是整数, 所以行列式 D 也是 7 的倍数.

例 1.16 证明:

$$D=\begin{vmatrix} a_{11} & \cdots & a_{1k} & 0 & \cdots & 0 \\ \vdots & & \vdots & \vdots & & \vdots \\ a_{k1} & \cdots & a_{kk} & 0 & \cdots & 0 \\ c_{11} & \cdots & c_{1k} & b_{11} & \cdots & b_{1m} \\ \vdots & & \vdots & \vdots & & \vdots \\ c_{m1} & \cdots & c_{mk} & b_{m1} & \cdots & b_{mm} \end{vmatrix} = \begin{vmatrix} a_{11} & \cdots & a_{1k} \\ \vdots & & \vdots \\ a_{k1} & \cdots & a_{kk} \end{vmatrix} \begin{vmatrix} b_{11} & \cdots & b_{1m} \\ \vdots & & \vdots \\ b_{m1} & \cdots & b_{mm} \end{vmatrix}.$$

记 $|A|=|a_{ij}|,|B|=|b_{ij}|$, 则上式可以简记为

$$D=\begin{vmatrix} A & 0 \\ * & B \end{vmatrix}=|A||B|,$$

其中右上角的 0 是行列式中许多 0 元素的简写, $*$ 表示行列式 D 左下角的元素 c_{ij}. 类似地, 有

$$\begin{vmatrix} A & * \\ 0 & B \end{vmatrix}=|A||B|,$$

其中左下角的 0 是行列式中许多 0 元素的简写, 右上角的 $*$ 表示任意元素 c_{ij}.

证明 对 k 作数学归纳法. 当 $k=1$ 时, 对 D 按第 1 行展开可得结论. 假设结论对 $k-1$ 成立. 下面考虑 k 的情形. 将 D 按第 1 行展开, 得

$$D=a_{11}A_{11}+a_{12}A_{12}+\cdots+a_{1k}A_{1k},$$

其中 A_{ij} 是 D 的元素 a_{ij} 的代数余子式. 可以看到, 在不考虑符号的情况下, A_{ij} 是和 D 同类型的行列式, 其左上角是 $k-1$ 阶的. 故由归纳假设得

$$A_{1j}=(-1)^{1+j}M_{1j}|B|,$$

这里 M_{1j} 为 $|A|$ 的第 1 行元素的余子式. 将该式代入上式, 并对 $|A|$ 应用 (1.6) 得

$$D=[a_{11}(-1)^{1+1}M_{11}+\cdots+a_{1k}(-1)^{1+k}M_{1k}]|B|=|A||B|.$$

故结论成立.

例 1.16 可以作为一个公式使用, 例如,

$$\begin{vmatrix} 1 & 2 & -1 & 0 \\ 3 & 4 & 2 & 3 \\ 0 & 0 & 3 & 4 \\ 0 & 0 & 5 & 6 \end{vmatrix} = \begin{vmatrix} 1 & 2 \\ 3 & 4 \end{vmatrix}\begin{vmatrix} 3 & 4 \\ 5 & 6 \end{vmatrix} = (-2)\times(-2) = 4.$$

但要注意, 一般说来, $\begin{vmatrix} 0 & A \\ B & * \end{vmatrix} \neq -|A||B|$. 事实上, 将 $|A|$ 所在的每一列依次与其前面的 m 列逐列交换, 共经过 $k\times m$ 次交换后, 可得

$$\begin{vmatrix} 0 & A \\ B & * \end{vmatrix} = (-1)^{km}\begin{vmatrix} A & 0 \\ * & B \end{vmatrix} = (-1)^{km}|A||B|.$$

1.3　Cramer 法则

本节讨论方程个数和未知元个数相等的线性方程组. 这类方程组在系数行列式不等于 0 时的解法, 通常称为**Cramer 法则**.

定理 1.2　设线性方程组

$$\begin{cases} a_{11}x_1 + a_{12}x_2 + \cdots + a_{1n}x_n = b_1, \\ a_{21}x_1 + a_{22}x_2 + \cdots + a_{2n}x_n = b_2, \\ \qquad\cdots\cdots \\ a_{n1}x_1 + a_{n2}x_2 + \cdots + a_{nn}x_n = b_n \end{cases} \tag{1.8}$$

的系数行列式

$$D = \begin{vmatrix} a_{11} & a_{12} & \cdots & a_{1n} \\ a_{21} & a_{22} & \cdots & a_{2n} \\ \vdots & \vdots & & \vdots \\ a_{n1} & a_{n2} & \cdots & a_{nn} \end{vmatrix} \neq 0,$$

则方程组 (1.8) 有唯一解

$$x_j = \frac{d_j}{D},\ j = 1, 2, \cdots, n, \tag{1.9}$$

其中 d_j 为用常数项 $b_1, b_2, \cdots, b_n$ 替代 D 的第 j 列元素 $a_{1j}, a_{2j}, \cdots, a_{nj}$ 所构成的行列式.

证明　我们先证明式 (1.9) 是方程组 (1.8) 的解. 为简化叙述, 将方程组 (1.8) 简写为

$$\sum_{j=1}^{n} a_{ij}x_j = b_i,\quad i = 1, 2, \cdots, n, \tag{1.10}$$

并用 A_{ij} 表示 D 中元素 a_{ij} 的代数余子式. 于是, 把行列式 d_j 按第 j 列展开, 可得

$$d_j = b_1 A_{1j} + b_2 A_{2j} + \cdots + b_n A_{nj} = \sum_{k=1}^{n} b_k A_{kj},\ j = 1, 2, \cdots, n.$$

由此可得

$$\begin{aligned}\sum_{j=1}^{n} a_{ij}\frac{d_j}{D} &= \frac{1}{D}\sum_{j=1}^{n} a_{ij}d_j = \frac{1}{D}\sum_{j=1}^{n} a_{ij}\sum_{k=1}^{n} b_k A_{kj}\\ &= \frac{1}{D}\sum_{j=1}^{n}\sum_{k=1}^{n} a_{ij}b_k A_{kj} = \frac{1}{D}\sum_{k=1}^{n} b_k \sum_{j=1}^{n} a_{ij}A_{kj}.\end{aligned}$$

由定理 1.1, 容易看出上式等于

$$\frac{1}{D}b_i\left(\sum_{j=1}^{n} a_{ij}A_{ij}\right) = \frac{1}{D}b_i D = b_i.$$

这就说明了式 (1.9) 是方程组 (1.8) 的解. 下面证明解的唯一性. 设 $x_k = c_k(\ k = 1, 2, \cdots, n)$ 也是方程组 (1.8) 的解, 则

$$\sum_{j=1}^{n} a_{ij}c_j = b_i, \quad i = 1, 2, \cdots, n.$$

将该式两边同时乘以 A_{ik}, 然后对 i 求和, 得

$$\sum_{i=1}^{n} A_{ik}\sum_{j=1}^{n} a_{ij}c_j = \sum_{i=1}^{n} b_i A_{ik}, \quad i = 1, 2, \cdots, n.$$

上式右边就是 d_k, 其左边经过交换 i 和 j 的求和顺序后, 再用定理 1.1 计算, 等于 Dc_k. 比较两边, 即得 $c_k = \dfrac{d_k}{D}$. 这就证明了唯一性.

在定理 1.2 中, 系数行列式 $D \neq 0$ 实际上是方程组 (1.8) 存在唯一解的充分必要条件. 这一结论在本书第 3 章给出说明.

特别地, 如果 $b_1 = b_2 = \cdots = b_n = 0$, 则 $d_j = 0, j = 1, 2, \cdots, n$. 因此, 定理 1.2 告诉我们, 如果方程组

$$\begin{cases} a_{11}x_1 + a_{12}x_2 + \cdots + a_{1n}x_n = 0,\\ a_{21}x_1 + a_{22}x_2 + \cdots + a_{2n}x_n = 0,\\ \quad\cdots\cdots\\ a_{n1}x_1 + a_{n2}x_2 + \cdots + a_{nn}x_n = 0\end{cases} \tag{1.11}$$

的系数行列式 $D \neq 0$, 则它只有零解. 事实上, 该结论的逆也成立, 即有如下定理.

定理 1.3 线性方程组 (1.11) 有非零解的充分必要条件是它的系数行列式 $D = 0$.

该定理实际上是本书第 3 章定理 3.10 的特例.

例 1.17　求解线性方程组 $\begin{cases} x_1+x_2+x_3=1, \\ x_1+2x_2-x_3=0, \\ 3x_1+5x_2+x_3=3. \end{cases}$

解　该方程组的系数行列式 $D=\begin{vmatrix} 1 & 1 & 1 \\ 1 & 2 & -1 \\ 3 & 5 & 1 \end{vmatrix}=2\neq 0$, 因此, 它有唯一解. 又对该方程组有

$$d_1=\begin{vmatrix} 1 & 1 & 1 \\ 0 & 2 & -1 \\ 3 & 5 & 1 \end{vmatrix}=-2,\ d_2=\begin{vmatrix} 1 & 1 & 1 \\ 1 & 0 & -1 \\ 3 & 3 & 1 \end{vmatrix}=2,\ d_3=\begin{vmatrix} 1 & 1 & 1 \\ 1 & 2 & 0 \\ 3 & 5 & 3 \end{vmatrix}=2.$$

所以, 由定理 1.2 知该方程组的解为

$$x_1=\frac{d_1}{D}=-1,\quad x_2=\frac{d_2}{D}=1,\quad x_3=\frac{d_3}{D}=1.$$

例 1.18　给定平面上三个点 $(1,1),(2,-1),(3,1)$. 求过这三个点且对称轴与 y 轴平行的抛物线的方程.

解　由于所求抛物线的对称轴与 y 轴平行, 所以由平面解析几何可设其方程为 $y=ax^2+bx+c$, 其中 a,b,c 为待定常数. 将给定的三个点 $(1,1),(2,-1),(3,1)$ 代入, 可得

$$\begin{cases} a+b+c=1, \\ 4a+2b+c=-1, \\ 9a+3b+c=1. \end{cases}$$

这是一个关于未知元 a,b,c 的线性方程组, 其系数行列式 $D=\begin{vmatrix} 1 & 1 & 1 \\ 4 & 2 & 1 \\ 9 & 3 & 1 \end{vmatrix}=-2$. 故由定理 1.2 不难得出其解为 $a=2,b=-8,c=7$. 因此, 所求抛物线的方程为

$$y=2x^2-8x+7.$$

一般地, 平面上过 $n+1$ 个横坐标不同的点 (x_i,y_i) $(i=1,2,\cdots,n+1)$ 可以唯一确定一条 n 次曲线的方程

$$y=f(x)=a_0+a_1x+\cdots+a_nx^n.$$

请读者自行思考并证明.

例 1.19 讨论 λ 为何值时, 线性方程组

$$\begin{cases} \lambda x_1 + x_2 + x_3 = 1, \\ x_1 + \lambda x_2 + x_3 = 1, \\ x_1 + x_2 + \lambda x_3 = 1 \end{cases}$$

有唯一解, 并求其解.

解 该方程组的系数行列式 $D = \begin{vmatrix} \lambda & 1 & 1 \\ 1 & \lambda & 1 \\ 1 & 1 & \lambda \end{vmatrix} = (\lambda-1)^2(\lambda+2)$. 因此, 由定理 1.2 知, 当 $\lambda \neq 1$ 且 $\lambda \neq -2$ 时, 它有唯一解, 且解为

$$x_1 = x_2 = x_3 = \frac{1}{\lambda+2}.$$

进一步, 读者不难验证, 在该例中, 如果 $\lambda = -2$, 则方程组无解; 如果 $\lambda = 1$, 则方程组变为 $x_1 + x_2 + x_3 = 1$, 它明显有无穷多解.

例 1.20 设 $f(x) = a_0 + a_1 x + \cdots + a_n x^n$ 为 n 次多项式. 证明: 如果 $f(x)$ 至少有 $n+1$ 个不同的根, 则 $f(x) = 0$.

证明 设 $x_1, x_2, \cdots, x_{n+1}$ 为 $f(x)$ 的 $n+1$ 个不同的根. 代入 $f(x)$, 可得下述关于 $a_0, a_1, \cdots, a_n$ 的线性方程组

$$a_0 + a_1 x_i + \cdots + a_n x_i^n = 0, \quad i = 1, 2, \cdots, n+1,$$

其系数行列式 $|A|$ 是一个范德蒙德行列式. 由于 $x_1, x_2, \cdots, x_{n+1}$ 互不相等, 所以 $|A| \neq 0$. 因此, 该方程组只有零解, 从而 $f(x) = 0$.

1.4 思考与拓展

问题 1.1 平面解析几何中行列式的意义和应用.

(1) 若 $\boldsymbol{a} = a_1\boldsymbol{i} + a_2\boldsymbol{j}$, $\boldsymbol{b} = b_1\boldsymbol{i} + b_2\boldsymbol{j}$ 是平面上两个非零向量, 其中 $\boldsymbol{i}, \boldsymbol{j}$ 分别是 x 轴和 y 轴正向的单位向量, 则以 $\boldsymbol{a}, \boldsymbol{b}$ 为邻边的平行四边形的面积是 $|S|$, 其中

$$S = \begin{vmatrix} a_1 & b_1 \\ a_2 & b_2 \end{vmatrix} = a_1 b_2 - a_2 b_1.$$

特别地, 向量 $\boldsymbol{a}, \boldsymbol{b}$ 共线当且仅当行列式 S 的值为 0, 此时平行四边形退化为线段.

(2) 我们知道, 平面上圆锥曲线的一般方程为 $a_1x^2 + a_2xy + a_3y^2 + a_4x + a_5y + a_6 = 0$, 其中 a_1, a_2, a_3 不全为 0. 用某个非 0 的 $a_i (1 \leqslant i \leqslant 3)$ 去除该方程, 可以假设

a_1, a_2, a_3 中的某个为 1. 因此, 要确定一条圆锥曲线只需给出 5 个相互独立的条件. 作为例子, 平面上通过 5 个不同点 (x_i, y_i) $(i = 1, 2, 3, 4, 5)$ 的一般圆锥曲线的方程为

$$\begin{vmatrix} x^2 & xy & y^2 & x & y & 1 \\ x_1^2 & x_1y_1 & y_1^2 & x_1 & y_1 & 1 \\ x_2^2 & x_2y_2 & y_2^2 & x_2 & y_2 & 1 \\ x_3^2 & x_3y_3 & y_3^2 & x_3 & y_3 & 1 \\ x_4^2 & x_4y_4 & y_4^2 & x_4 & y_4 & 1 \\ x_5^2 & x_5y_5 & y_5^2 & x_5 & y_5 & 1 \end{vmatrix} = 0.$$

问题 1.2　空间解析几何中行列式的意义和应用.

按照习惯, 用 $\boldsymbol{i}, \boldsymbol{j}, \boldsymbol{k}$ 分别表示 x 轴、y 轴和 z 轴正向的单位向量. 设

$$\boldsymbol{a} = a_1\boldsymbol{i} + a_2\boldsymbol{j} + a_3\boldsymbol{k}, \quad \boldsymbol{b} = b_1\boldsymbol{i} + b_2\boldsymbol{j} + b_3\boldsymbol{k}, \quad \boldsymbol{c} = c_1\boldsymbol{i} + c_2\boldsymbol{j} + c_3\boldsymbol{k}$$

是 3 个空间向量.

(1) 任意 3 个向量 $\boldsymbol{a}, \boldsymbol{b}, \boldsymbol{c}$ 的混合积 $(\boldsymbol{a}, \boldsymbol{b}, \boldsymbol{c}) = (\boldsymbol{a} \times \boldsymbol{b}) \cdot \boldsymbol{c}$ 为

$$(\boldsymbol{a}, \boldsymbol{b}, \boldsymbol{c}) = (\boldsymbol{a} \times \boldsymbol{b}) \cdot \boldsymbol{c} = \begin{vmatrix} a_1 & a_2 & a_3 \\ b_1 & b_2 & b_3 \\ c_1 & c_2 & c_3 \end{vmatrix}.$$

(2) 以任意 3 个非零向量 $\boldsymbol{a}, \boldsymbol{b}, \boldsymbol{c}$ 为棱的平行六面体的体积 V 等于它们混合积的绝对值, 即有

$$V = |(\boldsymbol{a}, \boldsymbol{b}, \boldsymbol{c})|.$$

(3) 特别地, 3 个向量 $\boldsymbol{a}, \boldsymbol{b}, \boldsymbol{c}$ 共面当且仅当它们的混合积 $(\boldsymbol{a}, \boldsymbol{b}, \boldsymbol{c}) = 0$. 此时平行六面体退化为平面图形.

(4) 非零向量 $\boldsymbol{a}, \boldsymbol{b}$ 的向量积 $\boldsymbol{a} \times \boldsymbol{b}$ 可以表示为

$$\boldsymbol{a} \times \boldsymbol{b} = \begin{vmatrix} \boldsymbol{i} & \boldsymbol{j} & \boldsymbol{k} \\ a_1 & a_2 & a_3 \\ b_1 & b_2 & b_3 \end{vmatrix},$$

其中上式右边表示按照其第一行展开所得的空间向量. 并且, $|\boldsymbol{a} \times \boldsymbol{b}|$ 表示以向量 $\boldsymbol{a}$,$\boldsymbol{b}$ 为邻边的平行四边形的面积.

问题 1.3　计算行列式应注意的问题.

(1) 计算行列式的主要思路是, 利用行列式的性质和展开定理, 化繁为简, 化未知为已知, 化高阶为低阶. 所谓化繁为简, 就是利用性质将某些非零元素化为 0. 行

列式中零元素越多, 计算就越容易. 所谓化未知为已知, 就是把行列式化成一些已知结果的行列式, 比如范德蒙德行列式、上 (下) 三角行列式等, 再进行计算. 所谓化高阶为低阶, 就是利用行列式的展开定理 1.1, 将 n 阶行列式化为低一阶的行列式来计算.

(2) 对于数字行列式, 在计算过程中将非零元化为 0 时, 要尽量做到简捷, 不要使计算太烦琐. 对于含有字母的行列式, 要注意在计算过程中保证每一运算都有意义.

(3) 定理 1.1 通常多用在理论推导中. 对于具体计算, 一般是在行列式某一行 (列) 含有很多零元素时, 才方便使用.

问题 1.4 n 阶行列式 $D_n = |a_{ij}|$ 也可以用下式定义

$$\begin{aligned} D_n &= \sum (-1)^{\tau(j_1 j_2 \cdots j_n)} a_{1j_1} a_{2j_2} \cdots a_{nj_n} \\ &= \sum (-1)^{\tau(i_1 i_2 \cdots i_n)} a_{i_1 1} a_{i_2 2} \cdots a_{i_n n} \\ &= \sum (-1)^{\tau(j_1 j_2 \cdots j_n) + \tau(i_1 i_2 \cdots i_n)} a_{i_1 j_1} a_{i_2 j_2} \cdots a_{i_n j_n}, \end{aligned}$$

其中, 第一个 $\sum$ 表示对所有可能的排列 $(j_1 j_2 \cdots j_n)$ 求和, 第二个 $\sum$ 表示对所有可能的排列 $(i_1 i_2 \cdots i_n)$ 求和, 第三个 $\sum$ 表示当排列 $(i_1 i_2 \cdots i_n)$ 和 $(j_1 j_2 \cdots j_n)$ 中某一个固定时, 对另一个的所有可能求和, 并且 $\tau(\cdots)$ 表示排列的逆序数.

所谓排列的 "逆序", 是指在 1 到 n 这 n 个自然数组成的排列 $i_1, \cdots, i_k, \cdots, i_j, \cdots, i_n$ 中, 若 $i_k < i_j$ 称为正序, 若 $i_k > i_j$, 称为逆序. 排列首位的 i_1 没有逆序, $\tau(\cdots)$ 表示排列逆序总和. 例如排列 (3, 1, 2), 数 2 有 1 个逆序, 数 1 有 1 个逆序, 因此 $\tau(312) = 2$.

习 题 1

(A)

1. 计算下列行列式:

(1) $\begin{vmatrix} a^2 & ab \\ ab & b^2 \end{vmatrix}$; (2) $\begin{vmatrix} 1 & 2 & 3 \\ 4 & 5 & 6 \\ 7 & 8 & 9 \end{vmatrix}$; (3) $\begin{vmatrix} 1 & x & x \\ x & 2 & x \\ x & x & 3 \end{vmatrix}$; (4) $\begin{vmatrix} 1 & 2 & 3 & 4 \\ 0 & 7 & 8 & 9 \\ 3 & 6 & 9 & 12 \\ 1 & 4 & 7 & 8 \end{vmatrix}$;

(5) $\begin{vmatrix} 0 & 1 & 0 & \cdots & 0 \\ 0 & 0 & 2 & \cdots & 0 \\ \vdots & \vdots & \vdots & & \vdots \\ 0 & 0 & 0 & \cdots & n-1 \\ n & 0 & 0 & \cdots & 0 \end{vmatrix}$; (6) $\begin{vmatrix} x^2+1 & yx & zx \\ xy & y^2+1 & zy \\ xz & yz & z^2+1 \end{vmatrix}$;

(7) $\begin{vmatrix} x & y & x+y \\ y & x+y & x \\ x+y & x & y \end{vmatrix}$; (8) $\begin{vmatrix} a_1 & 0 & 0 & b_1 \\ 0 & a_2 & b_2 & 0 \\ 0 & b_3 & a_3 & 0 \\ b_4 & 0 & 0 & a_4 \end{vmatrix}$;

(9) $\begin{vmatrix} 1 & 1 & 1 & \dots & 1 \\ 2 & 2^2 & 2^3 & \dots & 2^n \\ 3 & 3^2 & 3^3 & \dots & 3^n \\ \vdots & \vdots & \vdots & & \vdots \\ n & n^2 & n^3 & \dots & n^n \end{vmatrix}$.

2. 证明下列恒等式:

(1) $\begin{vmatrix} a-b & b-c & c-a \\ b-c & c-a & a-b \\ c-a & a-b & b-c \end{vmatrix} = 0$; (2) $\begin{vmatrix} 1+a & b & c \\ a & 1+b & c \\ a & b & 1+c \end{vmatrix} = 1+a+b+c$;

(3) $\begin{vmatrix} 1 & 2 & 3 & \dots & n \\ 1 & 1+2 & 3 & \dots & n \\ 1 & 2 & 2+3 & \dots & n \\ \vdots & \vdots & \vdots & & \vdots \\ 1 & 2 & 3 & \dots & (n-1)+n \end{vmatrix} = (n-1)!$;

(4) $\begin{vmatrix} a_0 & -1 & 0 & \dots & 0 & 0 \\ a_1 & x & -1 & \dots & 0 & 0 \\ \vdots & \vdots & \vdots & & \vdots & \vdots \\ a_{n-2} & 0 & 0 & \dots & x & -1 \\ a_{n-1} & 0 & 0 & \dots & 0 & x \end{vmatrix} = a_0x^{n-1} + a_1x^{n-2} + \dots + a_{n-2}x + a_{n-1}$.

3. 已知 4 阶行列式 D 的值为 91, 它的第一行元素依次为 $2, 3, t+3, -5$, 且第一行元素的余子式分别为 $M_{11} = -1, M_{12} = 0, M_{13} = 6, M_{14} = 9$. 求参数 t.

4. 已知行列式 $D = \begin{vmatrix} 3 & -5 & 2 & 1 \\ 1 & 1 & 0 & -5 \\ -1 & 3 & 1 & 3 \\ 2 & -4 & -1 & -3 \end{vmatrix}$, 求

(1) $A_{11} + A_{12} + A_{13} + A_{14}$; (2) $2M_{11} + M_{12} - M_{13} + 2M_{14}$.

5. 利用 Cramer 法则求解下列方程组:

(1) $\begin{cases} 3x_1 - 2x_2 + 2x_3 = 10, \\ x_1 + 2x_2 - 3x_3 = -1, \\ 4x_1 + x_2 + 2x_3 = 3; \end{cases}$ (2) $\begin{cases} x_1 + x_2 + x_3 = 5, \\ 2x_1 + x_2 - x_3 + x_4 = 1, \\ x_1 + 2x_2 - x_3 + x_4 = 2, \\ x_2 + 2x_3 + 3x_4 = 3. \end{cases}$

6. 问参数 k 取何值时, 方程组 $\begin{cases} kx \qquad\ + z = 0, \\ 2x + ky + z = 0, \\ kx - 2y + z = 0 \end{cases}$ 仅有零解.

7. 若齐次线性方程组 $\begin{cases} x_1+x_2+x_3+ax_4=0, \\ x_1+2x_2+x_3+x_4=0, \\ x_1+x_2-3x_3+x_4=0, \\ x_1+x_2+ax_3+bx_4=0 \end{cases}$ 有非零解, 问参数 a,b 满足什么条件?

8. 求 $f(x)=a_0+a_1x+a_2x^2+a_3x^3$ 使 $f(-1)=0, f(1)=4, f(2)=3, f(3)=16$.

9. 设 (x_1,y_1) 和 (x_2,y_2) 是平面上两个不同的点. 证明: 过这两点的直线方程为

$$\begin{vmatrix} 1 & x & y \\ 1 & x_1 & y_1 \\ 1 & x_2 & y_2 \end{vmatrix}=0.$$

10. 已知 204,527,255 都能被 17 整除. 证明: 行列式 $D=\begin{vmatrix} 2 & 5 & 2 \\ 0 & 2 & 5 \\ 4 & 7 & 5 \end{vmatrix}$ 也能被 17 整除.

(B)

11. 计算下列行列式:

(1) $D_n=\begin{vmatrix} 1-a & a & 0 & 0 & 0 \\ -1 & 1-a & a & 0 & 0 \\ 0 & -1 & 1-a & a & 0 \\ 0 & 0 & -1 & 1-a & a \\ 0 & 0 & 0 & -1 & 1-a \end{vmatrix}$;

(2) $D_n=\begin{vmatrix} x & y & y & \cdots & y & y \\ z & x & y & \cdots & y & y \\ z & z & x & \cdots & y & y \\ \vdots & \vdots & \vdots & & \vdots & \vdots \\ z & z & z & \cdots & z & x \end{vmatrix}$;

(3) $D_n=\begin{vmatrix} 1 & 3 & 5 & \cdots & 2n-1 \\ 1 & 2 & 0 & \cdots & 0 \\ 1 & 0 & 3 & \cdots & 0 \\ \vdots & \vdots & \vdots & & \vdots \\ 1 & 0 & 0 & \cdots & n \end{vmatrix}$; (4) $D_n=\begin{vmatrix} 1 & 3 & 3 & \cdots & 3 \\ 3 & 2 & 3 & \cdots & 3 \\ 3 & 3 & 3 & \cdots & 3 \\ \vdots & \vdots & \vdots & & \vdots \\ 3 & 3 & 3 & \cdots & n \end{vmatrix}$.

12. 设 $f(x)=\begin{vmatrix} x-2 & x-1 & x-2 & x-3 \\ 2x-2 & 2x-1 & 2x-2 & 2x-3 \\ 3x-3 & 3x-2 & 4x-5 & 3x-5 \\ 4x & 4x-3 & 5x-7 & 4x-3 \end{vmatrix}$. 求方程 $f(x)=0$ 的根的个数.

13. 已知 $D = \begin{vmatrix} 2 & 2 & 3 \\ 1 & 1 & 2 \\ 2 & y & x \end{vmatrix}$, 且 $M_{11} + M_{12} - M_{13} = 3$, $A_{11} + A_{12} + A_{13} = 1$, 其中 M_{ij}, A_{ij} 分别是元素 a_{ij} 的余子式和代数余子式. 求 x, y.

14. 已知 Fibonacci 数 F_i 由 $F_1 = 1, F_2 = 2, F_n = F_{n-1} + F_{n-2} (n \geqslant 3)$ 所定义. 证明:

$$F_n = \begin{vmatrix} 1 & 1 & 0 & \dots & 0 & 0 \\ -1 & 1 & 1 & \dots & 0 & 0 \\ 0 & -1 & 1 & \dots & 0 & 0 \\ \vdots & \vdots & \vdots & & \vdots & \vdots \\ 0 & 0 & 0 & \dots & 1 & 1 \\ 0 & 0 & 0 & \dots & -1 & 1 \end{vmatrix}.$$

15. 设 A_{ij} 为 n 阶行列式 $D = |a_{ij}|$ 的代数余子式, 且 $D = 4$, 其各列元素之和为 2. 求 $\sum\limits_{i,j=1}^{n} A_{ij}$.

16. 设 $f_i(x)$ 为次数不超过 $n-2$ $(n > 1)$ 的多项式, $a_i \neq a_j$ $(i, j = 1, 2, \cdots, n, i \neq j)$. 证明: $\det(f_i(a_j)) = 0$.

第 2 章　矩　　阵

矩阵以数表形式出现, 是代数学的一个主要研究对象. 矩阵理论十分丰富, 应用领域十分广泛. 在线性代数中, 它既是核心对象, 又是主要工具. 本章引入矩阵的概念, 学习矩阵的运算, 介绍矩阵的初等变换等, 建立矩阵理论及其应用的基本内容.

2.1　矩阵的基本概念

2.1.1　几个实例

实例一:　A, B, C, D 四名学生期终考试成绩如下表:

	数学	物理	英语	语文
A	98	90	87	72
B	89	90	86	98
C	97	84	75	87
D	85	88	85	88

如果略去学生和课程, 仅考虑其中的数字, 那么上表就可以用下面一个矩形数表表示:

$$\begin{pmatrix} 98 & 90 & 87 & 72 \\ 89 & 90 & 86 & 98 \\ 97 & 84 & 75 & 87 \\ 85 & 88 & 85 & 88 \end{pmatrix}.$$

实例二:　3 种商品在 4 个不同商店的销售量统计如下:

	商品甲	商品乙	商品丙
商店 A	102	190	892
商店 B	200	310	198
商店 C	970	804	787
商店 D	80	85	128

如果略去商品和商店, 仅考虑其中的数字, 那么上表也可以用一个矩形数表

表示:

$$\begin{pmatrix} 102 & 190 & 892 \\ 200 & 310 & 198 \\ 970 & 804 & 787 \\ 80 & 85 & 128 \end{pmatrix}.$$

一般地, 涉及两个集合, 并且元素间由某些实数相关联的情形, 往往可用这种矩形数表来表示.

实例三: 对一个含有 n 个未知元 m 个方程的线性方程组

$$\begin{cases} a_{11}x_1 + a_{12}x_2 + \cdots + a_{1n}x_n = b_1, \\ a_{21}x_1 + a_{22}x_2 + \cdots + a_{2n}x_n = b_2, \\ \qquad\qquad \cdots\cdots \\ a_{m1}x_1 + a_{m2}x_2 + \cdots + a_{mn}x_n = b_m, \end{cases}$$

如果略去其未知元 $x_1, x_2, \cdots, x_n$, 仅考虑对应的系数和右端项, 按顺序可以排成下面一张矩形数表:

$$\begin{pmatrix} a_{11} & a_{12} & \cdots & a_{1n} & b_1 \\ a_{21} & a_{22} & \cdots & a_{2n} & b_2 \\ \vdots & \vdots & & \vdots & \vdots \\ a_{m1} & a_{m2} & \cdots & a_{mn} & b_m \end{pmatrix}.$$

像这种在实例一、二、三中出现的矩形数表在实际应用中会经常出现. 因此, 习惯上, 我们就对其冠一与其形状相联系的名称, 称为矩阵.

2.1.2 矩阵的基本概念

定义 2.1 由 $m \times n$ 个数 a_{ij} $(i = 1, 2, \cdots, m; j = 1, 2, \cdots, n)$ 排成一个 m 行 n 列的矩形数表

$$\begin{pmatrix} a_{11} & a_{12} & \cdots & a_{1n} \\ a_{21} & a_{22} & \cdots & a_{2n} \\ \vdots & \vdots & & \vdots \\ a_{m1} & a_{m2} & \cdots & a_{mn} \end{pmatrix}$$

称为一个 m 行 n 列**矩阵**, 简称 $m\times n$**矩阵**. 通常用大写英文字母 $\boldsymbol{A}, \boldsymbol{B}, \cdots$ 或 $\boldsymbol{A}_{m\times n}$, $\boldsymbol{B}_{m\times n}, \cdots$ 表示矩阵. 因此, 上述矩阵就记作

$$\boldsymbol{A} = (a_{ij})_{m\times n} \quad (i = 1, 2, \cdots, m; j = 1, 2, \cdots, n),$$

其中 a_{ij} 称为矩阵 $\boldsymbol{A}$ 的第 i 行第 j 列**元素**. 当 $m = n$ 时的特殊矩阵, 称为 n 阶矩阵, 也称为 n 阶**方阵**. 元素全为实数的矩阵称为**实矩阵**, 有复数元素的矩阵称为**复**

矩阵. 如果矩阵 $\boldsymbol{A}$ 和 $\boldsymbol{B}$ 的行数和列数分别相等, 则 $\boldsymbol{A}$ 和 $\boldsymbol{B}$ 称为**同型矩阵**. 对于同型矩阵 $\boldsymbol{A}=(a_{ij})$ 和 $\boldsymbol{B}=(b_{ij})$, 如果它们对应的元素相等, 则称矩阵 $\boldsymbol{A}$ 与 $\boldsymbol{B}$**相等**, 记为 $\boldsymbol{A}=\boldsymbol{B}$.

例如, 由

$$\begin{pmatrix} x & -1 & -8 \\ 0 & y & 4 \end{pmatrix}=\begin{pmatrix} 3 & -1 & z \\ 0 & 2 & 4 \end{pmatrix},$$

即得 $x=3, y=2, z=-8$.

必须注意, 矩阵和行列式完全不是一个概念. 行列式是一个算式, 表示一个数, 且其行数和列数必相等. 而矩阵是一个数表, 它的行数和列数可以不相等.

当然, 行列式和矩阵也有一定联系. 对于 n 阶方阵 $\boldsymbol{A}$, 通常用 $|\boldsymbol{A}|$ 或 $\det\boldsymbol{A}$ 表示方阵 $\boldsymbol{A}$ 的行列式. 当 $\det\boldsymbol{A}=0$ 时, 称 $\boldsymbol{A}$ 为**奇异矩阵**; 当 $\det\boldsymbol{A}\neq 0$ 时, 称 $\boldsymbol{A}$ 为**非奇异矩阵**.

2.1.3 一些特殊类型的矩阵

下面介绍一些特殊类型的常用矩阵.

1. 行矩阵与列矩阵. 形如 $\boldsymbol{A}=(a_{11}, a_{12}, \cdots, a_{1n})$ 的 1 行 n 列矩阵, 称为 n 维**行向量**, 或**行矩阵**; 形如 $\boldsymbol{A}=\begin{pmatrix} a_{11} \\ a_{21} \\ \vdots \\ a_{m1} \end{pmatrix}$ 的 m 行 1 列矩阵, 称为 m 维**列向量**, 或**列矩阵**.

2. 零矩阵. 如果 $a_{ij}(i=1,2,\cdots,m; j=1,2,\cdots,n)$ 全为 0, 则称矩阵 $\boldsymbol{A}$ 为**零矩阵**. 在以后的行文中, 零矩阵总是记为 $\boldsymbol{O}$. 但是, 要特别注意, 不同地方出现的零矩阵 $\boldsymbol{O}$ 一般是不同型的. 不同型的零矩阵 $\boldsymbol{O}$ 当然是不相等的. 但根据上下文, 一般不难区分零矩阵 $\boldsymbol{O}$ 的不同类型.

3. 对角矩阵. 如果 n 阶方阵 $\boldsymbol{A}$ 除主对角线上之外的元素全为 0, 即

$$\boldsymbol{A}=\begin{pmatrix} a_1 & & & \\ & a_2 & & \\ & & \ddots & \\ & & & a_n \end{pmatrix},$$

则称该矩阵为**对角矩阵**, 其中未写出的元素均为 0. 这是一种表示惯例, 以后会经常使用, 不再一一说明. 对角矩阵 $\boldsymbol{A}$ 记为

$$\boldsymbol{A}=\mathrm{diag}(a_1, a_2, \cdots, a_n).$$

对于对角矩阵, 如果 $a_1 = a_2 = \cdots = a_n = a$, 则称该对角矩阵为**数量矩阵**; 如果 $a_1 = a_2 = \cdots = a_n = 1$, 则称该对角矩阵为**单位矩阵**.

在以后的行文中, 单位矩阵总是记为 $\boldsymbol{E}$. 但是, 也要特别注意, 不同地方出现的单位矩阵 $\boldsymbol{E}$ 的阶可能不同. 不同阶的单位矩阵 $\boldsymbol{E}$ 当然不相等. 但根据上下文, 一般不难看出单位矩阵 $\boldsymbol{E}$ 的阶数. 有时, 为了特别指明单位矩阵 $\boldsymbol{E}$ 的阶数, 我们也会把 $\boldsymbol{E}$ 的阶数写在它的右下角. 比如, n 阶单位矩阵 $\boldsymbol{E}$ 有时也写成 $\boldsymbol{E}_n$.

4. 对称矩阵与反对称矩阵. 对于 n 阶方阵 $\boldsymbol{A} = (a_{ij})$, 如果 $a_{ij} = a_{ji}$, $i,j = 1,2,\cdots,n$, 则称 $\boldsymbol{A}$ 为**对称矩阵**; 如果 $a_{ij} = -a_{ji}$, $i,j = 1,2,\cdots,n$, 则称方阵 $\boldsymbol{A}$ 为**反对称矩阵**.

5. 三角形矩阵. 对于 n 阶矩阵 $\boldsymbol{A} = (a_{ij})$, 如果当 $i > j$ 时, $a_{ij} = 0$ $(a_{ji} = 0)$, 称 $\boldsymbol{A}$ 为**上 (下) 三角形矩阵**. 这两类矩阵的形式分别为

$$\begin{pmatrix} a_{11} & a_{12} & \cdots & a_{1n} \\ 0 & a_{22} & \cdots & a_{2n} \\ \vdots & \vdots & & \vdots \\ 0 & 0 & \cdots & a_{nn} \end{pmatrix}, \quad \begin{pmatrix} a_{11} & 0 & \cdots & 0 \\ a_{21} & a_{22} & \cdots & 0 \\ \vdots & \vdots & & \vdots \\ a_{n1} & a_{n2} & \cdots & a_{nn} \end{pmatrix}.$$

6. 阶梯形矩阵与标准形矩阵. **行阶梯形矩阵** 是指满足以下两个条件的矩阵: (1) 在矩阵中, 元素全为 0 的行 (如果有的话), 均在元素不全为 0 的行的下方; (2) 元素不全为 0 的行的第一个非零元, 简称**主元**, 所在列的下标随行标的增大而严格增大.

例如, 矩阵

$$\begin{pmatrix} 1 & 2 & 3 \\ 0 & 4 & 5 \\ 0 & 0 & 8 \\ 0 & 0 & 0 \end{pmatrix}, \quad \begin{pmatrix} 1 & 2 & 3 & 4 \\ 0 & 0 & 0 & 1 \\ 0 & 0 & 0 & 0 \end{pmatrix}$$

都是行阶梯形矩阵.

行最简形矩阵 是指满足以下两个条件的行阶梯形矩阵: (1) 行阶梯形矩阵的所有主元均为 1; (2) 每个主元所在列除主元外其他元素全为 0.

例如, 矩阵

$$\begin{pmatrix} 0 & 1 & 2 & 0 & 4 \\ 0 & 0 & 0 & 1 & 0 \\ 0 & 0 & 0 & 0 & 0 \end{pmatrix}, \quad \begin{pmatrix} 1 & 0 & 2 & 0 & -1 \\ 0 & 1 & 1 & 0 & -2 \\ 0 & 0 & 0 & 1 & 2 \\ 0 & 0 & 0 & 0 & 0 \end{pmatrix}$$

都是行最简形矩阵.

标准形矩阵 是指左上角为单位矩阵, 其他元素全为 0 的行最简形矩阵.

例如, 矩阵

$$\begin{pmatrix} 1 & 0 & 0 & 0 \\ 0 & 1 & 0 & 0 \\ 0 & 0 & 0 & 0 \end{pmatrix}, \quad \begin{pmatrix} 1 & 0 & 0 & 0 & 0 \\ 0 & 1 & 0 & 0 & 0 \\ 0 & 0 & 1 & 0 & 0 \\ 0 & 0 & 0 & 0 & 0 \\ 0 & 0 & 0 & 0 & 0 \end{pmatrix}$$

都是标准形矩阵.

2.2 矩阵的基本运算

本节介绍矩阵的线性运算和乘积运算, 它们是矩阵的基本运算. 正是这些基本运算的引入, 才使矩阵在有序表达和描述有关对象这一基本作用的基础上, 成为研究有关对象之间相互联系的有力工具, 进而成为具有重要理论意义和实际应用价值的核心数学概念.

2.2.1 矩阵的线性运算

定义 2.2 设 k 为任意一个数, $\boldsymbol{A} = (a_{ij})_{m\times n}$, 定义

$$k\boldsymbol{A} = (ka_{ij}) = \begin{pmatrix} ka_{11} & ka_{12} & \cdots & ka_{1n} \\ ka_{21} & ka_{22} & \cdots & ka_{2n} \\ \vdots & \vdots & & \vdots \\ ka_{m1} & ka_{m2} & \cdots & ka_{mn} \end{pmatrix},$$

称为数 k 与矩阵 $\boldsymbol{A}$ 的**数量乘积**, 简称**数乘**. 如果 $k=-1$, 则 $-\boldsymbol{A}$ 称为矩阵 $\boldsymbol{A}$ 的**负矩阵**.

注意, $k\boldsymbol{A}$ 是数 k 与矩阵 $\boldsymbol{A}$ 的每一个元素相乘得到的矩阵, 它与数 k 乘以行列式 $|\boldsymbol{A}|$ 之间有着本质区别. 设 k,l 是数, $\boldsymbol{A}$ 是矩阵, 则容易验证矩阵的数乘满足以下运算性质:

(1) $1\boldsymbol{A} = \boldsymbol{A}$;

(2) $(kl)\boldsymbol{A} = k(l\boldsymbol{A})$;

(3) $(k+l)\boldsymbol{A} = k\boldsymbol{A} + l\boldsymbol{A}$.

定义 2.3 设 $\boldsymbol{A} = (a_{ij})_{m\times n}, \boldsymbol{B} = (b_{ij})_{m\times n}$, 定义

$$\boldsymbol{A}+\boldsymbol{B} = (a_{ij}+b_{ij}), \quad \boldsymbol{A}-\boldsymbol{B} = (a_{ij}-b_{ij}),$$

并称 $\boldsymbol{A}+\boldsymbol{B}$ 及 $\boldsymbol{A}-\boldsymbol{B}$ 为 $\boldsymbol{A}$ 与 $\boldsymbol{B}$ 的**和**及**差**.

例如,

$$\begin{pmatrix} 1 & 2 & 3 \\ 4 & 5 & 6 \end{pmatrix} + \begin{pmatrix} -1 & -2 & -3 \\ -4 & -5 & -6 \end{pmatrix} = \begin{pmatrix} 1+(-1) & 2+(-2) & 3+(-3) \\ 4+(-4) & 5+(-5) & 6+(-6) \end{pmatrix} = \boldsymbol{O}.$$

$$\begin{pmatrix} 1 & 2 & 3 \\ 4 & 5 & 6 \end{pmatrix} - \begin{pmatrix} 0 & 1 & 2 \\ -1 & 2 & 3 \end{pmatrix} = \begin{pmatrix} 1-0 & 2-1 & 3-2 \\ 4-(-1) & 5-2 & 6-3 \end{pmatrix} = \begin{pmatrix} 1 & 1 & 1 \\ 5 & 3 & 3 \end{pmatrix}.$$

必须注意, 只有同型矩阵才能相加 (减), 且其和 (差) 仍保持同型. 根据定义 2.3, 不难验证矩阵的加法满足以下性质:

(1) $\boldsymbol{A}+\boldsymbol{B}=\boldsymbol{B}+\boldsymbol{A}$;

(2) $(\boldsymbol{A}+\boldsymbol{B})+\boldsymbol{C}=\boldsymbol{A}+(\boldsymbol{B}+\boldsymbol{C})$;

(3) $\boldsymbol{A}+\boldsymbol{O}=\boldsymbol{A}$;

(4) $\boldsymbol{A}+(-\boldsymbol{A})=\boldsymbol{O}$;

(5) $k(\boldsymbol{A}+\boldsymbol{B})=k\boldsymbol{A}+k\boldsymbol{B}$, 其中 k 为任意一个数.

矩阵的数乘运算和加减运算统称为**矩阵的线性运算**.

例 2.1　已知 $2\boldsymbol{A}+3\boldsymbol{X}=\boldsymbol{B}$, 其中 $\boldsymbol{A}=\begin{pmatrix} -2 & 1 \\ 1 & 0 \\ -1 & 3 \end{pmatrix}$, $\boldsymbol{B}=\begin{pmatrix} 2 & 2 \\ -1 & 3 \\ 4 & 0 \end{pmatrix}$, 求矩阵 $\boldsymbol{X}$.

解　注意到 $\boldsymbol{X}=\dfrac{1}{3}(\boldsymbol{B}-2\boldsymbol{A})$, 得

$$\boldsymbol{X}=\frac{1}{3}\begin{pmatrix} 2-2\times(-2) & 2-2\times1 \\ -1-2\times1 & 3-2\times0 \\ 4-2\times(-1) & 0-2\times3 \end{pmatrix} = \begin{pmatrix} 2 & 0 \\ -1 & 1 \\ 2 & -2 \end{pmatrix}.$$

2.2.2　矩阵的乘法及方阵的幂

定义 2.4　设 $\boldsymbol{A}=(a_{ij})_{m\times n}, \boldsymbol{B}=(b_{ij})_{n\times s}$, 定义 $\boldsymbol{A}$ 与 $\boldsymbol{B}$ 的乘积 $\boldsymbol{AB}$ 是一个 $m\times s$ 矩阵 $\boldsymbol{C}=(c_{ij})_{m\times s}$, 其中

$$c_{ij}=a_{i1}b_{1j}+a_{i2}b_{2j}+\cdots+a_{in}b_{nj}=\sum_{k=1}^{n}a_{ik}b_{kj}(i=1,2,\cdots,m,j=1,2,\cdots,s),$$

即矩阵 $\boldsymbol{C}$ 的第 i 行第 j 列元素 c_{ij} 是 $\boldsymbol{A}$ 的第 i 行 n 个元素与 $\boldsymbol{B}$ 的第 j 列相应 n 个元素对应乘积的和.

例如, $\boldsymbol{A}=\begin{pmatrix}1&0&3\\2&1&0\end{pmatrix}, \boldsymbol{B}=\begin{pmatrix}4&1&0\\-1&1&3\\2&0&1\end{pmatrix}$, 则

$$\boldsymbol{AB}=\begin{pmatrix}1\times4+0\times(-1)+3\times2 & 1\times1+0\times1+3\times0 & 1\times0+0\times3+3\times1\\2\times4+1\times(-1)+0\times2 & 2\times1+1\times1+0\times0 & 2\times0+1\times3+0\times1\end{pmatrix}$$

$$=\begin{pmatrix}10&1&3\\7&3&3\end{pmatrix}.$$

现在, 我们回看本章 2.1.1 节实例一. 同一门课四个学生总成绩的矩阵表示式为

$$(1,1,1,1)\begin{pmatrix}98&90&87&72\\89&90&86&98\\97&84&75&87\\85&88&85&88\end{pmatrix}=(369,352,333,345),$$

所以四个学生的数学、物理、英语、语文总成绩分别为 369,352,333,345.

四个学生个人平均成绩的矩阵表示式为

$$\frac{1}{4}\begin{pmatrix}98&90&87&72\\89&90&86&98\\97&84&75&87\\85&88&85&88\end{pmatrix}\begin{pmatrix}1\\1\\1\\1\end{pmatrix}=\begin{pmatrix}86.75\\90.75\\85.75\\86.5\end{pmatrix},$$

所以 A, B, C, D 四人的个人平均成绩分别为 86.75,90.75,85.75,86.5.

必须注意: 只有当第一个矩阵 $\boldsymbol{A}$ 的列数等于第二个矩阵 $\boldsymbol{B}$ 的行数时, 矩阵 $\boldsymbol{A}$ 与 $\boldsymbol{B}$ 的乘积 $\boldsymbol{AB}$ 才有意义. 否则 $\boldsymbol{A}$ 与 $\boldsymbol{B}$ 是不能相乘的.

矩阵乘法运算满足以下规律:

(1) $(\boldsymbol{AB})\boldsymbol{C}=\boldsymbol{A}(\boldsymbol{BC})$;

(2) $k(\boldsymbol{AB})=(k\boldsymbol{A})\boldsymbol{B}=\boldsymbol{A}(k\boldsymbol{B}), k$ 为任意一个数;

(3) $\boldsymbol{A}(\boldsymbol{B}+\boldsymbol{C})=\boldsymbol{AB}+\boldsymbol{AC}, \quad (\boldsymbol{B}+\boldsymbol{C})\boldsymbol{A}=\boldsymbol{BA}+\boldsymbol{CA}$;

(4) $\boldsymbol{AE}=\boldsymbol{A}, \boldsymbol{EA}=\boldsymbol{A}$;

(5) 设 $\boldsymbol{A},\boldsymbol{B}$ 均为同阶方阵, 则 $|\boldsymbol{AB}|=|\boldsymbol{A}||\boldsymbol{B}|=|\boldsymbol{B}||\boldsymbol{A}|=|\boldsymbol{BA}|$.

这里, 我们假设有关运算都有意义. 比如, 对 (1) 要假设矩阵 $\boldsymbol{A}$ 的列数等于 $\boldsymbol{B}$ 的行数, $\boldsymbol{B}$ 的列数等于 $\boldsymbol{C}$ 的行数; 对 (3) 要假设 $\boldsymbol{B}$ 和 $\boldsymbol{C}$ 是同型矩阵, $\boldsymbol{A}$ 的列数等于 $\boldsymbol{B}$ 和 $\boldsymbol{C}$ 的行数. 需要特别指出的是, 以后我们会经常遇到这种情况. 为简化叙述, 我们对此不再处处说明. 规律 (1)-(4) 的证明都比较简单, 关于 (5) 的证明, 可参看 2.7 节问题 2.4 中的说明.

例 2.2 设 $\boldsymbol{A}=\begin{pmatrix}1&1\\2&2\end{pmatrix}, \boldsymbol{B}=\begin{pmatrix}1&-1\\-1&1\end{pmatrix}$, 则根据矩阵乘积的定义,

$$\boldsymbol{AB}=\boldsymbol{O},\quad \boldsymbol{BA}=\begin{pmatrix}-1&-1\\1&1\end{pmatrix}.$$

由该例可以看到, 第一, $\boldsymbol{AB}\neq\boldsymbol{BA}$, 即矩阵乘法不满足交换律; 第二, 两个非零矩阵相乘可以是零矩阵. 这两个观察都是重要的. 它们是矩阵乘法区别于数的乘法的重要特点. 对于前者, 一般说来, 根据矩阵乘积的基本要求, 如果 $\boldsymbol{A}$ 的列数不等于 $\boldsymbol{B}$ 的行数, 此时讲 $\boldsymbol{AB}$ 没有任何意义. 因此, 矩阵乘法不满足交换律, 即一般说来, $\boldsymbol{AB}\neq\boldsymbol{BA}$. 正因如此, 形如 $\boldsymbol{AB}$ 的乘积常称为矩阵 **$\boldsymbol{A}$左乘**矩阵 $\boldsymbol{B}$, 或矩阵 **$\boldsymbol{B}$右乘**矩阵 $\boldsymbol{A}$. 当 $\boldsymbol{AB}=\boldsymbol{BA}$ 时, 称矩阵 $\boldsymbol{A},\boldsymbol{B}$**可交换**. 易见,$n$ 阶单位矩阵 $\boldsymbol{E}$ 与任何 n 阶方阵可交换, 即 $\boldsymbol{AE}=\boldsymbol{EA}=\boldsymbol{A}$. 对于后者, 它实际上是说矩阵乘法不满足消去律, 即 $\boldsymbol{A}\neq\boldsymbol{O}$ 时, 由 $\boldsymbol{AB}=\boldsymbol{AC}$, 不能推出 $\boldsymbol{B}=\boldsymbol{C}$.

例 2.3 设 $\boldsymbol{A}=\begin{pmatrix}a&0\\0&b\end{pmatrix}$ $(a\neq b)$, 求与 $\boldsymbol{A}$ 可交换的矩阵 $\boldsymbol{B}$.

解 设 $\boldsymbol{B}=\begin{pmatrix}x_1&x_2\\x_3&x_4\end{pmatrix}$ 满足 $\boldsymbol{AB}=\boldsymbol{BA}$. 将 $\boldsymbol{A},\boldsymbol{B}$ 代入并化简, 得

$$\begin{pmatrix}ax_1&ax_2\\bx_3&bx_4\end{pmatrix}=\begin{pmatrix}x_1a&x_2b\\x_3a&x_4b\end{pmatrix},$$

由此即得 $ax_2=bx_2, bx_3=ax_3$. 由于 $a\neq b$, 因此,$x_2=x_3=0$. 于是, 所求的矩阵

$$\boldsymbol{B}=\begin{pmatrix}x_1&0\\0&x_4\end{pmatrix}.$$

定义 2.5 设矩阵 $\boldsymbol{A}$ 为 n 阶方阵, 定义矩阵 $\boldsymbol{A}$ 的k **次幂**(k 为正整数)

$$\boldsymbol{A}^k=\underbrace{\boldsymbol{AA}\cdots\boldsymbol{A}}_{k\text{个}}.$$

规定 $\boldsymbol{A}^0=\boldsymbol{E}$. 显然,$\boldsymbol{E}^m=\boldsymbol{E}, m=0,1,2,\cdots$.

需要注意, 对于 $m\times n$ 矩阵 $\boldsymbol{A}$, 当 $m\neq n$ 时,$\boldsymbol{A}^k$ 是没有任何意义的. 因此, 以后出现矩阵 $\boldsymbol{A}$ 的方幂, 意味着矩阵 $\boldsymbol{A}$ 为方阵.

矩阵的幂运算满足以下规律: 设 $\boldsymbol{A},\boldsymbol{B}$ 为 n 阶方阵, k,l 为非负整数, t 是一个任意的数, 则

(1) $\boldsymbol{A}^k\boldsymbol{A}^l=\boldsymbol{A}^{k+l}$;

(2) $(\boldsymbol{A}^k)^l=\boldsymbol{A}^{kl}$;

(3) 如果 $\boldsymbol{A},\boldsymbol{B}$ 可交换, 则 $(\boldsymbol{AB})^k=\boldsymbol{A}^k\boldsymbol{B}^k$;

(4) $|\boldsymbol{A}^m|=|\boldsymbol{A}|^m$;

(5) $|t\boldsymbol{A}|=t^n|\boldsymbol{A}|$.

在 (3) 中, 如果 $\boldsymbol{A},\boldsymbol{B}$ 不可交换, 该等式不成立. 在计算矩阵行列式时, 应注意等式 (5) 的运用, 例如, 若 5 阶方阵 $\boldsymbol{A}$ 满足 $|\boldsymbol{A}|=-3$, 则

$$||\boldsymbol{A}|\boldsymbol{A}|=|\boldsymbol{A}|^5|\boldsymbol{A}|=|\boldsymbol{A}|^6=(-3)^6=729.$$

如果 $f(x)=a_0+a_1x+\cdots+a_nx^n$ 是 x 的 n 次多项式, $\boldsymbol{A}$ 是方阵, 则称

$$a_0\boldsymbol{E}+a_1\boldsymbol{A}+\cdots+a_n\boldsymbol{A}^n$$

为由多项式 $f(x)$ 生成的**矩阵 $\boldsymbol{A}$ 的多项式**, 记为 $f(\boldsymbol{A})$. 这里需注意, 常数项 $a_0\cdot 1$ 改写为 $a_0\boldsymbol{E}$.

设 $g(x)$ 是 x 的 m 次多项式, 容易验证: $f(\boldsymbol{A})g(\boldsymbol{A})=g(\boldsymbol{A})f(\boldsymbol{A})$. 但一般来说, 当 $\boldsymbol{A},\boldsymbol{B}$ 不可交换时, $f(\boldsymbol{A})g(\boldsymbol{B})\neq g(\boldsymbol{B})f(\boldsymbol{A})$.

例 2.4 已知 $\boldsymbol{A}=\begin{pmatrix}2&1&0\\0&2&1\\0&0&2\end{pmatrix}$, $f(x)=x^3-6x+4$, 求 $\boldsymbol{A}^3$ 及 $f(\boldsymbol{A})$.

解 注意到 $\boldsymbol{A}^2=\boldsymbol{A}\cdot\boldsymbol{A}=\begin{pmatrix}2&1&0\\0&2&1\\0&0&2\end{pmatrix}\begin{pmatrix}2&1&0\\0&2&1\\0&0&2\end{pmatrix}=\begin{pmatrix}4&4&1\\0&4&4\\0&0&4\end{pmatrix}$, 因此,

$$\boldsymbol{A}^3=\boldsymbol{A}^2\cdot\boldsymbol{A}=\begin{pmatrix}4&4&1\\0&4&4\\0&0&4\end{pmatrix}\begin{pmatrix}2&1&0\\0&2&1\\0&0&2\end{pmatrix}=\begin{pmatrix}8&12&6\\0&8&12\\0&0&8\end{pmatrix}.$$

由于 $f(\boldsymbol{A})=\boldsymbol{A}^3-6\boldsymbol{A}+4\boldsymbol{E}$, 因此,

$$f(\boldsymbol{A})=\begin{pmatrix}8&12&6\\0&8&12\\0&0&8\end{pmatrix}-6\begin{pmatrix}2&1&0\\0&2&1\\0&0&2\end{pmatrix}+4\begin{pmatrix}1&0&0\\0&1&0\\0&0&1\end{pmatrix}=\begin{pmatrix}0&6&6\\0&0&6\\0&0&0\end{pmatrix}.$$

例 2.5 证明 $\boldsymbol{A},\boldsymbol{B}$ 可交换的充分必要条件是

$$(\boldsymbol{A}+\boldsymbol{B})^2=\boldsymbol{A}^2+2\boldsymbol{AB}+\boldsymbol{B}^2.$$

证明 充分性. 由 $(\boldsymbol{A}+\boldsymbol{B})^2=\boldsymbol{A}^2+2\boldsymbol{AB}+\boldsymbol{B}^2$ 及

$$(\boldsymbol{A}+\boldsymbol{B})^2=(\boldsymbol{A}+\boldsymbol{B})(\boldsymbol{A}+\boldsymbol{B})=\boldsymbol{A}^2+\boldsymbol{AB}+\boldsymbol{BA}+\boldsymbol{B}^2,$$

即得 $\boldsymbol{AB}=\boldsymbol{BA}$, 也就是 $\boldsymbol{A}$ 与 $\boldsymbol{B}$ 可交换.

必要性. 由于 $\boldsymbol{AB}=\boldsymbol{BA}$, 因此,

$$(\boldsymbol{A}+\boldsymbol{B})^2=(\boldsymbol{A}+\boldsymbol{B})(\boldsymbol{A}+\boldsymbol{B})=\boldsymbol{A}^2+\boldsymbol{AB}+\boldsymbol{BA}+\boldsymbol{B}^2=\boldsymbol{A}^2+2\boldsymbol{AB}+\boldsymbol{B}^2.$$

故结论成立.

此例说明, 一般说来,

$$(\boldsymbol{A}\pm\boldsymbol{B})^2\neq\boldsymbol{A}^2\pm2\boldsymbol{AB}+\boldsymbol{B}^2,\quad \boldsymbol{A}^2-\boldsymbol{B}^2\neq(\boldsymbol{A}-\boldsymbol{B})(\boldsymbol{A}+\boldsymbol{B}).$$

例 2.6　设 $\boldsymbol{A}=\begin{pmatrix}1&-1&2\\-2&2&-4\\1&-1&2\end{pmatrix}$, 求 $\boldsymbol{A}^n$.

解法一　数学归纳法. 直接计算得

$$\boldsymbol{A}^2=\begin{pmatrix}5&-5&10\\-10&10&-20\\5&-5&10\end{pmatrix}=5\boldsymbol{A},$$

$$\boldsymbol{A}^3=\boldsymbol{A}^2\boldsymbol{A}=5\boldsymbol{AA}=5\boldsymbol{A}^2=5^2\boldsymbol{A}.$$

归纳证明可得 $\boldsymbol{A}^n=5^{n-1}\boldsymbol{A}$.

解法二　注意到 $\boldsymbol{A}=\begin{pmatrix}1\\-2\\1\end{pmatrix}(1\ \ -1\ 2)$, 因此,

$$\begin{aligned}\boldsymbol{A}^n&=\begin{pmatrix}1\\-2\\1\end{pmatrix}(1\ \ -1\ 2)\begin{pmatrix}1\\-2\\1\end{pmatrix}(1\ \ -1\ 2)\cdots\begin{pmatrix}1\\-2\\1\end{pmatrix}(1\ \ -1\ 2)\\&=\begin{pmatrix}1\\-2\\1\end{pmatrix}5^{n-1}(1\ \ -1\ 2)=5^{n-1}\boldsymbol{A}.\end{aligned}$$

例 2.7　设 $\boldsymbol{A}=\begin{pmatrix}\lambda&1&\\&\lambda&1\\&&\lambda\end{pmatrix}$, 求 $\boldsymbol{A}^n$.

解　矩阵 $\boldsymbol{A}=\lambda\boldsymbol{E}+\boldsymbol{B},\boldsymbol{B}=\begin{pmatrix}0&1&0\\0&0&1\\0&0&0\end{pmatrix}$. 因此,

$$\boldsymbol{A}^n=(\lambda\boldsymbol{E}+\boldsymbol{B})^n=\lambda^n\boldsymbol{E}+n\lambda^{n-1}\boldsymbol{B}+\frac{n(n-1)}{2!}\lambda^{n-2}\boldsymbol{B}^2+\cdots+\boldsymbol{B}^n.$$

注意到 $\boldsymbol{B}^2 = \begin{pmatrix} 0 & 0 & 1 \\ 0 & 0 & 0 \\ 0 & 0 & 0 \end{pmatrix}, \boldsymbol{B}^k = \boldsymbol{O}\ (k = 3, 4, \cdots, n)$. 由此即得

$$\boldsymbol{A}^n = \begin{pmatrix} \lambda^n & n\lambda^{n-1} & \dfrac{n(n-1)}{2!}\lambda^{n-2} \\ 0 & \lambda^n & n\lambda^{n-1} \\ 0 & 0 & \lambda^n \end{pmatrix}.$$

2.2.3 矩阵的转置

定义 2.6 将矩阵 $\boldsymbol{A} = (a_{ij})_{m\times n}$ 的行依次转换成同序数的列 (即行列互换) 得到的 $n \times m$ 矩阵称为矩阵 $\boldsymbol{A}$ 的**转置**矩阵, 记为 $\boldsymbol{A}^{\mathrm{T}}$.

例如, 矩阵 $\boldsymbol{A} = \begin{pmatrix} 1 & 2 & 3 \\ 4 & 5 & 6 \end{pmatrix}$ 的转置矩阵 $\boldsymbol{A}^{\mathrm{T}} = \begin{pmatrix} 1 & 4 \\ 2 & 5 \\ 3 & 6 \end{pmatrix}$.

例 2.8 已知 $\boldsymbol{A} = \begin{pmatrix} 1 & -1 \\ 1 & -1 \end{pmatrix}, \boldsymbol{B} = \begin{pmatrix} 1 & 0 \\ 1 & 1 \end{pmatrix}$, 求 $(\boldsymbol{AB})^{\mathrm{T}}, \boldsymbol{A}^{\mathrm{T}}\boldsymbol{B}^{\mathrm{T}}, \boldsymbol{B}^{\mathrm{T}}\boldsymbol{A}^{\mathrm{T}}$.

解 利用矩阵乘法和转置的定义, 直接计算, 得

$$(\boldsymbol{AB})^{\mathrm{T}} = \begin{pmatrix} 0 & -1 \\ 0 & -1 \end{pmatrix}^{\mathrm{T}} = \begin{pmatrix} 0 & 0 \\ -1 & 1 \end{pmatrix},$$

$$\boldsymbol{A}^{\mathrm{T}}\boldsymbol{B}^{\mathrm{T}} = \begin{pmatrix} 1 & 1 \\ -1 & -1 \end{pmatrix}\begin{pmatrix} 1 & 1 \\ 0 & 1 \end{pmatrix} = \begin{pmatrix} 1 & 2 \\ -1 & -2 \end{pmatrix}.$$

$$\boldsymbol{B}^{\mathrm{T}}\boldsymbol{A}^{\mathrm{T}} = \begin{pmatrix} 1 & 1 \\ 0 & 1 \end{pmatrix}\begin{pmatrix} 1 & 1 \\ -1 & -1 \end{pmatrix} = \begin{pmatrix} 0 & 0 \\ -1 & 1 \end{pmatrix}.$$

由该例, 可以看到 $(\boldsymbol{AB})^{\mathrm{T}} \neq \boldsymbol{A}^{\mathrm{T}}\boldsymbol{B}^{\mathrm{T}}$, 但 $(\boldsymbol{AB})^{\mathrm{T}} \neq \boldsymbol{B}^{\mathrm{T}}\boldsymbol{A}^{\mathrm{T}}$.

矩阵的转置满足以下规律.

(1) $(\boldsymbol{A}^{\mathrm{T}})^{\mathrm{T}} = \boldsymbol{A}$;

(2) $(\boldsymbol{A} + \boldsymbol{B})^{\mathrm{T}} = \boldsymbol{A}^{\mathrm{T}} + \boldsymbol{B}^{\mathrm{T}}$;

(3) $(k\boldsymbol{A})^{\mathrm{T}} = k\boldsymbol{A}^{\mathrm{T}}, k$ 是一个数;

(4) $(\boldsymbol{AB})^{\mathrm{T}} = \boldsymbol{B}^{\mathrm{T}}\boldsymbol{A}^{\mathrm{T}}, (\boldsymbol{A}_1\boldsymbol{A}_2\cdots\boldsymbol{A}_m)^{\mathrm{T}} = \boldsymbol{A}_m^{\mathrm{T}}\boldsymbol{A}_{m-1}^{\mathrm{T}}\cdots\boldsymbol{A}_2^{\mathrm{T}}\boldsymbol{A}_1^{\mathrm{T}}$;

(5) 若 $\boldsymbol{A}$ 为方阵, 则 $(\boldsymbol{A}^m)^{\mathrm{T}} = (\boldsymbol{A}^{\mathrm{T}})^m, m$ 为正整数.

不难看出, 矩阵 $\boldsymbol{A}$ 为对称矩阵的充分必要条件是 $\boldsymbol{A} = \boldsymbol{A}^{\mathrm{T}}, \boldsymbol{A}$ 为反对称矩阵的充分必要条件是 $\boldsymbol{A}^{\mathrm{T}} = -\boldsymbol{A}$.

任意矩阵 $\boldsymbol{A}$ 都可以表示为对称矩阵和反对称矩阵之和, 即

$$\boldsymbol{A}=\frac{\boldsymbol{A}+\boldsymbol{A}^{\mathrm{T}}}{2}+\frac{\boldsymbol{A}-\boldsymbol{A}^{\mathrm{T}}}{2}.$$

例 2.9　设 $n\times 1$ 矩阵 $\boldsymbol{A}$ 满足 $\boldsymbol{A}^{\mathrm{T}}\boldsymbol{A}=1, \boldsymbol{B}=\boldsymbol{E}-2\boldsymbol{A}\boldsymbol{A}^{\mathrm{T}}$. 证明: $\boldsymbol{B}$ 为对称矩阵, 且 $\boldsymbol{B}^2=\boldsymbol{E}$.

证明　由

$$\boldsymbol{B}^{\mathrm{T}}=(\boldsymbol{E}-2\boldsymbol{A}\boldsymbol{A}^{\mathrm{T}})^{\mathrm{T}}=\boldsymbol{E}^{\mathrm{T}}-(2\boldsymbol{A}\boldsymbol{A}^{\mathrm{T}})^{\mathrm{T}}=\boldsymbol{E}-2(\boldsymbol{A}^{\mathrm{T}})^{\mathrm{T}}\boldsymbol{A}^{\mathrm{T}}=\boldsymbol{E}-2\boldsymbol{A}\boldsymbol{A}^{\mathrm{T}}=\boldsymbol{B},$$

即知矩阵 $\boldsymbol{B}$ 是对称矩阵. 注意到 $\boldsymbol{A}^{\mathrm{T}}\boldsymbol{A}=1$, 可得

$$\boldsymbol{B}^2=(\boldsymbol{E}-2\boldsymbol{A}\boldsymbol{A}^{\mathrm{T}})^2=\boldsymbol{E}^2-4\boldsymbol{A}\boldsymbol{A}^{\mathrm{T}}+4(\boldsymbol{A}\boldsymbol{A}^{\mathrm{T}})^2=\boldsymbol{E}-4\boldsymbol{A}\boldsymbol{A}^{\mathrm{T}}+4\boldsymbol{A}(\boldsymbol{A}^{\mathrm{T}}\boldsymbol{A})\boldsymbol{A}^{\mathrm{T}}=\boldsymbol{E}.$$

结论得证.

本节最后给出矩阵乘法的两个应用实例.

例 2.10 (产品的售价和数量)　设某厂向三个超市 (代号为 $(X),(Y),(Z)$) 发送四种产品 (代号为 $(a),(b),(c),(d)$) 的包装箱数矩阵为

$$\begin{array}{c} \\ \boldsymbol{A}= \end{array}\begin{array}{c} \begin{array}{cccc} (a) & (b) & (c) & (d) \end{array} \\ \left(\begin{array}{cccc} 30 & 20 & 50 & 20 \\ 0 & 7 & 10 & 0 \\ 50 & 40 & 50 & 50 \end{array}\right) \end{array}\begin{array}{c} \\ (X) \\ (Y) \\ (Z) \end{array},$$

这四种产品的单箱售价及单箱货物数量 (代号为 $(i),(ii)$) 的矩阵为

$$\begin{array}{c} \\ \boldsymbol{B}= \end{array}\begin{array}{c} \begin{array}{cc} (i) & (ii) \end{array} \\ \left(\begin{array}{cc} 30 & 40 \\ 16 & 30 \\ 22 & 30 \\ 18 & 20 \end{array}\right) \end{array}\begin{array}{c} \\ (a) \\ (b) \\ (c) \\ (d) \end{array},$$

则该厂向每个超市售出产品的总售价及货物总数量用矩阵表示为

$$\begin{array}{c} \\ \boldsymbol{A}\boldsymbol{B}= \end{array}\begin{array}{c} \begin{array}{cc} (i) & (ii) \end{array} \\ \left(\begin{array}{cc} 2680 & 3700 \\ 332 & 510 \\ 4140 & 5700 \end{array}\right) \end{array}\begin{array}{c} \\ (X) \\ (Y) \\ (Z) \end{array}.$$

例 2.11 (情报检索模型)　因特网上数字图书馆的发展对情报的存储和检索提出了更高的要求. 现代情报检索技术构筑在矩阵理论基础上. 通常, 数据库中收

集了大量的文件 (书籍), 我们希望从中搜索那些能与特定关键词相匹配的文件. 假如数据库中包括 n 个文件, 而搜索所用的关键词有 m 个, 那么将关键词按字母排序, 我们就可以把数据库表示为 $m \times n$ 的矩阵 $\boldsymbol{A}$. 例如数据库包含的书名和搜索的关键词 (由拼音字母排序) 可用下表表示:

	线性代数	线性代数与空间解析几何	线性代数及应用
代数	1	1	1
几何	0	1	0
线性	1	1	1
应用	0	0	1

如果读者输入关键词"代数""几何", 则数据库搜索矩阵 $\boldsymbol{A}$ 和关键词搜索矩阵 $\boldsymbol{x}$ 分别为

$$\boldsymbol{A} = \begin{pmatrix} 1 & 1 & 1 \\ 0 & 1 & 0 \\ 1 & 1 & 1 \\ 0 & 0 & 1 \end{pmatrix}, \quad \boldsymbol{x} = \begin{pmatrix} 1 \\ 1 \\ 0 \\ 0 \end{pmatrix}.$$

搜索结果可以表示为 $\boldsymbol{y} = \boldsymbol{A}^{\mathrm{T}}\boldsymbol{x} = \begin{pmatrix} 1 \\ 2 \\ 1 \end{pmatrix}$. 这里 $\boldsymbol{y}$ 的各个分量表示各书与搜索矩阵匹配的程度. 因为 $\boldsymbol{y}$ 的第 2 个分量为 2, 所以第二本书目包含所有关键词, 故在搜索结果中排在最前面.

2.3 矩阵的逆

在实数中, 除法运算是乘法运算的逆运算, 即只要数 $a \neq 0$, 则一定有 $aa^{-1} = a^{-1}a = 1$. 受此启发, 人们自然想到, 是否可以考虑矩阵乘法运算的逆运算? 这就需要我们探讨逆矩阵的概念.

2.3.1 逆矩阵

定义 2.7 设 $\boldsymbol{A}$ 为 n 阶方阵. 如果存在 n 阶方阵 $\boldsymbol{B}$, 使得

$$\boldsymbol{AB} = \boldsymbol{BA} = \boldsymbol{E}, \tag{2.1}$$

则称矩阵 $\boldsymbol{A}$**可逆**, 并称矩阵 $\boldsymbol{B}$ 是 $\boldsymbol{A}$ 的**逆矩阵**.

根据定义 2.7, 式 (2.1) 中 $\boldsymbol{A}$ 与 $\boldsymbol{B}$ 的地位是对等的, 即 $\boldsymbol{A}$ 是可逆的, 则 $\boldsymbol{B}$ 一定也是可逆的, 矩阵 $\boldsymbol{A}$ 是 $\boldsymbol{B}$ 的逆矩阵.

显然, 单位矩阵 $\boldsymbol{E}$ 一定可逆, 且其逆还是它本身.

例 2.12 设 $\boldsymbol{A}=\begin{pmatrix}1&2\\3&5\end{pmatrix}$, 问 $\boldsymbol{A}$ 是否可逆? 若可逆, 求出其逆矩阵.

解 设 $\boldsymbol{B}=\begin{pmatrix}a&b\\c&d\end{pmatrix}$ 是 $\boldsymbol{A}$ 的逆矩阵, 则由 $\boldsymbol{AB}=\boldsymbol{E}$ 可知

$$\begin{pmatrix}a+2c&b+2d\\3a+5c&3b+5d\end{pmatrix}=\begin{pmatrix}1&0\\0&1\end{pmatrix}.$$

于是 $a+2c=1, b+2d=0, 3a+5c=0, 3b+5d=1$, 解得 $a=-5, b=2, c=3, d=-1$, 即

$$\boldsymbol{B}=\begin{pmatrix}-5&2\\3&-1\end{pmatrix}.$$

容易验证 $\boldsymbol{BA}=\boldsymbol{E}$ 也成立, 由定义 2.7 可知 $\boldsymbol{A}$ 是可逆的, 且矩阵 $\boldsymbol{B}$ 是 $\boldsymbol{A}$ 的逆矩阵.

该例中, 求 $\boldsymbol{A}$ 的逆矩阵的方法称为**待定系数法**. 必须指出, 当矩阵阶数较高时, 用此方法求逆矩阵, 计算量一般是很大的.

定理 2.1 如果 n 阶方阵 $\boldsymbol{A}$ 可逆, 则它的逆矩阵是唯一的.

证明 设矩阵 $\boldsymbol{B},\boldsymbol{C}$ 都是矩阵 $\boldsymbol{A}$ 的逆矩阵, 即 $\boldsymbol{AB}=\boldsymbol{BA}=\boldsymbol{E}, \boldsymbol{AC}=\boldsymbol{CA}=\boldsymbol{E}$, 则有

$$\boldsymbol{B}=\boldsymbol{BE}=\boldsymbol{B}(\boldsymbol{AC})=(\boldsymbol{BA})\boldsymbol{C}=\boldsymbol{EC}=\boldsymbol{C}.$$

因此, 矩阵 $\boldsymbol{A}$ 的逆矩阵是唯一的.

据此, 我们把方阵 $\boldsymbol{A}$ 的逆矩阵记作 $\boldsymbol{A}^{-1}$, 即如果有矩阵 $\boldsymbol{B}$ 使 $\boldsymbol{AB}=\boldsymbol{BA}=\boldsymbol{E}$, 则 $\boldsymbol{A}^{-1}=\boldsymbol{B}$. 当然, 也有 $\boldsymbol{B}^{-1}=\boldsymbol{A}$. 下面的概念对于逆矩阵的讨论是重要的.

定义 2.8 设 $n\geqslant 2$. 对 $i,j=1,2,\cdots,n$, 设 A_{ij} 是行列式 $|\boldsymbol{A}|=|a_{ij}|$ 中元素 a_{ij} 的代数余子式, 则 n 阶方阵

$$\begin{pmatrix}A_{11}&A_{21}&\cdots&A_{n1}\\A_{12}&A_{22}&\cdots&A_{n2}\\\vdots&\vdots&&\vdots\\A_{1n}&A_{2n}&\cdots&A_{nn}\end{pmatrix}$$

称为矩阵 $\boldsymbol{A}$ 的**伴随矩阵**, 记为 $\boldsymbol{A}^*$. 显然, 单位矩阵 $\boldsymbol{E}$ 的伴随矩阵仍然为 $\boldsymbol{E}$.

例 2.13 已知 $\boldsymbol{A}=\begin{pmatrix}1&2&1\\1&0&2\\-1&3&0\end{pmatrix}$, 求 $\boldsymbol{A}^*$.

解 容易计算代数余子式

$$A_{11}=-6, A_{12}=-2, A_{13}=3, A_{21}=3, A_{22}=1, A_{23}=-5,$$

$$A_{31}=4, A_{32}=-1, A_{33}=-2.$$

因此, 矩阵 $\boldsymbol{A}$ 的伴随矩阵 $\boldsymbol{A}^*=\begin{pmatrix}-6&3&4\\-2&1&-1\\3&-5&-2\end{pmatrix}$.

根据伴随矩阵的定义和行列式的展开性质, 容易证明 $\boldsymbol{A}^*$ 满足如下公式:

$$\boldsymbol{A}\boldsymbol{A}^*=\boldsymbol{A}^*\boldsymbol{A}=|\boldsymbol{A}|\boldsymbol{E}. \tag{2.2}$$

由式 (2.2), 容易发现, 如果 $|\boldsymbol{A}|\neq 0$, 则

$$\boldsymbol{A}\left(\frac{1}{|\boldsymbol{A}|}\boldsymbol{A}^*\right)=\left(\frac{1}{|\boldsymbol{A}|}\boldsymbol{A}^*\right)\boldsymbol{A}=\boldsymbol{E}.$$

故由逆矩阵的定义知, 此时矩阵 $\boldsymbol{A}$ 是可逆的, 且

$$\boldsymbol{A}^{-1}=\frac{1}{|\boldsymbol{A}|}\boldsymbol{A}^*,\quad (\boldsymbol{A}^*)^{-1}=\frac{1}{|\boldsymbol{A}|}\boldsymbol{A}. \tag{2.3}$$

另一方面, 如果矩阵 $\boldsymbol{A}$ 可逆, 由式 (2.1) 知 $|\boldsymbol{A}|\neq 0$. 由此, 得出如下定理.

定理 2.2 方阵 $\boldsymbol{A}$ 可逆的充分必要条件为 $|\boldsymbol{A}|\neq 0$, 且此时 $\boldsymbol{A}^{-1}$ 由式 (2.3) 给出.

例 2.14 求例 2.13 中矩阵 $\boldsymbol{A}$ 的逆矩阵.

解 由例 2.13, 并注意到 $|\boldsymbol{A}|=-7$, 可得

$$\boldsymbol{A}^{-1}=-\frac{1}{7}\begin{pmatrix}-6&3&4\\-2&1&-1\\3&-5&-2\end{pmatrix}.$$

像该例利用式 (2.3) 求 $\boldsymbol{A}^{-1}$ 的方法称为**伴随矩阵法**. 它对于求阶数较低或较特殊的一些矩阵的逆矩阵比较有用. 但对于阶数较高的矩阵, 这种方法一般很难使用. 所以, 还需要探讨求逆矩阵的其他方法, 这将在 2.4 节给出.

例 2.15 已知 $\boldsymbol{A}=\begin{pmatrix}1&2&0\\2&2&0\\3&4&5\end{pmatrix}$, 求 $(\boldsymbol{A}^*)^{-1}, |\boldsymbol{A}^*|$.

解 直接计算, 得 $|\boldsymbol{A}|=-10\neq 0$. 因此, 由 $(\boldsymbol{A}^*)^{-1}=\dfrac{1}{|\boldsymbol{A}|}\boldsymbol{A}$, 得

$$(\boldsymbol{A}^*)^{-1}=-\frac{1}{10}\begin{pmatrix}1&2&0\\2&2&0\\3&4&5\end{pmatrix}.$$

由 $\boldsymbol{A}\boldsymbol{A}^* = |\boldsymbol{A}|\boldsymbol{E}$, 得

$$|\boldsymbol{A}||\boldsymbol{A}^*| = |\boldsymbol{A}\boldsymbol{A}^*| = ||\boldsymbol{A}|\boldsymbol{E}| = |\boldsymbol{A}|^3|\boldsymbol{E}| = |\boldsymbol{A}|^3,$$

因此, 由 $|\boldsymbol{A}| \neq 0$, 即得 $|\boldsymbol{A}^*| = |\boldsymbol{A}|^2 = 100$.

由定理 2.2 不难证明, 对 n 阶方阵 $\boldsymbol{A}$, 如果有 n 阶方阵 $\boldsymbol{B}$, 使得 $\boldsymbol{AB} = \boldsymbol{E}$ 或 $\boldsymbol{BA} = \boldsymbol{E}$, 则矩阵 $\boldsymbol{A}$ 可逆, 且 $\boldsymbol{A}^{-1} = \boldsymbol{B}$.

事实上, 若 $\boldsymbol{AB} = \boldsymbol{E}$, 则 $|\boldsymbol{A}||\boldsymbol{B}| = 1$, 故 $|\boldsymbol{A}| \neq 0$. 于是由定理 2.2 知矩阵 $\boldsymbol{A}$ 可逆, 即存在矩阵 $\boldsymbol{C}$ 使 $\boldsymbol{AC} = \boldsymbol{CA} = \boldsymbol{E}$. 又, 在 $\boldsymbol{AB} = \boldsymbol{E}$ 的两边同时左乘 $\boldsymbol{C}$, 可得 $\boldsymbol{CAB} = \boldsymbol{CE}$. 注意到 $\boldsymbol{CA} = \boldsymbol{E}$, 此即 $\boldsymbol{B} = \boldsymbol{C}$, 进而 $\boldsymbol{BA} = \boldsymbol{E}$. 故由定义 2.7 知 $\boldsymbol{A}$ 可逆, 且 $\boldsymbol{A}^{-1} = \boldsymbol{B}$.

由此, 要判断方阵 $\boldsymbol{A}$ 是否可逆, 不必同时检验 $\boldsymbol{AB} = \boldsymbol{BA} = \boldsymbol{E}$, 只要检验其中之一即可. 即要证明 $\boldsymbol{A}^{-1} = \boldsymbol{B}$, 只需证明 $\boldsymbol{AB} = \boldsymbol{E}$ 或 $\boldsymbol{BA} = \boldsymbol{E}$.

例 2.16 设 n 阶方阵 $\boldsymbol{A}, \boldsymbol{B}$ 满足 $\boldsymbol{A} + \boldsymbol{B} = \boldsymbol{AB}$. 证明 $\boldsymbol{A} - \boldsymbol{E}$ 可逆, 并求 $(\boldsymbol{A} - \boldsymbol{E})^{-1}$.

证明 由 $\boldsymbol{A} + \boldsymbol{B} = \boldsymbol{AB}$ 可得 $(\boldsymbol{A} - \boldsymbol{E})(\boldsymbol{B} - \boldsymbol{E}) = \boldsymbol{E}$. 因此, $\boldsymbol{A} - \boldsymbol{E}$ 可逆, 且

$$(\boldsymbol{A} - \boldsymbol{E})^{-1} = \boldsymbol{B} - \boldsymbol{E}.$$

例 2.17 已知方阵 $\boldsymbol{A}$ 满足 $\boldsymbol{A}^3 = 2\boldsymbol{E}$, 求 $(\boldsymbol{A} + \boldsymbol{E})^{-1}$.

证明 由于 $\boldsymbol{A}^3 + \boldsymbol{E} = (\boldsymbol{A} + \boldsymbol{E})(\boldsymbol{A}^2 - \boldsymbol{A} + \boldsymbol{E}) = 3\boldsymbol{E}$, 所以

$$(\boldsymbol{A} + \boldsymbol{E})\frac{\boldsymbol{A}^2 - \boldsymbol{A} + \boldsymbol{E}}{3} = \boldsymbol{E}.$$

因此,

$$(\boldsymbol{A} + \boldsymbol{E})^{-1} = \frac{\boldsymbol{A}^2 - \boldsymbol{A} + \boldsymbol{E}}{3}.$$

例 2.18 已知矩阵 $\boldsymbol{A}$ 满足 $\boldsymbol{A}^2 = \boldsymbol{A}$, 求 $(\boldsymbol{A} + \boldsymbol{E})^{-1}$.

证明 由于

$$\boldsymbol{O} = \boldsymbol{A}^2 - \boldsymbol{A} = \boldsymbol{A}^2 + \boldsymbol{A} - 2\boldsymbol{A} - 2\boldsymbol{E} + 2\boldsymbol{E} = (\boldsymbol{A} - 2\boldsymbol{E})(\boldsymbol{A} + \boldsymbol{E}) + 2\boldsymbol{E},$$

由此即得 $-\dfrac{1}{2}(\boldsymbol{A} - 2\boldsymbol{E})(\boldsymbol{A} + \boldsymbol{E}) = \boldsymbol{E}$, 从而

$$(\boldsymbol{A} + \boldsymbol{E})^{-1} = -\frac{1}{2}(\boldsymbol{A} - 2\boldsymbol{E}).$$

例 2.19 已知 $\boldsymbol{A} = \begin{pmatrix} 1 & 0 & 0 & 0 \\ -2 & 3 & 0 & 0 \\ 0 & -4 & 5 & 0 \\ 0 & 0 & -6 & 7 \end{pmatrix}, \boldsymbol{B} = (\boldsymbol{E} + \boldsymbol{A})^{-1}(\boldsymbol{E} - \boldsymbol{A})$, 求 $(\boldsymbol{B} + \boldsymbol{E})^{-1}$.

解 在 $\boldsymbol{B}=(\boldsymbol{E}+\boldsymbol{A})^{-1}(\boldsymbol{E}-\boldsymbol{A})$ 两端左乘 $\boldsymbol{E}+\boldsymbol{A}$, 并移项整理得

$$(\boldsymbol{A}+\boldsymbol{E})(\boldsymbol{B}+\boldsymbol{E})=2\boldsymbol{E}.$$

因此, $(\boldsymbol{B}+\boldsymbol{E})^{-1}=\dfrac{\boldsymbol{A}+\boldsymbol{E}}{2}=\begin{pmatrix}1&0&0&0\\-1&2&0&0\\0&-2&3&0\\0&0&-3&4\end{pmatrix}$.

下面给出可逆矩阵的一些简单性质: 设矩阵 $\boldsymbol{A},\boldsymbol{B}$ 为同阶可逆方阵, 数 $k\neq 0$, m 是非负整数, 则

(1) $(\boldsymbol{A}^{-1})^{-1}=\boldsymbol{A}$;

(2) $(k\boldsymbol{A})^{-1}=k^{-1}\boldsymbol{A}^{-1}$;

(3) $(\boldsymbol{A}\boldsymbol{B})^{-1}=\boldsymbol{B}^{-1}\boldsymbol{A}^{-1}$;

(4) $(\boldsymbol{A}^{\mathrm{T}})^{-1}=(\boldsymbol{A}^{-1})^{\mathrm{T}}$;

(5) $|\boldsymbol{A}^{-1}|=|\boldsymbol{A}|^{-1}$;

(6) $(\boldsymbol{A}^{m})^{-1}=(\boldsymbol{A}^{-1})^{m}$;

(7) $(\boldsymbol{A}^{*})^{-1}=(\boldsymbol{A}^{-1})^{*}$.

上述性质的证明都不困难, 请读者自行验证. 但要指出, 矩阵 $\boldsymbol{A},\boldsymbol{B}$ 可逆与矩阵 $\boldsymbol{A}+\boldsymbol{B}$ 可逆, 两者之间没有联系.

例 2.20 已知 3 阶矩阵 $\boldsymbol{A}$ 满足 $|\boldsymbol{A}|=\dfrac{1}{27}$, 求 $|(3\boldsymbol{A})^{-1}-27\boldsymbol{A}^{*}|$.

解 注意到 $\boldsymbol{A}$ 可逆, 且 $\boldsymbol{A}^{*}=|\boldsymbol{A}|\boldsymbol{A}^{-1},(3\boldsymbol{A})^{-1}=\dfrac{1}{3}\boldsymbol{A}^{-1}$, 即得

$$|(3\boldsymbol{A})^{-1}-27\boldsymbol{A}^{*}|=|\frac{1}{3}\boldsymbol{A}^{-1}-27|\boldsymbol{A}|\boldsymbol{A}^{-1}|=|-\frac{2}{3}\boldsymbol{A}^{-1}|=-\frac{2^3}{3^3}\frac{1}{|\boldsymbol{A}|}=-8.$$

例 2.21 设 $\boldsymbol{A},\boldsymbol{B}$ 为 n 阶矩阵, $|\boldsymbol{A}|=2,|\boldsymbol{B}|=3$, 求 $|\boldsymbol{A}^{-1}\boldsymbol{B}^{*}-\boldsymbol{A}^{*}\boldsymbol{B}^{-1}|$.

解 注意到 $\boldsymbol{A},\boldsymbol{B}$ 可逆, 且 $\boldsymbol{A}^{*}=|\boldsymbol{A}|\boldsymbol{A}^{-1},\boldsymbol{B}^{*}=|\boldsymbol{B}|\boldsymbol{B}^{-1}$, 即得

$$|\boldsymbol{A}^{-1}\boldsymbol{B}^{*}-\boldsymbol{A}^{*}\boldsymbol{B}^{-1}|=||\boldsymbol{B}|\boldsymbol{A}^{-1}\boldsymbol{B}^{-1}-|\boldsymbol{A}|\boldsymbol{A}^{-1}\boldsymbol{B}^{-1}|=|(\boldsymbol{B}\boldsymbol{A})^{-1}|=\frac{1}{|\boldsymbol{A}||\boldsymbol{B}|}=\frac{1}{6}.$$

例 2.22 设 $\boldsymbol{A},\boldsymbol{B}$ 为 n 阶矩阵, 证明:

(1) 若 $n\geqslant 2$, 则 $|\boldsymbol{A}^{*}|=|\boldsymbol{A}|^{n-1}$;

(2) 若 $n\geqslant 2$, $\boldsymbol{A}$ 可逆, 则 $(\boldsymbol{A}^{*})^{*}=|\boldsymbol{A}|^{n-2}\boldsymbol{A}$;

(3) 若 $\boldsymbol{A},\boldsymbol{B}$ 可逆, 则 $(\boldsymbol{A}\boldsymbol{B})^{*}=\boldsymbol{B}^{*}\boldsymbol{A}^{*}$;

(4) 若 k 为任意常数, 则 $(k\boldsymbol{A})^{*}=k^{n-1}\boldsymbol{A}^{*}$.

证明 (1) 由公式 $\boldsymbol{A}^{*}\boldsymbol{A}=|\boldsymbol{A}|\boldsymbol{E}$, 两端取行列式得 $|\boldsymbol{A}||\boldsymbol{A}^{*}|=|\boldsymbol{A}|^{n}$. 如果 $|\boldsymbol{A}|\neq 0$, 则结论成立. 下面证明若 $|\boldsymbol{A}|=0$, 则 $|\boldsymbol{A}^{*}|=0$; 否则, 若 $|\boldsymbol{A}^{*}|\neq 0$, 即 $\boldsymbol{A}^{*}$ 可逆,

因此,

$$A = AE = AA^*(A^*)^{-1} = |A|(A^*)^{-1} = O.$$

于是由定义 2.8 得 $A^* = O$. 这与 $|A^*| \neq 0$ 矛盾. 所以结论成立.

(2) 因为矩阵 A 可逆, 所以 A^* 也可逆, 且

$$(A^*)^{-1} = \frac{1}{|A|}A.$$

故由 $(A^*)^*A^* = |A^*|E = |A|^{n-1}E$ 得 $(A^*)^* = |A|^{n-1}(A^*)^{-1} = |A|^{n-2}A$.

(3) 因 A, B 可逆, 所以

$$A^{-1} = \frac{1}{|A|}A^*, \quad B^{-1} = \frac{1}{|B|}B^*.$$

又 $(AB)^*(AB) = |AB|E$, 两端右乘 $B^{-1}A^{-1}$, 即得结论.

(4) 设 $|kA|, |A|$ 的代数余子式分别为 $\bar{A}_{ij}, A_{ij}$. 注意到数乘矩阵和代数余子式的定义, 可得

$$\bar{A}_{ij} = k^{n-1}A_{ij},$$

于是结论成立.

该例给出了关于伴随矩阵的基本公式. 需要指出的是, 事实上, 该例中的 (2) 和 (3), 对任意的同阶方阵 A, B 都成立. 请读者自行给予证明.

2.3.2 矩阵方程

为简化叙述, 我们总是假定以下出现的矩阵符合相关运算的定义要求, 即假定相关运算有意义. 通常, 含有未知矩阵的矩阵等式称为**矩阵方程**. 一般地, 矩阵方程有三种基本类型:

类型一, $AX = D$, 其中 A 为可逆方阵;

类型二, $XB = D$, 其中 B 为可逆方阵;

类型三, $AXB = D$, 其中 A, B 均为可逆方阵.

根据矩阵的运算法则, 这三种类型矩阵方程的解分别为

$$X = A^{-1}D, \quad X = DB^{-1}, \quad X = A^{-1}DB^{-1}.$$

需要指出的是, 在实际问题中, 矩阵方程往往要比这三种类型复杂. 求解的基本方法是: 先利用矩阵运算的基本公式化简, 然后再计算.

例 2.23 已知 $A = \begin{pmatrix} 1 & 2 & 3 \\ 2 & 2 & 1 \\ 3 & 4 & 3 \end{pmatrix}, B = \begin{pmatrix} 2 & 1 \\ 5 & 3 \end{pmatrix}, C = \begin{pmatrix} 1 & 3 \\ 2 & 0 \\ 3 & 1 \end{pmatrix}, AXB = C$, 求 X.

解 经计算,$|\boldsymbol{A}| = 2 \neq 0, |\boldsymbol{B}| = 1 \neq 0$, 因此, 矩阵 $\boldsymbol{A}, \boldsymbol{B}$ 可逆. 在 $\boldsymbol{AXB} = \boldsymbol{C}$ 两端分别左乘 $\boldsymbol{A}^{-1}$ 和右乘 $\boldsymbol{B}^{-1}$, 并计算, 得

$$\boldsymbol{X} = \boldsymbol{A}^{-1}\boldsymbol{C}\boldsymbol{B}^{-1} = \begin{pmatrix} -2 & 1 \\ 10 & -4 \\ -10 & 4 \end{pmatrix}.$$

例 2.24 已知 $\boldsymbol{B} = \begin{pmatrix} 1 & -2 & 0 \\ 1 & 2 & 0 \\ 0 & 0 & 2 \end{pmatrix}$, $2\boldsymbol{A}^{-1}\boldsymbol{B} = \boldsymbol{B} - 4\boldsymbol{E}$, 求 $\boldsymbol{A}$.

解 经计算,$|\boldsymbol{B}| = 8 \neq 0, |\boldsymbol{B} - 4\boldsymbol{E}| = -16 \neq 0$, 因此, 对 $2\boldsymbol{A}^{-1}\boldsymbol{B} = \boldsymbol{B} - 4\boldsymbol{E}$ 右乘 $\boldsymbol{B}^{-1}$, 得

$$\boldsymbol{A}^{-1} = \frac{1}{2}(\boldsymbol{B} - 4\boldsymbol{E})\boldsymbol{B}^{-1}.$$

于是,

$$\boldsymbol{A} = (\boldsymbol{A}^{-1})^{-1} = \left(\frac{1}{2}(\boldsymbol{B} - 4\boldsymbol{E})\boldsymbol{B}^{-1}\right)^{-1} = 2\boldsymbol{B}(\boldsymbol{B} - 4\boldsymbol{E})^{-1} = \begin{pmatrix} 0 & 2 & 0 \\ -1 & -1 & 0 \\ 0 & 0 & 2 \end{pmatrix}.$$

例 2.25 已知 $\boldsymbol{A}^* = \begin{pmatrix} 1 & 0 & 0 & 0 \\ 0 & 1 & 0 & 0 \\ 0 & 0 & 1 & 0 \\ 0 & -3 & 0 & 8 \end{pmatrix}$, $\boldsymbol{ABA}^{-1} = \boldsymbol{BA}^{-1} + 3\boldsymbol{E}$, 求矩阵 $\boldsymbol{B}$.

解 在 $\boldsymbol{ABA}^{-1} = \boldsymbol{BA}^{-1} + 3\boldsymbol{E}$ 两端右乘 $\boldsymbol{A}$, 并化简得 $(\boldsymbol{A} - \boldsymbol{E})\boldsymbol{B} = 3\boldsymbol{A}$. 由此得

$$\boldsymbol{B} = 3(\boldsymbol{A} - \boldsymbol{E})^{-1}\boldsymbol{A} = 3(\boldsymbol{E} - \boldsymbol{A}^{-1})^{-1} = 3\left(\boldsymbol{E} - \frac{1}{|\boldsymbol{A}|}\boldsymbol{A}^*\right)^{-1}.$$

由例 2.22 知 $|\boldsymbol{A}^*| = |\boldsymbol{A}|^3$. 而由题设可得 $|\boldsymbol{A}^*| = 8$, 所以 $|\boldsymbol{A}| = 2$. 代入上式得

$$\boldsymbol{B} = \begin{pmatrix} 6 & 0 & 0 & 0 \\ 0 & 6 & 0 & 0 \\ 6 & 0 & 6 & 0 \\ 0 & 3 & 0 & -1 \end{pmatrix}.$$

例 2.26 设 $\boldsymbol{A} = \begin{pmatrix} 1 & 1 & -1 \\ -1 & 1 & 1 \\ 1 & -1 & 1 \end{pmatrix}$, $\boldsymbol{A}^*\boldsymbol{X}\left(\frac{1}{2}\boldsymbol{A}^*\right)^{-1} = 8\boldsymbol{A}^{-1}\boldsymbol{X} + \boldsymbol{E}$. 求矩阵 $\boldsymbol{X}$.

解 计算得 $|\boldsymbol{A}|=4$, 于是 $\boldsymbol{A}^*=|\boldsymbol{A}|\boldsymbol{A}^{-1}=4\boldsymbol{A}^{-1}$. 所以

$$\left(\frac{1}{2}\boldsymbol{A}^*\right)^{-1}=(2\boldsymbol{A}^{-1})^{-1}=\frac{1}{2}\boldsymbol{A}.$$

代入矩阵方程得 $2\boldsymbol{A}^{-1}\boldsymbol{X}\boldsymbol{A}=8\boldsymbol{A}^{-1}\boldsymbol{X}+\boldsymbol{E}$. 该式两边同时左乘 $\boldsymbol{A}$ 得 $2\boldsymbol{X}\boldsymbol{A}=8\boldsymbol{X}+\boldsymbol{A}$. 因此,

$$\boldsymbol{X}=\frac{1}{2}\boldsymbol{A}(\boldsymbol{A}-4\boldsymbol{E})^{-1}.$$

由此即得 $\boldsymbol{X}=\begin{pmatrix}-\frac{1}{18} & -\frac{2}{9} & \frac{1}{9}\\ \frac{1}{9} & -\frac{1}{18} & -\frac{2}{9}\\ -\frac{2}{9} & \frac{1}{9} & -\frac{1}{18}\end{pmatrix}$.

例 2.27 (利用可逆矩阵加密) 有一种传送信息的办法, 是先把 26 个英文字母分别对应一个整数, 然后通过传送一组数据来传送信息. 这就是利用整数进行编码的基本想法. 比如, 若把 26 个英文字母 $A,B,\cdots,X,Y,Z$ 依次对应数字 1,2,$\cdots$,25,26, 则要发送信息 linear, 只需发送编码后的整数 12,9,14,5,1,18 即可. 但是, 直接使用这种办法, 在一个长消息中, 根据数字出现的频率, 能够估计它所代表的字母, 因此要传送的信息就容易被破译. 为解决这种容易解密的问题, 利用矩阵乘法对要发送的消息进行加密, 就是一种保密的措施. 具体做法如下.

先任意选定一个行列式为 ±1 的整数矩阵, 如 $\boldsymbol{A}=\begin{pmatrix}1&2&3\\1&1&2\\0&1&2\end{pmatrix}$. 把要发送信息的编码 12,9,14,5,1,18 依次写为两个发送信息向量 $\boldsymbol{x}_1=(12,9,14)^{\mathrm{T}},\boldsymbol{x}_2=(5,1,18)^{\mathrm{T}}$. 容易算出

$$\boldsymbol{y}_1=\boldsymbol{A}\boldsymbol{x}_1=\begin{pmatrix}72\\49\\37\end{pmatrix},\quad \boldsymbol{y}_2=\boldsymbol{A}\boldsymbol{x}_2=\begin{pmatrix}61\\42\\37\end{pmatrix}.$$

这样就把要发送信息的明码 12,9,14,5,1,18 加密成密码 72,49,37,61,42,37. 发送该密码, 并把收到的密码向量 $(72,49,37)^{\mathrm{T}}$ 和 $(61,42,37)^{\mathrm{T}}$ 左乘 $\boldsymbol{A}^{-1}$ 即可解码恢复为明码 12,9, 14,5,1,18 进而得到信息 linear.

经过这样的变换, 对方就难以利用出现的频率进行解码破译.

2.4 初等变换与初等矩阵

2.4.1 初等变换

我们先从下面实例回顾 Gauss 消元法的基本思想.

例 2.28 利用 Gauss 消元法解线性方程组

$$(\mathrm{A}):\begin{cases}2x_1+2x_2+3x_3=1,\\ x_1-x_2=2,\\ -x_1+2x_2+\ x_3=-2.\end{cases}$$

解 交换方程组 (A) 第一个方程和第二个方程的位置, 得

$$(\mathrm{B}):\begin{cases}x_1-x_2=2,\\ 2x_1+2x_2+3x_3=1,\\ -x_1+2x_2+x_3=-2.\end{cases}$$

交换方程组 (B) 的第二个方程和第三个方程的位置, 得

$$(\mathrm{C}):\begin{cases}x_1-x_2=2,\\ -x_1+2x_2+x_3=-2,\\ 2x_1+2x_2+3x_3=1.\end{cases}$$

将方程组 (C) 第一个方程的 -2 倍加到第三个方程, 将第一个方程加到第二个方程, 得

$$(\mathrm{D}):\begin{cases}x_1-x_2=2,\\ x_2+\ x_3=0,\\ 4x_2+3x_3=-3.\end{cases}$$

将方程组 (D) 的第二个方程的 -4 倍加到第三个方程, 得

$$(\mathrm{E}):\begin{cases}x_1-x_2=2,\\ x_2+x_3=0,\\ -x_3=-3.\end{cases}$$

对方程组 (E), 将第三个方程两端乘以 -1, 并解得 $x_1=-1, x_2=-3, x_3=3$.

总结上述从 (A) 到 (E) 的过程, 可以发现, 消元的过程实际上就是对线性方程组不断施行以下三种变化的过程.

(1) 交换某两个方程在方程组中的位置;

(2) 其中一个方程两端乘以一个非零的数;

(3) 一个方程两端乘以一个数后加到另一个方程的两端.

通常, 把以上三种变化称为**线性方程组的初等变换**. 不难看出, 经初等变换后, 方程组 (A),(B),(C),(D),(E) 的解的集合是相同的. 我们称解集合相同的方程组为**同解方程组**.

进一步观察例 2.28 的变换过程, 还可看到, 每次变换都只是未知元的系数和常数项发生变化, 而未知元并没有改变. 因此, 若要更加简单地表述上述过程, 我们可以直接对与该方程组相应的矩阵进行下述类似的变换

$$\begin{pmatrix} 2 & 2 & 3 & 1 \\ 1 & -1 & 0 & 2 \\ -1 & 2 & 1 & -2 \end{pmatrix} \to \begin{pmatrix} 1 & -1 & 0 & 2 \\ 2 & 2 & 3 & 1 \\ -1 & 2 & 1 & -2 \end{pmatrix} \to \begin{pmatrix} 1 & -1 & 0 & 2 \\ -1 & 2 & 1 & -2 \\ 2 & 2 & 3 & 1 \end{pmatrix}$$

$$\to \begin{pmatrix} 1 & -1 & 0 & 2 \\ 0 & 1 & 1 & 0 \\ 0 & 4 & 3 & -3 \end{pmatrix} \to \begin{pmatrix} 1 & -1 & 0 & 2 \\ 0 & 1 & 1 & 0 \\ 0 & 0 & -1 & -3 \end{pmatrix}.$$

这也说明, 对一个矩阵实施类似上述三种形式的变换是十分有意义的, 它们就是矩阵的初等变换. 下面给出矩阵初等变换的概念, 它在矩阵理论中具有非常重要的作用.

定义 2.9　下面三种变换称为矩阵的**初等行 (列) 变换**.

(1) 对调矩阵的第 i, j 两行 (列), 记作 $r_i \leftrightarrow r_j$ $(c_i \leftrightarrow c_j)$;

(2) 以数 $k \neq 0$ 乘矩阵第 i 行 (列) 的所有元素, 记作 kr_i (kc_i);

(3) 把矩阵第 j 行 (列) 所有元素的 k 倍分别加到第 i 行 (列) 的对应元素上, 记作 $r_i + kr_j$ $(c_i + kc_j)$. 矩阵的初等行变换和初等列变换, 统称为矩阵的**初等变换**.

通常, 我们用记号 $\boldsymbol{A} \to \boldsymbol{B}$ 表示矩阵 $\boldsymbol{B}$ 是由矩阵 $\boldsymbol{A}$ 经过某些初等变换得到的. 并且, 为更加清楚起见, 有时还会把从 $\boldsymbol{A}$ 到 $\boldsymbol{B}$ 的初等变换写在箭线 "$\to$" 上面.

容易看出, 这三类初等变换都是可逆的, 其中变换 $r_i \leftrightarrow r_j$ $(c_i \leftrightarrow c_j)$ 的逆变换就是其本身, 变换 kr_i (kc_i) 的逆变换是 $k^{-1}r_i$ $(k^{-1}c_i)$, 变换 $r_i + kr_j$ $(c_i + kc_j)$ 的逆变换是 $r_i - kr_j$ $(c_i - kc_j)$.

例 2.29　利用初等变换将矩阵 $\boldsymbol{A} = \begin{pmatrix} 1 & -1 & 0 & 2 \\ 0 & 2 & 2 & -1 \\ 0 & 0 & 3 & 1 \\ 0 & 6 & 3 & -2 \end{pmatrix}$ 化为行阶梯形矩阵、行最简形矩阵和标准形矩阵.

解 对 $\boldsymbol{A}$ 实施初等行变换可将其化为下述行阶梯形矩阵 $\boldsymbol{B}$, 即

$$\boldsymbol{A}\xrightarrow{r_4-3r_2}\begin{pmatrix}1&-1&0&2\\0&2&2&-1\\0&0&3&-1\\0&0&-3&1\end{pmatrix}\xrightarrow{r_4+r_3}\begin{pmatrix}1&-1&0&2\\0&2&2&-1\\0&0&3&-1\\0&0&0&0\end{pmatrix}=\boldsymbol{B}.$$

对 $\boldsymbol{B}$ 实施初等行变换可将其化为下述行最简形矩阵 $\boldsymbol{C}$, 即

$$\boldsymbol{B}\rightarrow\begin{pmatrix}1&-1&0&2\\0&1&1&-\frac{1}{2}\\0&0&1&-\frac{1}{3}\\0&0&0&0\end{pmatrix}\xrightarrow{r_2-r_3}\begin{pmatrix}1&-1&0&2\\0&1&0&-\frac{1}{6}\\0&0&1&-\frac{1}{3}\\0&0&0&0\end{pmatrix}\xrightarrow{r_1+r_2}\begin{pmatrix}1&0&0&\frac{11}{6}\\0&1&0&-\frac{1}{6}\\0&0&1&-\frac{1}{3}\\0&0&0&0\end{pmatrix}=\boldsymbol{C}.$$

对矩阵 $\boldsymbol{C}$ 实施初等列变换 $c_4+\frac{1}{3}c_3, c_4+\frac{1}{6}c_2, c_4-\frac{11}{6}c_1$, 即得标准形矩阵

$$\boldsymbol{C}\rightarrow\begin{pmatrix}1&0&0&0\\0&1&0&0\\0&0&1&0\\0&0&0&0\end{pmatrix}.$$

需要指出的是, 任意 $m\times n$ 矩阵 $\boldsymbol{A}$ 经初等变换一定可以化为标准形矩阵. 但利用单一的初等行变换只可以将任意矩阵 $\boldsymbol{A}$ 化为行阶梯形矩阵或行最简形矩阵, 未必可以化为标准形矩阵. 矩阵的阶梯形矩阵或最简形矩阵不是唯一的, 但标准形矩阵是唯一的.

$m\times n$ 矩阵 $\boldsymbol{A}$ 的标准形矩阵一定是形如 $\begin{pmatrix}\boldsymbol{E}_r&\boldsymbol{O}\\\boldsymbol{O}&\boldsymbol{O}\end{pmatrix}$ 的形式, 记为 $\boldsymbol{E}_{m\times n}^{(r)}$, 其中 $\boldsymbol{E}_r$ 为 r 阶单位矩阵, r 是矩阵 $\boldsymbol{A}$ 的行阶梯形矩阵中非零行的个数, 它是唯一的. 此外约定, 当 $r=0$ 时, $\boldsymbol{E}_{m\times n}^{(0)}$ 为零矩阵.

定义 2.10 如果矩阵 $\boldsymbol{A}$ 经过有限次初等变换能够变成矩阵 $\boldsymbol{B}$, 则称矩阵 $\boldsymbol{A}$ 与 $\boldsymbol{B}$**等价**.

矩阵的等价具有下列性质.

(1) 反身性, 即矩阵 $\boldsymbol{A}$ 与自身等价;

(2) 对称性, 即若矩阵 $\boldsymbol{A}$ 与 $\boldsymbol{B}$ 等价, 则 $\boldsymbol{B}$ 与 $\boldsymbol{A}$ 也等价;

(3) 传递性, 即若矩阵 $\boldsymbol{A}$ 与 $\boldsymbol{B}$ 等价, $\boldsymbol{B}$ 与 $\boldsymbol{C}$ 等价, 则 $\boldsymbol{A}$ 与 $\boldsymbol{C}$ 等价.

数学上, 把具有上述三条性质的关系称为**等价关系**. 因此, 矩阵的等价是矩阵之间的一个等价关系. 后续章节还会遇到矩阵之间的其他等价关系.

2.4.2 初等矩阵

定义 2.11 单位矩阵 $\boldsymbol{E}$ 经过一次初等变换所得到的矩阵称为**初等矩阵**. 对应三类初等变换, 初等矩阵有如下三种类型.

(1) 以数 $k \neq 0$ 乘单位矩阵的第 i 行 (列), 得到的初等矩阵

$$\boldsymbol{E}(i(k)) = \mathrm{diag}(1, \cdots, 1, k, 1, \cdots, 1) = \begin{pmatrix} 1 & & & & & & \\ & \ddots & & & & & \\ & & 1 & & & & \\ & & & k & & & \\ & & & & 1 & & \\ & & & & & \ddots & \\ & & & & & & 1 \end{pmatrix}.$$

(2) 把单位矩阵中的第 i, j 两行 (列) 对调, 得到的初等矩阵

$$\boldsymbol{E}(i, j) = \begin{pmatrix} 1 & & & & & & & & & & \\ & \ddots & & & & & & & & & \\ & & 1 & & & & & & & & \\ & & & 0 & & \cdots & & 1 & & & \\ & & & & 1 & & & & & & \\ & & & \vdots & & \ddots & & \vdots & & & \\ & & & & & & 1 & & & & \\ & & & 1 & & \cdots & & 0 & & & \\ & & & & & & & & 1 & & \\ & & & & & & & & & \ddots & \\ & & & & & & & & & & 1 \end{pmatrix}.$$

(3) 以任意数 k 乘单位矩阵的第 j 行加到第 i 行上或以数 k 乘单位矩阵的第 i 列加到第 j 列上, 得到的初等矩阵 $\boldsymbol{E}(i, j(k))$. 当 $i < j$ 时, 其形状为

$$E(i,j(k)) = \begin{pmatrix} 1 & & & & & & \\ & \ddots & & & & & \\ & & 1 & \cdots & k & & \\ & & & \ddots & \vdots & & \\ & & & & 1 & & \\ & & & & & \ddots & \\ & & & & & & 1 \end{pmatrix};$$

当 $i > j$ 时, 初等矩阵 $\boldsymbol{E}(i,j(k))$ 的形状, 请读者自行思考.

由初等矩阵的定义和行列式的性质不难看到

$$|\boldsymbol{E}(i(k))| = k, \quad |\boldsymbol{E}(i,j(k))| = 1, \quad |\boldsymbol{E}(i,j)| = -1.$$

因此, 初等矩阵是可逆的, 其逆矩阵分别为

$$\boldsymbol{E}(i(k))^{-1} = \boldsymbol{E}(i(k^{-1})), \quad \boldsymbol{E}(i,j(k))^{-1} = \boldsymbol{E}(i,j(-k)), \quad \boldsymbol{E}(i,j)^{-1} = \boldsymbol{E}(i,j).$$

又由于对任何可逆矩阵 $\boldsymbol{A}$, 其伴随矩阵 $\boldsymbol{A}^* = |\boldsymbol{A}|\boldsymbol{A}^{-1}$, 所以初等矩阵的伴随矩阵分别为

$$\boldsymbol{E}(i,j)^* = -\boldsymbol{E}(i,j), \quad \boldsymbol{E}(i,j(k))^* = \boldsymbol{E}(i,j(-k)), \quad \boldsymbol{E}(i(k))^* = k\boldsymbol{E}(i(k^{-1})).$$

例 2.30 计算下列矩阵的乘积:

(1) $\boldsymbol{E}(1(k))\begin{pmatrix} 1 & 2 \\ 3 & 4 \end{pmatrix}$, $\begin{pmatrix} 1 & 2 \\ 3 & 4 \end{pmatrix}\boldsymbol{E}(1(k))$;

(2) $\boldsymbol{E}(1,2(k))\begin{pmatrix} 1 & 2 \\ 3 & 4 \end{pmatrix}$, $\begin{pmatrix} 1 & 2 \\ 3 & 4 \end{pmatrix}\boldsymbol{E}(1,2(k))$;

(3) $\boldsymbol{E}(1,2)\begin{pmatrix} 1 & 2 \\ 3 & 4 \end{pmatrix}$, $\begin{pmatrix} 1 & 2 \\ 3 & 4 \end{pmatrix}\boldsymbol{E}(1,2)$.

解 直接计算, 得

(1) $\boldsymbol{E}(1(k))\begin{pmatrix} 1 & 2 \\ 3 & 4 \end{pmatrix} = \begin{pmatrix} k & 2k \\ 3 & 4 \end{pmatrix}$, $\begin{pmatrix} 1 & 2 \\ 3 & 4 \end{pmatrix}\boldsymbol{E}(1(k)) = \begin{pmatrix} k & 2 \\ 3k & 4 \end{pmatrix}$;

(2)
$$\boldsymbol{E}(1,2(k))\begin{pmatrix} 1 & 2 \\ 3 & 4 \end{pmatrix} = \begin{pmatrix} 1+3k & 2+4k \\ 3 & 4 \end{pmatrix},$$

$$\begin{pmatrix} 1 & 2 \\ 3 & 4 \end{pmatrix}\boldsymbol{E}(1,2(k)) = \begin{pmatrix} 1 & 2+k \\ 3 & 4+3k \end{pmatrix};$$

(3) $\boldsymbol{E}(1,2)\begin{pmatrix}1&2\\3&4\end{pmatrix}=\begin{pmatrix}3&4\\1&2\end{pmatrix}$, $\begin{pmatrix}1&2\\3&4\end{pmatrix}\boldsymbol{E}(1,2)=\begin{pmatrix}2&1\\4&3\end{pmatrix}$.

认真观察并思考上例的规律, 可以看到这样一个现象: 对矩阵 $\boldsymbol{A}$ 左乘一个初等矩阵相当于对 $\boldsymbol{A}$ 实施同类型的初等行变换, 对 $\boldsymbol{A}$ 右乘一个初等矩阵相当于对 $\boldsymbol{A}$ 实施同类型的初等列变换. 事实上, 这是一个重要的一般规律, 我们把它归结为下面定理.

定理 2.3 对矩阵 $\boldsymbol{A}_{m\times n}$ 实施一次初等行变换, 相当于对 $\boldsymbol{A}$ 左乘一个同类型的 m 阶初等矩阵; 对 $\boldsymbol{A}$ 实施一次初等列变换, 相当于对 $\boldsymbol{A}$ 右乘一个同类型的 n 阶初等矩阵.

反复使用定理 2.3, 可以得到下面一些重要结论.

定理 2.4 对任意 $m\times n$ 矩阵 $\boldsymbol{A}$, 总存在行最简形矩阵 $\boldsymbol{H}$ 和 m 阶初等矩阵 $\boldsymbol{P}_1, \boldsymbol{P}_2, \cdots, \boldsymbol{P}_t$, 使得 $\boldsymbol{P}_1\boldsymbol{P}_2\cdots\boldsymbol{P}_t\boldsymbol{A}=\boldsymbol{H}$.

定理 2.5 对任意 $m\times n$ 矩阵 $\boldsymbol{A}$, 必存在 m 阶初等矩阵 $\boldsymbol{P}_1,\boldsymbol{P}_2,\cdots,\boldsymbol{P}_t$ 和 n 阶初等矩阵 $\boldsymbol{Q}_1,\boldsymbol{Q}_2,\cdots,\boldsymbol{Q}_s$, 使得

$$\boldsymbol{A}=\boldsymbol{P}_1\boldsymbol{P}_2\cdots\boldsymbol{P}_t\boldsymbol{E}_{m\times n}^{(r)}\boldsymbol{Q}_1\boldsymbol{Q}_2\cdots\boldsymbol{Q}_s,$$

其中 $\boldsymbol{E}_{m\times n}^{(r)}$ 表示矩阵 $\boldsymbol{A}$ 的标准形矩阵.

如果 n 阶矩阵 $\boldsymbol{A}$ 可逆, 则 $\boldsymbol{A}$ 的行最简形矩阵就是它的标准形矩阵 $\boldsymbol{E}$. 这样, 可逆矩阵经过有限次初等行变换可以化为单位矩阵. 因此, 作为定理 2.5 的特例, 我们看到, 若矩阵 $\boldsymbol{A}$ 可逆, 则 $\boldsymbol{A}$ 可表示为有限个初等矩阵的乘积. 反过来, 若 $\boldsymbol{A}$ 可表示为有限个初等矩阵的乘积, 则 $|\boldsymbol{A}|\neq 0$, 即 $\boldsymbol{A}$ 可逆. 于是得如下定理.

定理 2.6 矩阵 $\boldsymbol{A}$ 可逆的充分必要条件是 $\boldsymbol{A}$ 可表示为一系列初等矩阵的乘积.

由此我们可以得到关于矩阵等价的一个新的描述.

定理 2.7 矩阵 $\boldsymbol{A}_{m\times n}$ 与 $\boldsymbol{B}_{m\times n}$ 等价的充分必要条件是存在 m 阶可逆矩阵 $\boldsymbol{P}$ 和 n 阶可逆矩阵 $\boldsymbol{Q}$ 使得

$$\boldsymbol{A}=\boldsymbol{PBQ}.$$

作为应用, 下面介绍利用初等变换求逆矩阵的方法.

如果矩阵 $\boldsymbol{A}$ 可逆, 则存在一系列初等矩阵 $\boldsymbol{P}_1,\boldsymbol{P}_2,\cdots,\boldsymbol{P}_t$, 使得 $\boldsymbol{P}_1\boldsymbol{P}_2\cdots\boldsymbol{P}_t\boldsymbol{A}=\boldsymbol{E}$, 由此可知 $\boldsymbol{P}_1\boldsymbol{P}_2\cdots\boldsymbol{P}_t\boldsymbol{E}=\boldsymbol{A}^{-1}$. 这就是说, 依次用 $\boldsymbol{P}_t,\cdots,\boldsymbol{P}_2,\boldsymbol{P}_1$ 左乘, 在把 $\boldsymbol{A}$ 变为 $\boldsymbol{E}$ 的同时, 就把 $\boldsymbol{E}$ 变成了 $\boldsymbol{A}^{-1}$, 即有

$$\boldsymbol{P}_1\boldsymbol{P}_2\cdots\boldsymbol{P}_t(\boldsymbol{A},\boldsymbol{E})=(\boldsymbol{E},\boldsymbol{A}^{-1}). \tag{2.4}$$

因此, 要求一个 n 阶可逆矩阵 $\boldsymbol{A}$ 的逆矩阵, 只需利用初等行变换对 $n\times 2n$ 矩阵 $(\boldsymbol{A},\boldsymbol{E})$ 作变形, 当把 $(\boldsymbol{A},\boldsymbol{E})$ 前 n 列构成的矩阵变为单位矩阵时, 其后 n 列构成的

矩阵就是 $\boldsymbol{A}$ 的逆矩阵 $\boldsymbol{A}^{-1}$. 这种利用初等行变换求矩阵逆的方法称为**初等行变换法**. 类似地, 利用初等列变换对 $2n\times n$ 矩阵 $\begin{pmatrix}\boldsymbol{A}\\ \boldsymbol{E}\end{pmatrix}$ 作变形, 当把 $\begin{pmatrix}\boldsymbol{A}\\ \boldsymbol{E}\end{pmatrix}$ 前 n 行构成的矩阵变为单位矩阵时, 其后 n 行构成的矩阵就是 $\boldsymbol{A}$ 的逆矩阵 $\boldsymbol{A}^{-1}$. 这种方法称为**初等列变换法**, 即有

$$\begin{pmatrix}\boldsymbol{A}\\ \boldsymbol{E}\end{pmatrix}\longrightarrow\begin{pmatrix}\boldsymbol{E}\\ \boldsymbol{A}^{-1}\end{pmatrix}.$$

例 2.31 将矩阵 $\boldsymbol{A}=\begin{pmatrix}1&2&0\\0&2&2\\1&1&3\end{pmatrix}$ 表示为若干初等矩阵的乘积.

解 由 $|\boldsymbol{A}|=8\neq 0$, 知 $\boldsymbol{A}$ 可逆. 利用初等变换将 $\boldsymbol{A}$ 化为单位矩阵, 并记录每次所作变换, 再用初等矩阵的乘积表示出来.

$$\boldsymbol{A}\xrightarrow{r_3-r_1}\begin{pmatrix}1&2&0\\0&2&2\\0&-1&3\end{pmatrix}\xrightarrow{\frac{1}{2}r_2}\begin{pmatrix}1&2&0\\0&1&1\\0&-1&3\end{pmatrix}\xrightarrow{r_3+r_2}\begin{pmatrix}1&2&0\\0&1&1\\0&0&4\end{pmatrix}$$

$$\xrightarrow{\frac{1}{4}r_3}\begin{pmatrix}1&2&0\\0&1&1\\0&0&1\end{pmatrix}\xrightarrow{r_2-r_3}\begin{pmatrix}1&2&0\\0&1&0\\0&0&1\end{pmatrix}\xrightarrow{r_1-2r_2}\begin{pmatrix}1&0&0\\0&1&0\\0&0&1\end{pmatrix}.$$

以上过程表示为

$$\boldsymbol{E}(1,2(-2))\boldsymbol{E}(2,3(-1))\boldsymbol{E}(3(\frac{1}{4}))\boldsymbol{E}(3,2(1))\boldsymbol{E}(2(\frac{1}{2}))\boldsymbol{E}(3,1(-1))\boldsymbol{A}=\boldsymbol{E}.$$

于是

$$\boldsymbol{A}=(\boldsymbol{E}(1,2(-2))\boldsymbol{E}(2,3(-1))\boldsymbol{E}(3(\frac{1}{4}))\boldsymbol{E}(3,2(1))\boldsymbol{E}(2(\frac{1}{2}))\boldsymbol{E}(3,1(-1)))^{-1}.$$

利用初等矩阵逆矩阵公式, 得

$$\boldsymbol{A}=\boldsymbol{E}(3,1(1))\boldsymbol{E}(2(2))\boldsymbol{E}(3,2(-1))\boldsymbol{E}(3(4))\boldsymbol{E}(2,3(1))\boldsymbol{E}(1,2(2))$$

$$=\begin{pmatrix}1&0&0\\0&1&0\\1&0&1\end{pmatrix}\begin{pmatrix}1&0&0\\0&2&0\\0&0&1\end{pmatrix}\begin{pmatrix}1&0&0\\0&1&0\\0&-1&1\end{pmatrix}\begin{pmatrix}1&0&0\\0&1&0\\0&0&4\end{pmatrix}\begin{pmatrix}1&0&0\\0&1&1\\0&0&1\end{pmatrix}\begin{pmatrix}1&2&0\\0&1&0\\0&0&1\end{pmatrix}.$$

逆矩阵的初等矩阵的分解式是不唯一的, 同时, 在分解过程中, 没有必须实施初等行变换或初等列变换的要求.

例 2.32　设矩阵 $\boldsymbol{A}=\begin{pmatrix}4&2&3\\3&1&2\\2&1&1\end{pmatrix}$, $\boldsymbol{B}=\begin{pmatrix}1&2&3\\3&-1&4\\4&1&7\end{pmatrix}$, 利用初等行变换法判断矩阵 $\boldsymbol{A},\boldsymbol{B}$ 是否可逆? 如果可逆, 求其逆.

解　构造矩阵 $(\boldsymbol{A},\boldsymbol{E})$ 并施行初等行变换, 得

$$(\boldsymbol{A},\boldsymbol{E})\to\begin{pmatrix}1&0&0&-1&1&1\\0&1&0&1&-2&1\\0&0&1&1&0&-2\end{pmatrix}.$$

因此矩阵 $\boldsymbol{A}$ 可逆, 且 $\boldsymbol{A}^{-1}=\begin{pmatrix}-1&1&1\\1&-2&1\\1&0&-2\end{pmatrix}$.

构造矩阵并实施初等行变换, 得

$$(\boldsymbol{B},\boldsymbol{E})=\begin{pmatrix}1&2&3&1&0&0\\3&-1&4&0&1&0\\4&1&7&0&0&1\end{pmatrix}\to\begin{pmatrix}1&2&3&1&0&0\\0&-7&-5&-3&1&0\\0&-7&-5&-4&0&1\end{pmatrix}$$

$$\to\begin{pmatrix}1&2&3&1&0&0\\0&-7&-5&-3&1&0\\0&0&0&-1&-1&-1\end{pmatrix}.$$

显然矩阵 $\boldsymbol{B}$ 不可逆.

必须注意, 在利用初等行变换求矩阵 $\boldsymbol{A}$ 的逆矩阵时, 始终只能进行初等行变换, 其间不能进行任何初等列变换. 若在此过程中出现某一行元素全为 0, 则 $\boldsymbol{A}$ 的行列式为 0, 因而它不可逆. 同样地, 在利用初等列变换求矩阵 $\boldsymbol{A}$ 的逆矩阵时, 始终只能进行初等列变换, 其间不能进行任何初等行变换.

2.5　矩阵的秩

本节介绍能够体现矩阵内在属性的一个重要参数 —— 矩阵的秩. 为此, 先给出矩阵 k 阶子式的概念.

定义 2.12　在矩阵 $\boldsymbol{A}=(a_{ij})_{m\times n}$ 中任意取 k 行 k 列 $(1\leqslant k\leqslant\min(m,n))$, 位于这 k 行 k 列交叉点上的 k^2 个元素, 按照它们在矩阵 $\boldsymbol{A}$ 中的相应位置所组成的 k 阶行列式称为矩阵 $\boldsymbol{A}$ 的一个**k 阶子式**.

由定义, 立即可以看出, 矩阵 $\boldsymbol{A}_{m\times n}$ 的 k 阶子式共有 $\binom{m}{k}\binom{n}{k}$ 个, 这里 $\binom{m}{k}$ 和 $\binom{n}{k}$ 分别表示从 m 和 n 个数中取 k 个数的组合数.

例如, 在矩阵 $\boldsymbol{A}=\begin{pmatrix}1&1&3&1\\0&2&-1&4\\0&0&0&5\\0&0&0&0\end{pmatrix}$ 中, 选定第 1, 3 行和第 3, 4 列, 它们交叉点上元素组成的 2 阶行列式 $\begin{vmatrix}3&1\\0&5\end{vmatrix}=15$ 就是一个 2 阶子式. 又如, 选定第 1, 2, 3 行和第 1, 2, 4 列, 相应的 3 阶子式 $\begin{vmatrix}1&1&1\\0&2&4\\0&0&5\end{vmatrix}=10$.

定义 2.13 若 $m\times n$ 矩阵 $\boldsymbol{A}$ 中至少存在一个 r 阶子式不为 0, 而所有 $r+1$ 阶子式 (如果有的话) 全为 0, 则称 r 为矩阵 $\boldsymbol{A}$ 的**秩**, 记为 $\mathrm{Rank}(\boldsymbol{A})$, 或简记为 $R(\boldsymbol{A})$. 此外, 我们规定, 零矩阵的秩为 0.

根据定义 2.13, 矩阵 $\boldsymbol{A}$ 的秩实际上就是 $\boldsymbol{A}$ 中不为 0 的子式的最高阶数, 它由矩阵 $\boldsymbol{A}$ 唯一确定. 同时, 如果矩阵 $\boldsymbol{A}$ 中有一个 r 阶子式不为 0, 则 $R(\boldsymbol{A})\geqslant r$; 若它的所有 $r+1$ 阶子式全为 0, 则 $R(\boldsymbol{A})\leqslant r$.

例 2.33 求下列矩阵的秩:

$$\boldsymbol{A}=\begin{pmatrix}1&2\\2&4\end{pmatrix},\quad \boldsymbol{B}=\begin{pmatrix}1&2&0&3\\2&4&1&0\\3&6&0&9\end{pmatrix},\quad \boldsymbol{C}=\begin{pmatrix}1&6&3&1&2\\0&2&4&1&0\\0&0&0&5&7\\0&0&0&0&0\end{pmatrix}.$$

解 对于矩阵 $\boldsymbol{A}$, 由于 $|\boldsymbol{A}|=0$, 且有一个非零的 1 阶子式, 因此 $R(\boldsymbol{A})=1$. 对于矩阵 $\boldsymbol{B}$, 它的 4 个 3 阶子式分别为

$$\begin{vmatrix}1&2&0\\2&4&1\\3&6&0\end{vmatrix}=\begin{vmatrix}1&2&3\\2&4&0\\3&6&9\end{vmatrix}=\begin{vmatrix}2&0&3\\4&1&0\\6&0&9\end{vmatrix}=\begin{vmatrix}1&0&3\\2&1&0\\3&0&9\end{vmatrix}=0,$$

但有一个 2 阶子式 $\begin{vmatrix}0&3\\1&0\end{vmatrix}\neq 0$, 因此 $R(\boldsymbol{B})=2$. 对于矩阵 $\boldsymbol{C}$, 显然 4 阶子式全为 0, 但有一个 3 阶子式 $\begin{vmatrix}1&6&1\\0&2&1\\0&0&5\end{vmatrix}\neq 0$, 因此 $R(\boldsymbol{C})=3$.

关于矩阵的秩, 有下述基本结论.

定理 2.8　初等变换不改变矩阵的秩.

证明　我们用仅经过一次初等行变换的情形来证明该定理.

设对矩阵 $\boldsymbol{A}$ 经过一次初等行变换得到的矩阵为 $\boldsymbol{B}$, 并设 $\boldsymbol{A}$ 的秩为 r. 当实施的初等行变换为 $r_i \leftrightarrow r_j$ 或 kr_i 时, $\boldsymbol{A}$ 和 $\boldsymbol{B}$ 的非零子式的最高阶数明显相同, 因此 $R(\boldsymbol{A}) = R(\boldsymbol{B})$. 当实施的初等行变换为 $r_i + kr_j$ 时, $\boldsymbol{B}$ 中任意一个 $r+1$ 阶子式 D 有三种情况:

(i) D 不包含 $\boldsymbol{B}$ 的第 i 行元素, 因此 D 也是 $\boldsymbol{A}$ 的一个 $r+1$ 阶子式, 所以 $D = 0$;

(ii) D 既包含 $\boldsymbol{B}$ 的第 i 行元素, 也包含 $\boldsymbol{B}$ 的第 j 行元素, 此时, 利用行列式的性质可知, D 等于 $\boldsymbol{A}$ 中相应位置上的 $r+1$ 阶子式, 所以 $D = 0$;

(iii) D 仅包含 $\boldsymbol{B}$ 的第 i 行元素, 但不包含 $\boldsymbol{B}$ 的第 j 行元素, 此时, 利用行列式的性质,$D = D_1 + kD_2$ 或 $D = D_1 - kD_2$, 其中 D_1, D_2 是 $\boldsymbol{A}$ 的 $r+1$ 阶子式, 其值为 0, 所以也有 $D = 0$.

综合 (i),(ii),(iii) 三种情况, 得 $R(\boldsymbol{B}) \leqslant R(\boldsymbol{A})$. 反过来, 由于初等变换是可逆变换, 所以, 矩阵 $\boldsymbol{A}$ 可以看作是由矩阵 $\boldsymbol{B}$ 经过一次初等行变换得到的. 因此, $R(\boldsymbol{A}) \leqslant R(\boldsymbol{B})$. 从而 $R(\boldsymbol{A}) = R(\boldsymbol{B})$.

上节我们知道, 任意 $m \times n$ 矩阵 $\boldsymbol{A}$ 经一系列初等变换可以化为标准形矩阵. 而标准形矩阵的秩显然是其非零行的行数, 也是其左上角单位矩阵的阶数. 故由矩阵秩的唯一性, 便可看出矩阵标准形的唯一性.

由定理 2.8 和定义 2.13, 不难看出, 利用定义求矩阵的秩是比较烦琐的, 尤其是当矩阵的行数和列数较高时. 求矩阵 $\boldsymbol{A}$ 的秩的常用办法, 是利用初等变换, 将它化为行阶梯形矩阵, 其中非零行的个数就是矩阵 $\boldsymbol{A}$ 的秩.

例 2.34　求矩阵 $\boldsymbol{A} = \begin{pmatrix} 1 & 0 & 1 & 2 & -1 \\ 0 & 1 & -1 & 1 & -1 \\ 1 & 1 & 0 & 3 & -2 \\ 2 & 2 & 0 & 6 & -3 \end{pmatrix}$ 的秩, 并求其标准形.

解　利用初等变换化 $\boldsymbol{A}$ 为阶梯形, 即

$$\boldsymbol{A} \to \begin{pmatrix} 1 & 0 & 1 & 2 & -1 \\ 0 & 1 & -1 & 1 & -1 \\ 0 & 1 & -1 & 1 & -1 \\ 0 & 2 & -2 & 2 & -1 \end{pmatrix} \to \begin{pmatrix} 1 & 0 & 1 & 2 & -1 \\ 0 & 1 & -1 & 1 & -1 \\ 0 & 0 & 0 & 0 & 1 \\ 0 & 0 & 0 & 0 & 0 \end{pmatrix} = \boldsymbol{B}.$$

由于 $\boldsymbol{B}$ 的非零行个数为 3, 因此 $R(\boldsymbol{A}) = R(\boldsymbol{B}) = 3$, 且其标准形为

$$E_{4\times5}^{(3)} = \begin{pmatrix} E_3 & O \\ O & O \end{pmatrix}.$$

例 2.35 当 a, b 为何值时, 矩阵 $\boldsymbol{A}$ 的秩为 2, 其中 $\boldsymbol{A} = \begin{pmatrix} 0 & 1 & 2 & 3 \\ 1 & 4 & 7 & 10 \\ -1 & 0 & 1 & b \\ a & 2 & 3 & 4 \end{pmatrix}$.

解 对 $\boldsymbol{A}$ 实施初等变换得

$$\boldsymbol{A} \to \begin{pmatrix} 1 & 2 & 0 & 3 \\ 0 & -1 & 1 & -2 \\ 0 & 0 & a-1 & 0 \\ 0 & 0 & 0 & b-2 \end{pmatrix} = \boldsymbol{B}.$$

因此, $R(\boldsymbol{A}) = 2$ 的充分必要条件是 $R(\boldsymbol{B}) = 2$. 由此即得 $a = 1, b = 2$.

关于矩阵的秩, 有下面一些简单而重要的性质. 设 $\boldsymbol{A}, \boldsymbol{B}$ 均为 $m \times n$ 矩阵, 则有

(1) $0 \leqslant R(\boldsymbol{A}) \leqslant \min(m, n)$;

(2) $R(\boldsymbol{A}) = R(\boldsymbol{A}^{\mathrm{T}})$, 即矩阵转置不改变其秩;

(3) 若矩阵 $\boldsymbol{A}$ 与 $\boldsymbol{B}$ 等价, 则 $R(\boldsymbol{A}) = R(\boldsymbol{B})$, 但反过来不成立;

(4) 若 $\boldsymbol{P}, \boldsymbol{Q}$ 为可逆矩阵, $R(\boldsymbol{A}) = R(\boldsymbol{PA}) = R(\boldsymbol{AQ}) = R(\boldsymbol{PAQ})$, 即矩阵 $\boldsymbol{A}$ 乘以可逆矩阵不改变其秩.

定义 2.14 设 $\boldsymbol{A}$ 为 n 阶矩阵, 如果 $R(\boldsymbol{A}) = n$, 称矩阵 $\boldsymbol{A}$ 为**满秩矩阵**, 否则称为**降秩矩阵**. 对于 $\boldsymbol{A}_{m\times n}$, 如果 $R(\boldsymbol{A}) = m$, 则称矩阵 $\boldsymbol{A}$ 是**行满秩**的; 如果 $R(\boldsymbol{A}) = n$, 则称矩阵 $\boldsymbol{A}$ 是**列满秩**的.

由于 n 阶方阵 $\boldsymbol{A}$ 的 n 阶子式只有一个, 即 $|\boldsymbol{A}|$, 因此有下述定理.

定理 2.9 n 阶方阵 $\boldsymbol{A}$ 可逆的充分必要条件为 $R(\boldsymbol{A}) = n$.

作为例子, 我们再来给出关于矩阵秩的几个结论.

例 2.36 证明:

(1) $\max(R(\boldsymbol{A}), R(\boldsymbol{B})) \leqslant R(\boldsymbol{A}, \boldsymbol{B}) \leqslant R(\boldsymbol{A}) + R(\boldsymbol{B})$, 其中 $\boldsymbol{A}$ 是 $s \times m$ 矩阵, $\boldsymbol{B}$ 是 $s \times n$ 矩阵;

(2) $\boldsymbol{R}(\boldsymbol{A} + \boldsymbol{B}) \leqslant R(\boldsymbol{A}) + R(\boldsymbol{B})$, 其中 $\boldsymbol{A}, \boldsymbol{B}$ 为同型矩阵;

(3) 若 $\boldsymbol{A}$ 是 $s \times n$ 矩阵, $\boldsymbol{B}$ 是 $n \times t$ 矩阵, 且 $\boldsymbol{AB} = \boldsymbol{O}$, 则 $R(\boldsymbol{A}) + R(\boldsymbol{B}) \leqslant n$;

(4) $R(\boldsymbol{A}^*) = \begin{cases} n, & R(\boldsymbol{A}) = n, \\ 1, & R(\boldsymbol{A}) = n-1, \\ 0, & R(\boldsymbol{A}) < n-1, \end{cases}$ 其中 $\boldsymbol{A}$ 是 n 阶方阵;

(5) $\min(R(\boldsymbol{A}), R(\boldsymbol{B})) \geqslant R(\boldsymbol{AB}) \geqslant R(\boldsymbol{A}) + R(\boldsymbol{B}) - n$, 其中 $\boldsymbol{A}$ 是 $s \times n$ 矩阵, $\boldsymbol{B}$ 是 $n \times t$ 矩阵.

证明 我们仅以 (1) 和 (4) 的证明作为例子, 其他作为练习.

首先来证明 (1). 因为 $\boldsymbol{A}$ 或 $\boldsymbol{B}$ 的最高阶非零子式总是 $(\boldsymbol{A},\boldsymbol{B})$ 的非零子式. 因此

$$\max(R(\boldsymbol{A}),R(\boldsymbol{B}))\leqslant R(\boldsymbol{A},\boldsymbol{B}).$$

又由定理 2.4, 存在可逆矩阵 $\boldsymbol{P}_1,\boldsymbol{P}_2$ 使 $\boldsymbol{P}_1\boldsymbol{A}^{\mathrm{T}}=\boldsymbol{U}_1,\boldsymbol{P}_2\boldsymbol{B}^{\mathrm{T}}=\boldsymbol{U}_2$, 其中 $\boldsymbol{U}_1,\boldsymbol{U}_2$ 分别是 $\boldsymbol{A}^{\mathrm{T}},\boldsymbol{B}^{\mathrm{T}}$ 的行最简形矩阵, 且 $R(\boldsymbol{A}^{\mathrm{T}})=R(\boldsymbol{A})=R(\boldsymbol{U}_1),R(\boldsymbol{B}^{\mathrm{T}})=R(\boldsymbol{B})=R(\boldsymbol{U}_2)$. 于是

$$R(\boldsymbol{A},\boldsymbol{B})=R((\boldsymbol{A},\boldsymbol{B})^{\mathrm{T}})=R\begin{pmatrix}\boldsymbol{A}^{\mathrm{T}}\\ \boldsymbol{B}^{\mathrm{T}}\end{pmatrix}=R\left(\begin{pmatrix}\boldsymbol{P}_1 & \boldsymbol{O}\\ \boldsymbol{O} & \boldsymbol{P}_2\end{pmatrix}\begin{pmatrix}\boldsymbol{A}^{\mathrm{T}}\\ \boldsymbol{B}^{\mathrm{T}}\end{pmatrix}\right)=R\begin{pmatrix}\boldsymbol{U}_1\\ \boldsymbol{U}_2\end{pmatrix},$$

而矩阵 $\begin{pmatrix}\boldsymbol{U}_1\\ \boldsymbol{U}_2\end{pmatrix}$ 行最简形中的非零行数明显不超过 $R(\boldsymbol{A})+R(\boldsymbol{B})$. 因此 $R(\boldsymbol{A},\boldsymbol{B})\leqslant R(\boldsymbol{A})+R(\boldsymbol{B})$.

再来证明 (4). 若 $R(\boldsymbol{A})=n$, 则 $\boldsymbol{A}$ 可逆, 即 $|\boldsymbol{A}|\neq 0$. 这样, 由 $\boldsymbol{A}\boldsymbol{A}^*=|\boldsymbol{A}|\boldsymbol{E}$, 两端取行列式, 即知 $|\boldsymbol{A}^*|\neq 0$. 因此 $R(\boldsymbol{A}^*)=n$. 若 $R(\boldsymbol{A})=n-1$, 则 $|\boldsymbol{A}|=0$. 因此 $\boldsymbol{A}\boldsymbol{A}^*=\boldsymbol{O}$. 由 (3) 得 $R(\boldsymbol{A})+R(\boldsymbol{A}^*)\leqslant n$, 此即 $R(\boldsymbol{A}^*)\leqslant 1$. 另一方面, $R(\boldsymbol{A})=n-1$ 说明 $|\boldsymbol{A}|$ 至少存在一个非零的 $n-1$ 阶子式 A_{ij}, 也就是 $R(\boldsymbol{A}^*)\geqslant 1$. 因此 $R(\boldsymbol{A}^*)=1$. 若 $R(\boldsymbol{A})<n-1$, 则 $|\boldsymbol{A}|$ 所有的 $n-1$ 阶子式全为 0, 即 $\boldsymbol{A}^*=\boldsymbol{O}$. 因此 $R(\boldsymbol{A}^*)=0$.

例 2.37 已知 n 阶矩阵 $\boldsymbol{A}$ 满足 $\boldsymbol{A}^2=\boldsymbol{A}$. 证明: $R(\boldsymbol{A})+R(\boldsymbol{E}-\boldsymbol{A})=n$.

证明 由 $\boldsymbol{A}^2=\boldsymbol{A}$ 得 $\boldsymbol{A}(\boldsymbol{E}-\boldsymbol{A})=\boldsymbol{O}$. 利用例 2.36 中的 (3) 得 $R(\boldsymbol{A})+R(\boldsymbol{E}-\boldsymbol{A})\leqslant n$. 另一方面, 利用其中的 (2) 得 $R(\boldsymbol{A})+R(\boldsymbol{E}-\boldsymbol{A})\geqslant R(\boldsymbol{A}+(\boldsymbol{E}-\boldsymbol{A}))=R(\boldsymbol{E})=n$. 因此, 结论成立.

2.6 矩阵的分块

2.6.1 分块矩阵

当一个矩阵的行数和列数较大时, 对其进行运算一般会很烦琐. 因此, 探讨一些运算的技巧, 有时就显得特别必要. 矩阵的分块就是其中一个十分重要的技巧. 它的基本思想是, 把一个大型矩阵分成若干小块, 构成一个元素为一些小矩阵的分块矩阵, 然后把大型矩阵的运算化为若干小型矩阵的运算. 下面通过例子说明如何对矩阵进行分块以及分块矩阵的运算方法.

例如, 对于矩阵 $\boldsymbol{A}=\begin{pmatrix}2&1&1&0&-1\\1&2&2&-3&0\\0&0&1&0&0\\0&0&0&1&0\\0&0&0&0&1\end{pmatrix}$, 可以按照

$$\boldsymbol{A}=\begin{pmatrix}\boldsymbol{A}_1&\boldsymbol{A}_2\\\boldsymbol{O}&\boldsymbol{E}_3\end{pmatrix}$$

的形式分块, 其中 $\boldsymbol{A}_1=\begin{pmatrix}2&1\\1&2\end{pmatrix}$, $\boldsymbol{A}_2=\begin{pmatrix}1&0&-1\\2&-3&0\end{pmatrix}$; 也可以按照

$$\boldsymbol{A}=\begin{pmatrix}\boldsymbol{A}_1&\boldsymbol{A}_2\\\boldsymbol{O}&\boldsymbol{E}_2\end{pmatrix}$$

的形式分块, 其中 $\boldsymbol{A}_1=\begin{pmatrix}2&1&1\\1&2&2\\0&0&1\end{pmatrix}$, $\boldsymbol{A}_2=\begin{pmatrix}0&-1\\-3&0\\0&0\end{pmatrix}$. 因此, 对一个矩阵 $\boldsymbol{A}$ 的分块可以有很多分法, 没有一个通用的标准. 对于元素是矩阵的分块矩阵的运算, 有与通常矩阵完全类似的运算法则. 但有两点需要特别注意：一是必须保证相关运算有意义, 二是保证分块有利于简化运算.

例 2.38 直接验证容易证明, 若 $\boldsymbol{A}=\mathrm{diag}(\boldsymbol{A}_1,\boldsymbol{A}_2,\cdots,\boldsymbol{A}_s)$, 其中 $\boldsymbol{A}_i$ 都是可逆的方阵, 则

$$|\boldsymbol{A}|=|\boldsymbol{A}_1||\boldsymbol{A}_2|\cdots|\boldsymbol{A}_s|,\quad \boldsymbol{A}^{-1}=\mathrm{diag}(\boldsymbol{A}_1^{-1},\boldsymbol{A}_2^{-1},\cdots,\boldsymbol{A}_s^{-1}).$$

特别地, $\begin{pmatrix}a_1&&&\\&a_2&&\\&&\ddots&\\&&&a_n\end{pmatrix}^{-1}=\begin{pmatrix}a_1^{-1}&&&\\&a_2^{-1}&&\\&&\ddots&\\&&&a_n^{-1}\end{pmatrix}$ $(a_i\neq 0, i=1,2,\cdots,n)$.

设 $\boldsymbol{A}_1=2,\boldsymbol{A}_2=\begin{pmatrix}1&2\\1&3\end{pmatrix},\boldsymbol{A}_3=4$, 则由例 2.38, 得

$$\boldsymbol{A}^{-1}=\begin{pmatrix}2&0&0&0\\0&1&2&0\\0&1&3&0\\0&0&0&4\end{pmatrix}^{-1}=\begin{pmatrix}\boldsymbol{A}_1^{-1}&&\\&\boldsymbol{A}_2^{-1}&\\&&\boldsymbol{A}_3\end{pmatrix}=\begin{pmatrix}\frac{1}{2}&0&0&0\\0&3&-2&0\\0&-1&1&0\\0&0&0&\frac{1}{4}\end{pmatrix}.$$

例 2.39　设 $\boldsymbol{A}=\begin{pmatrix} & & & \boldsymbol{A}_1 \\ & & \boldsymbol{A}_2 & \\ & \iddots & & \\ \boldsymbol{A}_s & & & \end{pmatrix}$, 其中 $\boldsymbol{A}_i\ (i=1,2,\cdots,s)$ 是可逆矩阵, 则

$$\boldsymbol{A}^{-1}=\begin{pmatrix} & & & \boldsymbol{A}_s^{-1} \\ & & \boldsymbol{A}_{s-1}^{-1} & \\ & \iddots & & \\ \boldsymbol{A}_1^{-1} & & & \end{pmatrix}.$$

例 2.40　设 $\boldsymbol{A}=\begin{pmatrix} \boldsymbol{B} & \boldsymbol{O} \\ \boldsymbol{C} & \boldsymbol{D} \end{pmatrix}$, 其中 $\boldsymbol{B},\boldsymbol{D}$ 分别为 m 阶和 n 阶可逆矩阵. 证明 $\boldsymbol{A}$ 可逆, 并求 $\boldsymbol{A}^{-1}$.

证明　由 $|\boldsymbol{A}|=|\boldsymbol{B}||\boldsymbol{D}|\neq 0$ 知 $\boldsymbol{A}$ 可逆. 设 $\boldsymbol{A}^{-1}=\begin{pmatrix} \boldsymbol{X} & \boldsymbol{Y} \\ \boldsymbol{Z} & \boldsymbol{T} \end{pmatrix}$, 其中 $\boldsymbol{X},\boldsymbol{T}$ 分别是与 $\boldsymbol{B},\boldsymbol{D}$ 同阶的方阵. 于是由

$$\boldsymbol{A}\boldsymbol{A}^{-1}=\begin{pmatrix} \boldsymbol{B} & \boldsymbol{O} \\ \boldsymbol{C} & \boldsymbol{D} \end{pmatrix}\begin{pmatrix} \boldsymbol{X} & \boldsymbol{Y} \\ \boldsymbol{Z} & \boldsymbol{T} \end{pmatrix}=\begin{pmatrix} \boldsymbol{E}_m & \boldsymbol{O} \\ \boldsymbol{O} & \boldsymbol{E}_n \end{pmatrix}$$

得

$$\boldsymbol{B}\boldsymbol{X}=\boldsymbol{E}_m,\quad \boldsymbol{B}\boldsymbol{Y}=\boldsymbol{O},\quad \boldsymbol{C}\boldsymbol{X}+\boldsymbol{D}\boldsymbol{Z}=\boldsymbol{O},\quad \boldsymbol{C}\boldsymbol{Y}+\boldsymbol{D}\boldsymbol{T}=\boldsymbol{E}_n.$$

由此得

$$\boldsymbol{X}=\boldsymbol{B}^{-1},\quad \boldsymbol{Y}=\boldsymbol{O},\quad \boldsymbol{Z}=-\boldsymbol{D}^{-1}\boldsymbol{C}\boldsymbol{B}^{-1},\quad \boldsymbol{T}=\boldsymbol{D}^{-1}.$$

于是 $\boldsymbol{A}^{-1}=\begin{pmatrix} \boldsymbol{B}^{-1} & \boldsymbol{O} \\ -\boldsymbol{D}^{-1}\boldsymbol{C}\boldsymbol{B}^{-1} & \boldsymbol{D}^{-1} \end{pmatrix}$.

例 2.41　已知 $\boldsymbol{A}=\begin{pmatrix} 0 & 1 & 0 & \cdots & 0 \\ 0 & 0 & 2 & \cdots & 0 \\ \vdots & \vdots & \vdots & & \vdots \\ 0 & 0 & 0 & \cdots & n-1 \\ n & 0 & 0 & \cdots & 0 \end{pmatrix}$ $(n>1)$, 求 $A_{k1}+A_{k2}+\cdots+A_{kn}$, 其中 $1\leqslant k\leqslant n$, $A_{kj}\ (j=1,2,\cdots,n)$ 为 $\det\boldsymbol{A}$ 中第 k 行第 j 列元素的代数余子式.

解　将矩阵 $\boldsymbol{A}$ 分块, 即

$$\boldsymbol{A}=\begin{pmatrix} \boldsymbol{0} & \boldsymbol{A}_1 \\ n & \boldsymbol{0} \end{pmatrix},$$

其中 $\boldsymbol{A}_1=\mathrm{diag}(1,2,\cdots,n-1)$. 则

$$\boldsymbol{A}^{-1}=\begin{pmatrix}\mathbf{0} & \dfrac{1}{n}\\ \boldsymbol{A}_1^{-1} & \mathbf{0}\end{pmatrix},$$

而 $\boldsymbol{A}_1{}^{-1}=\mathrm{diag}\left(1,\dfrac{1}{2},\cdots,\dfrac{1}{n-1}\right)$. 并且我们知道 $|\boldsymbol{A}|=(-1)^{n-1}n!$, 而 $\boldsymbol{A}^*=|\boldsymbol{A}|\boldsymbol{A}^{-1}$. 因此, 就得到了 $\boldsymbol{A}^*$ 的具体计算结果: 其第 k 列元素除了一个为 $\dfrac{(-1)^{n-1}n!}{k}$ 外, 其余全为 0. 要求的 $|\boldsymbol{A}|$ 的第 k 行元素代数余子式之和, 就是矩阵 $\boldsymbol{A}^*$ 的第 k 列元素的和. 因此,

$$A_{k1}+A_{k2}+\cdots+A_{kn}=\frac{(-1)^{n-1}n!}{k}.$$

*2.6.2 分块矩阵的初等变换

类似于通常矩阵的初等变换, 我们可以定义分块矩阵的初等变换. 分块矩阵的初等变换也有三种类型: 交换分块矩阵的两行 (列); 用一个适当阶数的可逆矩阵左 (右) 乘分块矩阵的某一行 (列) 的各子块; 将分块矩阵的某一行 (列) 的各子块加上一个适当行数和列数的矩阵左 (右) 乘分块矩阵的另一行 (列) 所对应的子块.

在具体运算过程中, 需要注意两点: 一是所有运算必须有意义; 二是初等行变换只能是在某一行 (列) 左乘一矩阵, 初等列变换只能是在某一行 (列) 右乘一矩阵.

例 2.42 设分块矩阵 $\boldsymbol{P}=\begin{pmatrix}\boldsymbol{A} & \boldsymbol{B}\\ \boldsymbol{O} & \boldsymbol{C}\end{pmatrix}$, 其中 $\boldsymbol{A},\boldsymbol{C}$ 分别是 m 阶和 n 阶可逆矩阵, $\boldsymbol{B}$ 为 $m\times n$ 矩阵. 证明 $\boldsymbol{P}$ 可逆, 并求 $\boldsymbol{P}^{-1}$.

证明 类似于元素为实数的矩阵的求逆办法, 构造下述分块矩阵, 并对其实施分块矩阵的初等变换可得

$$\begin{pmatrix}\boldsymbol{A} & \boldsymbol{B} & \boldsymbol{E}_m & \boldsymbol{O}\\ \boldsymbol{O} & \boldsymbol{C} & \boldsymbol{O} & \boldsymbol{E}_n\end{pmatrix}\to\begin{pmatrix}\boldsymbol{E}_m & \boldsymbol{A}^{-1}\boldsymbol{B} & \boldsymbol{A}^{-1} & \boldsymbol{O}\\ \boldsymbol{O} & \boldsymbol{C} & \boldsymbol{O} & \boldsymbol{E}_n\end{pmatrix}$$

$$\to\begin{pmatrix}\boldsymbol{E}_m & \boldsymbol{O} & \boldsymbol{A}^{-1} & -\boldsymbol{A}^{-1}\boldsymbol{B}\boldsymbol{C}^{-1}\\ \boldsymbol{O} & \boldsymbol{E}_n & \boldsymbol{O} & \boldsymbol{C}^{-1}\end{pmatrix}.$$

因此, 矩阵 $\boldsymbol{P}$ 可逆, 且 $\boldsymbol{P}^{-1}=\begin{pmatrix}\boldsymbol{A}^{-1} & -\boldsymbol{A}^{-1}\boldsymbol{B}\boldsymbol{C}^{-1}\\ \boldsymbol{O} & \boldsymbol{C}^{-1}\end{pmatrix}$.

例 2.43 证明: 可逆上三角矩阵的逆矩阵仍然是上三角矩阵.

证明 对 n 阶矩阵 $\boldsymbol{A}$ 的阶数用数学归纳法.

当 $n=1$ 时结论显然成立. 设 $n=k-1$ 时结论成立. 将可逆的上三角矩阵 $\boldsymbol{A}_k$ 按如下形式分块, 即

$$A_k = \begin{pmatrix} a_{11} & \boldsymbol{\alpha}^{\mathrm{T}} \\ \mathbf{0} & A_{k-1} \end{pmatrix},$$

其中 A_{k-1} 为 $k-1$ 阶上三角矩阵. 易知 $a_{11} \neq 0, A_{k-1}$ 可逆, 因此, 由例 2.32 得

$$A_k^{-1} = \begin{pmatrix} a_{11}^{-1} & -a_{11}^{-1}\boldsymbol{\alpha}^{\mathrm{T}} A_{k-1}^{-1} \\ \mathbf{0} & A_{k-1}^{-1} \end{pmatrix}.$$

由假设 A_{k-1}^{-1} 是上三角矩阵, 因此, A_k^{-1} 也是上三角矩阵. 由归纳法可知结论成立.

例 2.44 设 A 为 $m\times n$ 矩阵, B 为 $n\times m$ 矩阵, 证明: $|E_m - AB| = |E_n - BA|$.

证明 构造分块矩阵 $\begin{pmatrix} E_m & A \\ B & E_n \end{pmatrix}$, 并对其分别实施下述初等变换, 即

$$\begin{pmatrix} E_m & A \\ B & E_n \end{pmatrix} \to \begin{pmatrix} E_m - AB & O \\ B & E_n \end{pmatrix}, \begin{pmatrix} E_m & A \\ B & E_n \end{pmatrix} \to \begin{pmatrix} E_m & O \\ B & E_n - BA \end{pmatrix}.$$

则有等式

$$\begin{pmatrix} E_m & -A \\ O & E_n \end{pmatrix}\begin{pmatrix} E_m & A \\ B & E_n \end{pmatrix} = \begin{pmatrix} E_m - AB & O \\ B & E_n \end{pmatrix},$$

$$\begin{pmatrix} E_m & A \\ B & E_n \end{pmatrix}\begin{pmatrix} E_m & -A \\ O & E_n \end{pmatrix} = \begin{pmatrix} E_m & O \\ B & E_n - BA \end{pmatrix}.$$

将上两式取行列式, 即知结论成立.

例 2.45 设 A 是 $s\times n$ 矩阵, B 是 $n\times m$ 矩阵, 证明:

$$R(AB) \geqslant R(A) + R(B) - n.$$

证明 构造分块矩阵并实施初等变换, 即

$$\begin{pmatrix} E_n & O \\ O & AB \end{pmatrix} \to \begin{pmatrix} E_n & O \\ A & AB \end{pmatrix} \to \begin{pmatrix} E_n & -B \\ A & O \end{pmatrix} \to \begin{pmatrix} B & E_n \\ O & A \end{pmatrix}.$$

上式左边矩阵的秩明显为 $n + R(AB)$, 右边矩阵的秩至少为 $R(A) + R(B)$. 于是由初等变换不改变矩阵的秩, 即得 $n + R(AB) \geqslant R(A) + R(B)$. 因此, 结论成立.

例 2.46 设 A, B 均为 n 阶方阵, 证明 $|AB| = |A||B|$.

证明 由于

$$\begin{pmatrix} E & A \\ O & E \end{pmatrix}\begin{pmatrix} A & O \\ -E & B \end{pmatrix} = \begin{pmatrix} O & AB \\ -E & B \end{pmatrix}.$$

上式取行列式, 得

$$|A||B| = (-1)^{n^2}|-E||AB| = (-1)^{n^2}(-1)^n|AB| = (-1)^{n(n+1)}|AB| = |AB|.$$

2.7 思考与拓展

问题 2.1 针对不同问题, 关于 n 阶方阵 $\boldsymbol{A}$ 可逆, 有下面一些常见的等价表述. 其中 (1)-(4) 我们已经学习过, (5)-(11) 后续章节将要学习.

(1) $|\boldsymbol{A}| \neq 0$;

(2) $\boldsymbol{A}$ 与单位矩阵等价;

(3) $\boldsymbol{A}$ 可分解为一系列初等矩阵的乘积;

(4) $R(\boldsymbol{A}) = n$, 即 $\boldsymbol{A}$ 满秩;

(5) 方程组 $\boldsymbol{Ax} = \boldsymbol{0}$ 只有零解;

(6) 方程组 $\boldsymbol{Ax} = \boldsymbol{b}$ 有唯一解;

(7) $\boldsymbol{A}$ 的列 (或行) 向量组线性无关;

(8) $\boldsymbol{A}$ 的列 (或行) 向量构成 n 维线性空间的一组基;

(9) 任意 n 维向量都可以由 $\boldsymbol{A}$ 的列 (或行) 向量线性表示;

(10) $\boldsymbol{A}$ 的特征值全不为 0;

(11) 矩阵 $\boldsymbol{AA}^{\mathrm{T}}$ 正定.

问题 2.2 关于矩阵运算应注意的问题.

(1) 矩阵的加法和减法运算要求是同型矩阵; 矩阵乘法运算要求左边矩阵的列数等于右边矩阵的行数; 矩阵"除法"要求"除数"为可逆方阵; 矩阵数乘要求其每一个元素都乘以同一个数.

(2) 矩阵乘法不满足交换律和消去律, 这与数的乘法运算有本质区别. 在初等代数中,$ab = ba, ab = ac$ 且 $a \neq 0$, 则 $b = c$. 这些法则对矩阵都不成立, 需要在学习中特别重视.

问题 2.3 关于转置矩阵、可逆矩阵、伴随矩阵的一些性质的比较. 假设下表中出现的运算均有意义, 则

转置矩阵	可逆矩阵	伴随矩阵
$(\boldsymbol{A}^{\mathrm{T}})^{\mathrm{T}} = \boldsymbol{A}$	$(\boldsymbol{A}^{-1})^{-1} = \boldsymbol{A}$	$(\boldsymbol{A}^*)^* = \|\boldsymbol{A}\|^{n-2}\boldsymbol{A}$
$(\boldsymbol{AB})^{\mathrm{T}} = \boldsymbol{B}^{\mathrm{T}}\boldsymbol{A}^{\mathrm{T}}$	$(\boldsymbol{AB})^{-1} = \boldsymbol{B}^{-1}\boldsymbol{A}^{-1}$	$(\boldsymbol{AB})^* = \boldsymbol{B}^*\boldsymbol{A}^*$
$(k\boldsymbol{A})^{\mathrm{T}} = k\boldsymbol{A}^{\mathrm{T}}$	$(k\boldsymbol{A})^{-1} = k^{-1}\boldsymbol{A}^{-1}$	$(k\boldsymbol{A})^* = k^{n-1}\boldsymbol{A}^*$
$R(\boldsymbol{A}) = R(\boldsymbol{A}^{\mathrm{T}})$	$R(\boldsymbol{A}) = R(\boldsymbol{A}^{-1})$	$R(\boldsymbol{A}^*) = \begin{cases} n, & R(\boldsymbol{A}) = n \\ 1, & R(\boldsymbol{A}) = n-1 \\ 0, & R(\boldsymbol{A}) < n-1 \end{cases}$
$\|\boldsymbol{A}^{\mathrm{T}}\| = \|\boldsymbol{A}\|$	$\|\boldsymbol{A}^{-1}\| = \dfrac{1}{\|\boldsymbol{A}\|}$	$\|\boldsymbol{A}^*\| = \|\boldsymbol{A}\|^{n-1}$
$(\boldsymbol{A}+\boldsymbol{B})^{\mathrm{T}} = \boldsymbol{A}^{\mathrm{T}} + \boldsymbol{B}^{\mathrm{T}}$	$(\boldsymbol{A}+\boldsymbol{B})^{-1} \neq \boldsymbol{A}^{-1} + \boldsymbol{B}^{-1}$	$(\boldsymbol{A}+\boldsymbol{B})^* \neq \boldsymbol{A}^* + \boldsymbol{B}^*$
$\boldsymbol{E}^{\mathrm{T}} = \boldsymbol{E}$	$\boldsymbol{E}^{-1} = \boldsymbol{E}$	$\boldsymbol{E}^* = \boldsymbol{E}$

问题 2.4　初等变换和初等矩阵及其基本作用.

(1) 初等变换对应初等矩阵, 即每一个初等变换都有唯一一个初等矩阵与之对应;

(2) 初等变换一般会改变矩阵的元素, 但保持矩阵的秩不变, 秩是矩阵的内在本质属性;

(3) 初等变换可以化矩阵为阶梯形、行最简形和标准形, 可以用来求矩阵的秩和向量组的秩, 求矩阵的逆矩阵;

(4) 初等行变换保持矩阵列向量之间的线性关系, 因此, 可以用来判断向量组之间的线性关系, 求向量组的极大线性无关组;

(5) 初等行变换可以用来求解线性方程组.

(6) 对于方阵来说, 第三种初等变换不改变矩阵行列式的值. 分块矩阵的第三种初等变换也是如此. 因而在例 2.35 中, 若令 $s=m=n$, 则立即可得 $|\boldsymbol{AB}|=|\boldsymbol{A}||\boldsymbol{B}|$.

问题 2.5　与矩阵秩相关的一些等式和不等式.

(1) 设 $\boldsymbol{A}$ 为 $s\times n$ 矩阵, $\boldsymbol{P},\boldsymbol{Q}$ 分别为 s 阶和 n 阶可逆方阵, 则

$$R(\boldsymbol{A})=R(\boldsymbol{PA})=R(\boldsymbol{AQ})=R(\boldsymbol{PAQ});$$

(2) 若 $\boldsymbol{A}_{m\times n}\boldsymbol{B}_{n\times s}=\boldsymbol{O}$, 则 $R(\boldsymbol{A})+R(\boldsymbol{B})\leqslant n$;

(3) $R(\boldsymbol{A})=R(\boldsymbol{A}^{\mathrm{T}})=R(k\boldsymbol{A})\ (k\neq 0)$;

(4) 设 $\boldsymbol{P}=\begin{pmatrix}\boldsymbol{A} & \boldsymbol{O}\\ \boldsymbol{O} & \boldsymbol{B}\end{pmatrix}$, 则 $R(\boldsymbol{P})=R(\boldsymbol{A})+R(\boldsymbol{B})$;

(5) 设 $\boldsymbol{P}_1=\begin{pmatrix}\boldsymbol{A} & \boldsymbol{C}\\ \boldsymbol{O} & \boldsymbol{B}\end{pmatrix},\boldsymbol{P}_2=\begin{pmatrix}\boldsymbol{A} & \boldsymbol{O}\\ \boldsymbol{C} & \boldsymbol{B}\end{pmatrix}$, 则

$$R(\boldsymbol{P}_1)\geqslant R(\boldsymbol{A})+R(\boldsymbol{B}),\quad R(\boldsymbol{P}_2)\geqslant R(\boldsymbol{A})+R(\boldsymbol{B});$$

(6) 设 $\boldsymbol{A},\boldsymbol{B}$ 分别是 $m\times n, n\times s$ 矩阵, 则

$$R(\boldsymbol{A})+R(\boldsymbol{B})-n\leqslant R(\boldsymbol{AB})\leqslant \min(R(\boldsymbol{A}),R(\boldsymbol{B})),$$

前者称为 Sylvester 不等式;

(7) $\max(R(\boldsymbol{A}),\ R(\boldsymbol{B}))\leqslant R(\boldsymbol{A},\boldsymbol{B})\leqslant R(\boldsymbol{A})+R(\boldsymbol{B})$;

(8) $R(\boldsymbol{A}+\boldsymbol{B})\leqslant R(\boldsymbol{A})+R(\boldsymbol{B})$;

(9) Frobenius 不等式:$R(\boldsymbol{ABC})\geqslant R(\boldsymbol{AB})+R(\boldsymbol{BC})-R(\boldsymbol{B})$;

(10) $R(\boldsymbol{AA}^{\mathrm{T}})=R(\boldsymbol{A})=R(\boldsymbol{A}^{\mathrm{T}}\boldsymbol{A}), \boldsymbol{A}$ 为实矩阵.

习 题 2

(A)

1. 填空题.

(1) 设 $\boldsymbol{A}$ 为 n 阶反对称矩阵, 则 $\boldsymbol{A}+\boldsymbol{A}^{\mathrm{T}}=(\quad)$;

(2) 已知 $\boldsymbol{A}$ 为 3 阶方阵, 且 $|\boldsymbol{A}|=-2$, 则 $|\boldsymbol{A}^*|=(\quad)$;

(3) 已知 $\boldsymbol{A}$ 为 5 阶方阵, 且 $|\boldsymbol{A}|=\dfrac{1}{2}$, 则 $|(3\boldsymbol{A})^{-1}-\boldsymbol{A}^*|=(\quad)$;

(4) 已知 $\boldsymbol{A}=(1,2,3)^{\mathrm{T}},\boldsymbol{B}=\left(1,\dfrac{1}{2},\dfrac{1}{3}\right)^{\mathrm{T}},\boldsymbol{C}=\boldsymbol{A}\boldsymbol{B}^{\mathrm{T}}$, 则 $\boldsymbol{C}^n=(\quad)$;

(5) 设 $\boldsymbol{A}$ 为 n 阶可逆方阵, 则 $(\boldsymbol{A}^*)^*=(\quad)$;

(6) 已知 $\boldsymbol{A}^2=\boldsymbol{O}$, 则 $(\boldsymbol{A}-\boldsymbol{E})^{-1}=(\quad)$;

(7) 设 $\boldsymbol{A}=\begin{pmatrix}1&0&1\\0&2&0\\1&0&1\end{pmatrix}$, 则 $\boldsymbol{A}^n-2\boldsymbol{A}^{n-1}=(\quad)$;

(8) 已知 $\boldsymbol{A}\boldsymbol{B}-\boldsymbol{B}=\boldsymbol{A}$, 其中 $\boldsymbol{B}=\begin{pmatrix}1&-2&0\\2&1&0\\0&0&2\end{pmatrix}$, 则 $\boldsymbol{A}=(\quad)$;

(9) 设 $\boldsymbol{A},\boldsymbol{B}$ 为 n 阶方阵, 则 $\boldsymbol{C}=\begin{pmatrix}\boldsymbol{A}&\boldsymbol{O}\\\boldsymbol{O}&\boldsymbol{B}\end{pmatrix}$, 则 $\boldsymbol{C}^*=(\quad)$;

(10) 设 4 阶矩阵 $\boldsymbol{A}$ 的秩为 2, 则 $\boldsymbol{A}^*$ 的秩为 $(\quad)$;

(11) 设 $\boldsymbol{A}=\begin{pmatrix}1&0&0\\0&-2&0\\2&0&1\end{pmatrix}$, 则 $(\boldsymbol{A}^*)^{-1}=(\quad)$;

(12) 设 $\boldsymbol{A},\boldsymbol{B}$ 为同阶可逆方阵, 则 $\begin{pmatrix}\boldsymbol{A}&\boldsymbol{O}\\\boldsymbol{C}&\boldsymbol{B}\end{pmatrix}^{-1}=(\quad)$;

(13) 已知 n 阶矩阵 $\boldsymbol{A}$ 满足 $\boldsymbol{A}^2+2\boldsymbol{A}-3\boldsymbol{E}=\boldsymbol{O}$, 则 $\boldsymbol{A}^{-1}=(\quad)$, $(\boldsymbol{A}-4\boldsymbol{E})^{-1}=(\quad)$;

(14) 设 $\boldsymbol{A}$ 为 n 阶方阵, $\boldsymbol{A}=\begin{pmatrix}1&a&a&\cdots&a\\a&1&a&\cdots&a\\\vdots&\vdots&\vdots&&\vdots\\a&a&a&\cdots&1\end{pmatrix}$, $n\geqslant 3$. 如果 $R(\boldsymbol{A})=n-1$, 则 a 为 $(\quad)$.

2. 已知矩阵 $\boldsymbol{A}=\begin{pmatrix}1&1&1\\1&1&-1\\1&-1&1\end{pmatrix}$, $\boldsymbol{B}=\begin{pmatrix}1&2&3\\-2&-1&0\\5&1&0\end{pmatrix}$. 求 $3\boldsymbol{A}\boldsymbol{B}-2\boldsymbol{A}$ 与 $\boldsymbol{A}^{\mathrm{T}}\boldsymbol{B}$.

3. 求所有与 $\boldsymbol{A}$ 可交换的矩阵:

(1) $\boldsymbol{A}=\begin{pmatrix}1&1\\0&1\end{pmatrix}$;　(2) $\boldsymbol{A}=\begin{pmatrix}1&1&0\\0&1&1\\0&0&1\end{pmatrix}$;　(3) $\boldsymbol{A}=\begin{pmatrix}1&0&0\\0&1&2\\3&1&2\end{pmatrix}$.

4. 设 $\boldsymbol{\alpha}=(1,2),\boldsymbol{\beta}=(-2,3)$, 求 $\boldsymbol{\alpha}\boldsymbol{\beta}^{\mathrm{T}},\boldsymbol{\alpha}^{\mathrm{T}}\boldsymbol{\beta},(\boldsymbol{\alpha}^{\mathrm{T}}\boldsymbol{\beta})^{100}$.

5. 证明: 对任意 $m\times n$ 矩阵 $\boldsymbol{A}$, $\boldsymbol{A}\boldsymbol{A}^{\mathrm{T}}$ 为对称矩阵; 若 $\boldsymbol{A}$ 为实矩阵, $\boldsymbol{A}\boldsymbol{A}^{\mathrm{T}}=\boldsymbol{O}$, 则 $\boldsymbol{A}=\boldsymbol{O}$.

6. 设 $\boldsymbol{A},\boldsymbol{B}$ 为 n 阶对称矩阵, 证明: $\boldsymbol{A}\boldsymbol{B}$ 为对称矩阵当且仅当 $\boldsymbol{A}$ 与 $\boldsymbol{B}$ 可交换.

7. 计算下列方阵的幂 (n 为正整数):

(1) $\begin{pmatrix}0&1&0\\0&0&1\\0&0&0\end{pmatrix}^n$;　(2) $\begin{pmatrix}1&1&1&1\\0&1&1&1\\0&0&1&1\\0&0&0&1\end{pmatrix}^3$;　(3) $\begin{pmatrix}1&-1&-1&-1\\-1&1&-1&-1\\-1&-1&1&-1\\-1&-1&-1&1\end{pmatrix}^n$.

8. 设$f(x)=x^2-5x+3,\boldsymbol{A}=\begin{pmatrix}2&-1\\-3&3\end{pmatrix}$, 求 $f(\boldsymbol{A})$.

9. 判断下列矩阵是否可逆, 若可逆, 分别用伴随矩阵法、初等变换法求出其逆矩阵:

(1) $\begin{pmatrix}1&2\\-3&4\end{pmatrix}$;　(2) $\begin{pmatrix}1&1&1\\1&0&-1\\3&2&3\end{pmatrix}$;　(3) $\begin{pmatrix}1&-1&3\\2&-1&4\\-1&2&-4\end{pmatrix}$.

10. 设$\boldsymbol{A}=\boldsymbol{P}\boldsymbol{B}\boldsymbol{P}^{-1}$, 证明: $f(\boldsymbol{A})=\boldsymbol{P}f(\boldsymbol{B})\boldsymbol{P}^{-1}$, 其中 f 是一个多项式.

11. 设 $\boldsymbol{P}^{-1}\boldsymbol{A}\boldsymbol{P}=\begin{pmatrix}-1&0\\0&2\end{pmatrix},\boldsymbol{P}=\begin{pmatrix}-1&-4\\1&1\end{pmatrix}$, 求 $\boldsymbol{A}^{11}$.

12. 化下列矩阵为行阶梯形、行最简形, 并写出其等价标准形矩阵:

(1) $\begin{pmatrix}1&1&-1&2\\0&2&-4&6\\1&3&-4&2\\2&4&-5&4\end{pmatrix}$; (2) $\begin{pmatrix}-2&-3&4&4\\1&2&-1&-3\\2&2&-6&-2\end{pmatrix}$; (3) $\begin{pmatrix}1&-1&3&-4&3\\3&-3&5&-4&1\\2&-2&3&-2&0\\3&-3&4&-2&-1\end{pmatrix}$.

13. 求下列矩阵的秩:

(1) $\begin{pmatrix}1&1&2\\0&2&4\\-1&-1&-2\end{pmatrix}$;　(2) $\begin{pmatrix}1&1&2&4\\-1&-2&3&5\\0&3&4&1\end{pmatrix}$;　(3) $\begin{pmatrix}1&3&-1&-2\\1&-4&3&5\\2&-1&2&3\\3&2&1&1\end{pmatrix}$.

14. 已知 $\boldsymbol{A}=\begin{pmatrix}1&0&0\\1&0&1\\0&1&0\end{pmatrix}$. 当 $n\geqslant 3$ 时, 证明 $\boldsymbol{A}^n=\boldsymbol{A}^{n-2}+\boldsymbol{A}^2-\boldsymbol{E}$, 并求 $\boldsymbol{A}^{100}$.

15. 设 $\boldsymbol{A}=\begin{pmatrix}a&b\\0&c\end{pmatrix}$, 其中 a,b,c 为实数, 试求 a,b,c 的一切可能值, 使得 $\boldsymbol{A}^{100}=\boldsymbol{E}$.

16. 解下列矩阵方程:

(1) $\begin{pmatrix} 2 & 1 \\ 3 & 2 \end{pmatrix} \boldsymbol{X} = \begin{pmatrix} 1 & 2 \\ 0 & 1 \end{pmatrix}$;

(2) $\boldsymbol{X} \begin{pmatrix} 1 & 3 \\ -1 & 2 \end{pmatrix} = \begin{pmatrix} 0 & -5 \\ 10 & 5 \\ -15 & 0 \end{pmatrix}$;

(3) $\begin{pmatrix} 0 & 1 & 0 \\ 1 & 0 & 0 \\ 0 & 0 & 1 \end{pmatrix} \boldsymbol{X} \begin{pmatrix} 1 & 0 & 0 \\ 0 & 0 & 1 \\ 0 & 1 & 0 \end{pmatrix} = \begin{pmatrix} 1 & -4 & 3 \\ 2 & 0 & -1 \\ 1 & -2 & 0 \end{pmatrix}$;

(4) 设 $\boldsymbol{A} = \begin{pmatrix} 0 & 1 & 0 \\ -1 & 1 & 1 \\ -1 & 0 & -1 \end{pmatrix}, \boldsymbol{B} = \begin{pmatrix} 1 & -1 \\ 2 & 0 \\ 5 & -3 \end{pmatrix}$, 且 $\boldsymbol{X} = \boldsymbol{AX} + \boldsymbol{B}$;

(5) 设 $\boldsymbol{A} = \begin{pmatrix} 1 & 0 & 0 \\ 1 & 1 & 0 \\ 1 & 1 & 1 \end{pmatrix}, \boldsymbol{B} = \begin{pmatrix} 0 & 1 & 1 \\ 1 & 0 & 1 \\ 1 & 1 & 0 \end{pmatrix}$, 且 $\boldsymbol{AXA} + \boldsymbol{BXB} = \boldsymbol{AXB} + \boldsymbol{BXA} + \boldsymbol{E}$.

17. 设矩阵 $\boldsymbol{A} = \begin{pmatrix} 1 & -1 & 1 & 2 \\ 3 & \lambda & -1 & 2 \\ 5 & 3 & \mu & 6 \end{pmatrix}$ 的秩为 2, 求 λ 与 μ 的值.

(B)

18. 设 $\boldsymbol{A}^*$ 为 3 阶矩阵 $\boldsymbol{A}$ 的伴随矩阵, 且 $|\boldsymbol{A}| = \frac{1}{8}$, 求 $\left|\left(\frac{1}{3}\boldsymbol{A}\right)^{-1} - 8\boldsymbol{A}^*\right|$.

19. 设 $\boldsymbol{A}$ 为 n 阶矩阵, $\boldsymbol{A}^{\mathrm{T}}\boldsymbol{A} = \boldsymbol{E}, |\boldsymbol{A}| < 0$, 求 $|\boldsymbol{A} + \boldsymbol{E}|$.

20. 将 3 阶矩阵 $\boldsymbol{A}$ 的第 1 行的 -2 倍加第 3 行得到矩阵 $\boldsymbol{A}_1$; 将 3 阶矩阵 $\boldsymbol{B}$ 的第 1 列取 -2 倍得到矩阵 $\boldsymbol{B}_1$, $\boldsymbol{A}_1\boldsymbol{B}_1 = \begin{pmatrix} 0 & 3 & 1 \\ 2 & 5 & 3 \\ 4 & 8 & 6 \end{pmatrix}$, 求 $\boldsymbol{AB}$.

21. 已知 $\boldsymbol{A}^*\boldsymbol{BA} = 2\boldsymbol{BA} - 8\boldsymbol{E}, \boldsymbol{A} = \begin{pmatrix} 1 & 2 & -2 \\ 0 & -2 & 4 \\ 0 & 0 & 1 \end{pmatrix}$, 求 $\boldsymbol{B}$.

22. 设 $\boldsymbol{X}, \boldsymbol{Y}$ 均为 $n \times 1$ 矩阵, 且 $\boldsymbol{X}^{\mathrm{T}}\boldsymbol{Y} = 2$, 证明 $\boldsymbol{A} = \boldsymbol{E} + \boldsymbol{XY}^{\mathrm{T}}$ 可逆, 并求 $\boldsymbol{A}^{-1}$.

23. 已知 $\boldsymbol{A}_{m\times n}, \boldsymbol{B}_n, \boldsymbol{C}_{n\times m}$ 满足 $\boldsymbol{AB} = \boldsymbol{A}, \boldsymbol{BC} = \boldsymbol{O}, R(\boldsymbol{A}) = n$, 求 $|\boldsymbol{CA} - \boldsymbol{B}|$.

24. 设 n 阶矩阵 $\boldsymbol{A}$ 的伴随矩阵 $\boldsymbol{A}^* = \begin{pmatrix} 1 & 0 & 0 \\ 1 & 2 & 4 \\ 0 & 0 & 2 \end{pmatrix}$,

$$|\boldsymbol{A}| > 0, \quad \boldsymbol{AB} + (\boldsymbol{A}^{-1})^*\boldsymbol{B}(\boldsymbol{A}^*)^* = \boldsymbol{E},$$

求 $\boldsymbol{B}$.

25. 已知矩阵 $\boldsymbol{A},\boldsymbol{B},\boldsymbol{A}+\boldsymbol{B}$ 可逆. 证明:

(1) $\boldsymbol{A}^{-1}+\boldsymbol{B}^{-1}$ 可逆, 且 $(\boldsymbol{A}^{-1}+\boldsymbol{B}^{-1})^{-1}=\boldsymbol{A}(\boldsymbol{A}+\boldsymbol{B})^{-1}\boldsymbol{B}$;

(2) $(\boldsymbol{A}+\boldsymbol{B})^{-1}=\boldsymbol{A}^{-1}-\boldsymbol{A}^{-1}(\boldsymbol{A}^{-1}+\boldsymbol{B}^{-1})^{-1}\boldsymbol{A}^{-1}$.

26. 已知矩阵 $\boldsymbol{A}_n$ 反对称, $\boldsymbol{B}$ 为对角矩阵 (对角元 $d_j>0$), 证明: $\boldsymbol{A}+\boldsymbol{B}$ 可逆.

27. 设 $\boldsymbol{A}$ 是$m\times n$ 矩阵, $\boldsymbol{B}$ 是 $s\times t$ 矩阵, 证明:

(1) $R\begin{pmatrix}\boldsymbol{A} & \boldsymbol{C}\\ \boldsymbol{O} & \boldsymbol{B}\end{pmatrix}\geqslant R(\boldsymbol{A})+R(\boldsymbol{B})$;

(2) $R\begin{pmatrix}\boldsymbol{A} & \boldsymbol{O}\\ \boldsymbol{O} & \boldsymbol{B}\end{pmatrix}=R(\boldsymbol{A})+R(\boldsymbol{B})$.

28. 设 $\boldsymbol{A}$ 为 n(奇数) 阶矩阵, $|\boldsymbol{A}|=1,\boldsymbol{A}^{\mathrm{T}}=\boldsymbol{A}^{-1}$, 证明: $\boldsymbol{E}-\boldsymbol{A}$ 不可逆.

29. 设 n 阶可逆矩阵 $\boldsymbol{A}=(a_{ij})$ 的每行元素的和为 $|\boldsymbol{A}|$, 证明:

(1) $\sum\limits_{i,j=1}^{n}\boldsymbol{A}_{ij}=n$;

(2) $\boldsymbol{A}^{-1}$ 的每行元素的和为 $|\boldsymbol{A}|^{-1}$.

第 3 章　线性方程组

本章的主要目的是介绍线性方程组的基本理论, 其核心是线性方程组的可解性、解的结构以及求解问题. 为了比较系统地阐述该理论, 同时, 为了后续章节应用, 本章也将介绍向量间的线性相关性和线性空间的概念.

3.1　n 维 向 量

3.1.1　n 维向量的定义

我们对向量并不陌生, 在中学学习解析几何和物理时都接触过向量, 也称矢量. 本节将要给出的 n 维向量概念, 是中学所学向量概念的自然推广. 另外, 在第 2 章学习矩阵时我们已经谈到, 只有 1 行或 1 列的矩阵, 分别称为行向量或列向量. 因此, 本节所讲的向量也是一类特殊矩阵.

定义 3.1　由 n 个数 $a_1, a_2, \cdots, a_n$ 构成的有序数组称为n **维向量**, 记为 $(a_1, a_2, \cdots, a_n)$, 或 $\begin{pmatrix} a_1 \\ a_2 \\ \vdots \\ a_n \end{pmatrix}$, 其中 a_i 称为该向量的**第 i 个分量**, n 称为该向量的**维数**. 按行排的向量称为**行向量**, 按列排的向量称为**列向量**. 每个分量都为 0 的向量称为**零向量**, 记为 $\mathbf{0}$. 当视向量 $\boldsymbol{\alpha}$ 为特殊矩阵时, 负矩阵 $-\boldsymbol{\alpha}$ 称为向量 $\boldsymbol{\alpha}$ 的**负向量**.

向量一般用黑体希腊小写字母 $\boldsymbol{\alpha}, \boldsymbol{\beta}, \cdots$ 等来表示. 所有 n 维实向量的集合用 $\mathbb{R}^n$ 表示. 通常用 $\boldsymbol{\alpha} \in \mathbb{R}^n$ 表示 $\boldsymbol{\alpha}$ 是一个 n 维实向量. 当然, 零向量 $\mathbf{0}$ 其实也是一个特殊的零矩阵 $\boldsymbol{O}$.

两个向量 $\boldsymbol{\alpha} = (a_1, a_2, \cdots, a_m)$ 与 $\boldsymbol{\beta} = (b_1, b_2, \cdots, b_n)$ 相等, 是指 $m = n$ 并且对所有 $1 \leqslant i \leqslant n$ 有 $a_i = b_i$, 即 $\boldsymbol{\alpha}$ 与 $\boldsymbol{\beta}$ 维数相同且对应分量相等, 记为 $\boldsymbol{\alpha} = \boldsymbol{\beta}$.

第 i 个分量为 1, 其余分量全为 0 的向量称为**基本单位向量**, 记为 $\boldsymbol{e}_i$. 例如 $\boldsymbol{e}_1 = (1, 0, \cdots, 0), \boldsymbol{e}_2 = (0, 1, 0, \cdots, 0)$.

维数相同的向量 $\boldsymbol{\alpha}_1, \boldsymbol{\alpha}_2, \cdots, \boldsymbol{\alpha}_m$ 组成一个向量组. n 个 n 维基本单位向量 $\boldsymbol{e}_1, \boldsymbol{e}_2, \cdots, \boldsymbol{e}_n$ 组成的向量组称为**基本单位向量组**.

可以看到, 一个 $m \times n$ 矩阵 $\boldsymbol{A} = (a_{ij})$ 可以表示为由 m 个 n 维行向量组成

的向量组, 也可以表示为由 n 个 m 维列向量组成的向量组, 即 $\boldsymbol{A}=\begin{pmatrix}\boldsymbol{\alpha}_1\\\boldsymbol{\alpha}_2\\\vdots\\\boldsymbol{\alpha}_m\end{pmatrix}$, 或 $\boldsymbol{A}=(\boldsymbol{\beta}_1,\boldsymbol{\beta}_2,\cdots,\boldsymbol{\beta}_n)$. 这里

$$\boldsymbol{\alpha}_i=(a_{i1},a_{i2},\cdots,a_{in})\ (i=1,2,\cdots,m),\quad \boldsymbol{\beta}_j=\begin{pmatrix}a_{1j}\\a_{2j}\\\vdots\\a_{mj}\end{pmatrix}\ (j=1,2,\cdots,n).$$

3.1.2 向量的运算

既然可以把向量视为特殊的矩阵, 利用矩阵的线性运算, 可以引入向量的线性运算.

1. **向量的和** (**差**). 向量 $\boldsymbol{\alpha}=(a_1,a_2,\cdots,a_n)$ 与 $\boldsymbol{\beta}=(b_1,b_2,\cdots,b_n)$ 的和及差, 分别定义为把 $\boldsymbol{\alpha}$ 和 $\boldsymbol{\beta}$ 视为矩阵的和及差, 记为 $\boldsymbol{\alpha}+\boldsymbol{\beta}$ 及 $\boldsymbol{\alpha}-\boldsymbol{\beta}$.

2. 向量的**数乘**. 数 k 与向量 $\boldsymbol{\alpha}=(a_1,a_2,\cdots,a_n)$ 的数乘定义为 $\boldsymbol{\alpha}$ 作为矩阵与 k 的数乘, 记为 $k\boldsymbol{\alpha}$.

向量的加法运算、减法运算和数乘运算统称为**向量的线性运算**. 向量的线性运算满足如下 8 条运算规律:

(1) $\boldsymbol{\alpha}+\boldsymbol{\beta}=\boldsymbol{\beta}+\boldsymbol{\alpha}$;

(2) $(\boldsymbol{\alpha}+\boldsymbol{\beta})+\boldsymbol{\gamma}=\boldsymbol{\alpha}+(\boldsymbol{\beta}+\boldsymbol{\gamma})$;

(3) $\boldsymbol{\alpha}+\boldsymbol{0}=\boldsymbol{\alpha}$;

(4) $\boldsymbol{\alpha}+(-\boldsymbol{\alpha})=\boldsymbol{0}$;

(5) $1\boldsymbol{\alpha}=\boldsymbol{\alpha}$;

(6) $k(l\boldsymbol{\alpha})=(kl)\boldsymbol{\alpha}$;

(7) $k(\boldsymbol{\alpha}+\boldsymbol{\beta})=k\boldsymbol{\alpha}+k\boldsymbol{\beta}$;

(8) $(k+l)\boldsymbol{\alpha}=k\boldsymbol{\alpha}+l\boldsymbol{\alpha}$,

其中 $\boldsymbol{\alpha},\boldsymbol{\beta},\boldsymbol{\gamma}$ 为维数相同的向量, k,l 为实数.

3. 向量的**转置**. 向量 $\begin{pmatrix}a_1\\a_2\\\vdots\\a_n\end{pmatrix}$ 称为向量 $\boldsymbol{\alpha}=(a_1,a_2,\cdots,a_n)$ 的转置向量, 记为 $\boldsymbol{\alpha}^{\mathrm{T}}$. 对称地,$\boldsymbol{\alpha}$ 称为 $\boldsymbol{\alpha}^{\mathrm{T}}$ 的转置向量.

3.1.3 向量的线性组合与线性表示

取两个向量 $\boldsymbol{\alpha}_1=(1,2),\boldsymbol{\alpha}_2=(2,4)$. 不难看出 $\boldsymbol{\alpha}_1$ 与 $\boldsymbol{\alpha}_2$ 之间是有联系的, 它们满足关系 $\boldsymbol{\alpha}_2=2\boldsymbol{\alpha}_1$, 即 $2\boldsymbol{\alpha}_1-\boldsymbol{\alpha}_2=\mathbf{0}$. 也就是说向量 $\boldsymbol{\alpha}_2$ 可以由向量 $\boldsymbol{\alpha}_1$ 经过线性运算 $2\boldsymbol{\alpha}_1$ 表示出来, 或者说向量 $\boldsymbol{\alpha}_1$ 与向量 $\boldsymbol{\alpha}_2$ 之间存在一种经过线性运算而联系起来的关系 $2\boldsymbol{\alpha}_1-\boldsymbol{\alpha}_2=\mathbf{0}$. 由此, 对于一般维数相同的向量组 $\boldsymbol{\beta},\boldsymbol{\alpha}_1,\boldsymbol{\alpha}_2,\cdots,\boldsymbol{\alpha}_m$, 我们自然也想知道它们之间是否存在线性关系? 事实上, 有的存在, 有的不存在. 例如 2 维基本单位向量 $\boldsymbol{e}_1$ 与 $\boldsymbol{e}_2$ 之间就不存在这种线性关系. 因此, 我们给出下述定义.

定义 3.2 设 $\boldsymbol{\beta},\boldsymbol{\alpha}_1,\boldsymbol{\alpha}_2,\cdots,\boldsymbol{\alpha}_m$ 是维数相同的向量组, 如果存在数 k_1, k_2, $\cdots,k_m$, 使得

$$\boldsymbol{\beta}=k_1\boldsymbol{\alpha}_1+k_2\boldsymbol{\alpha}_2+\cdots+k_m\boldsymbol{\alpha}_m, \tag{3.1}$$

则称向量 $\boldsymbol{\beta}$ 可由向量 $\boldsymbol{\alpha}_1,\boldsymbol{\alpha}_2,\cdots,\boldsymbol{\alpha}_m$**线性表示**. 称 $k_1\boldsymbol{\alpha}_1+k_2\boldsymbol{\alpha}_2+\cdots+k_m\boldsymbol{\alpha}_m$ 是 $\boldsymbol{\alpha}_1$, $\boldsymbol{\alpha}_2$, $\cdots,\boldsymbol{\alpha}_m$ 的一个**线性组合**, 其中 $k_1,k_2,\cdots,k_m$ 称为**组合系数**.

由定义 3.2 容易证明, 任意 n 维向量 $\boldsymbol{\alpha}=(a_1,a_2,\cdots,a_n)$ 一定可以由 n 维基本单位向量组 $\boldsymbol{e}_1,\boldsymbol{e}_2,\cdots,\boldsymbol{e}_n$ 唯一线性表示为 $\boldsymbol{\alpha}=a_1\boldsymbol{e}_1+a_2\boldsymbol{e}_2+\cdots+a_n\boldsymbol{e}_n$.

向量的线性表示有三种情形: 唯一线性表示; 可以线性表示, 但表示式不唯一; 不能线性表示. 要判断一个向量是否可以由一个向量组线性表示, 涉及到相应的线性方程组解的讨论, 这将在 3.5 节给予介绍.

3.2 向量的线性相关性

3.2.1 线性方程组初步

我们知道, 含有 n 个未知元 $x_1,x_2,\cdots,x_n$ 和 m 个方程的线性方程组的一般形式是

$$\begin{cases} a_{11}x_1+a_{12}x_2+\cdots+a_{1n}x_n=b_1, \\ a_{21}x_1+a_{22}x_2+\cdots+a_{2n}x_n=b_2, \\ \qquad\cdots\cdots \\ a_{m1}x_1+a_{m2}x_2+\cdots+a_{mn}x_n=b_m, \end{cases} \tag{3.2}$$

其中 $a_{ij}\ (i=1,2,\cdots,m;j=1,2,\cdots,n)$ 是方程组未知元的系数, $b_j\ (j=1,2,\cdots,m)$ 为常数项. 如果记

$$\boldsymbol{\alpha}_1=(a_{11},a_{21},\cdots,a_{m1})^{\mathrm{T}},\cdots,\boldsymbol{\alpha}_n=(a_{1n},a_{2n},\cdots,a_{mn})^{\mathrm{T}},\boldsymbol{b}=(b_1,b_2,\cdots,b_m)^{\mathrm{T}},$$

则方程组 (3.2) 可以写成向量的形式

$$x_1\boldsymbol{\alpha}_1 + x_2\boldsymbol{\alpha}_2 + \cdots + x_n\boldsymbol{\alpha}_n = \boldsymbol{b}. \tag{3.3}$$

对照定义 3.2, 向量的线性表示问题本质上转化为线性方程组问题. 如果记 $\boldsymbol{A} = (\boldsymbol{\alpha}_1, \boldsymbol{\alpha}_2, \cdots, \boldsymbol{\alpha}_n), \boldsymbol{x} = (x_1, x_2, \cdots, x_n)^{\mathrm{T}}$, 则方程组 (3.2) 可以改写为矩阵的形式

$$\boldsymbol{Ax} = \boldsymbol{b}, \tag{3.4}$$

其中 $\boldsymbol{A}$ 称为**系数矩阵**, $(\boldsymbol{A}, \boldsymbol{b})$ 称为**增广矩阵**.

求解线性方程组, 实际上就是寻求它的全部解. 线性方程组的全部解称为线性方程组的**一般解**或**通解**. 根据第 2 章同解方程组的概念, 增广矩阵 $(\boldsymbol{A}, \boldsymbol{b})$ 经初等行变换化为 $(\boldsymbol{U}, \boldsymbol{b}')$ 后, 得到的线性方程组 $\boldsymbol{Ux} = \boldsymbol{b}'$ 与 $\boldsymbol{Ax} = \boldsymbol{b}$ 同解.

如果线性方程组 (3.2) 有解, 则称线性方程组 (3.2)**相容**; 否则, 称该线性方程组**不相容**.

在线性方程组 (3.4) 中, 如果 $\boldsymbol{b} = \boldsymbol{0}$, 则它变为

$$\boldsymbol{Ax} = \boldsymbol{0}. \tag{3.5}$$

我们称线性方程组 (3.5) 为**齐次线性方程组**. 当 $\boldsymbol{b} \neq \boldsymbol{0}$ 时, 称线性方程组 (3.4) 为**非齐次线性方程组**. 对于齐次线性方程组 (3.5), 显然它一定有零解 $\boldsymbol{x} = \boldsymbol{0}$. 因此, 对于齐次线性方程组来讲, 要考虑的主要问题是, 何时它只有零解? 何时它有非零解? 如果存在非零解, 如何求其一般解?

我们知道, 对于 $m = n$, 即方程个数等于未知元个数的情形, 由 Cramer 法则, 齐次线性方程组 (3.5) 有非零解的充分必要条件是系数矩阵的行列式 $|\boldsymbol{A}| = 0$. 如果 $m < n$, 即方程个数小于未知元个数, 我们可以按 $0x_1 + 0x_2 + \cdots + 0x_n = 0$ 的形式添加 $n - m$ 个方程, 使其满足"方程个数等于未知元个数"而得到新的齐次线性方程组 $\boldsymbol{A}_1\boldsymbol{x} = \boldsymbol{0}$. 根据行列式的知识, 显然 $|\boldsymbol{A}_1| = 0$. 因此, 得到如下定理.

定理 3.1　如果齐次线性方程组 (3.5) 中方程的个数 m 小于未知元的个数 n, 则齐次线性方程组 (3.5) 一定有非零解.

例如, 齐次线性方程组 $\begin{cases} x_1 + x_2 + x_3 = 0, \\ x_1 - x_2 = 0 \end{cases}$ 有非零解 $\begin{cases} x_1 = -t, \\ x_2 = -t, \\ x_3 = 2t, \end{cases}$ 其中 t 为任意常数.

对于非齐次线性方程组 (3.4), 就不像齐次线性方程组 (3.5) 那么简单了. 先看 3 个例子.

例 3.1　方程组 $\begin{cases} x_1 + x_2 = 2, \\ x_1 - x_2 = 0 \end{cases}$ 有唯一解 $\begin{cases} x_1 = 1, \\ x_2 = 1. \end{cases}$

例 3.2 方程组 $\begin{cases} x_1+x_2+x_3=2, \\ x_1-x_3=0 \end{cases}$ 有无穷多解 $\begin{cases} x_1=1-t, \\ x_2=2t, \\ x_3=1-t, \end{cases}$ 其中 t 是任意常数.

例 3.3 方程组 $\begin{cases} x_1+x_2=2, \\ 2x_1+2x_2=3 \end{cases}$ 显然无解.

由以上 3 个例子可以看到, 非齐次线性方程组的解分三种情形: 唯一解、无穷多解和无解. 因此, 对非齐次线性方程组 (3.4) 要讨论的问题是它何时有唯一解? 何时无解? 何时有无穷多解? 如果有无穷多解, 如何求其一般解?

前面我们已经指出, 向量间的线性关系问题本质上是线性方程组的求解问题. 但是, 无论是讨论线性方程组解的结构, 还是线性方程组的求解, 又都需要首先讨论向量组的线性相关性.

3.2.2 线性相关性

定义 3.3 对于向量组 $\boldsymbol{\alpha}_1,\boldsymbol{\alpha}_2,\cdots,\boldsymbol{\alpha}_m$, 如果齐次线性方程组

$$x_1\boldsymbol{\alpha}_1+x_2\boldsymbol{\alpha}_2+\cdots+x_m\boldsymbol{\alpha}_m=\mathbf{0}$$

有非零解, 则称向量组 $\boldsymbol{\alpha}_1,\boldsymbol{\alpha}_2,\cdots,\boldsymbol{\alpha}_m$**线性相关**; 如果该方程组只有零解, 则称向量组 $\boldsymbol{\alpha}_1,\boldsymbol{\alpha}_2,\cdots,\boldsymbol{\alpha}_m$**线性无关**.

该定义明显有下述等价表述: 向量组 $\boldsymbol{\alpha}_1,\boldsymbol{\alpha}_2,\cdots,\boldsymbol{\alpha}_m$ 线性相关是指存在不全为 0 的数 $k_1,k_2,\cdots,k_m$, 使得

$$k_1\boldsymbol{\alpha}_1+k_2\boldsymbol{\alpha}_2+\cdots+k_m\boldsymbol{\alpha}_m=\mathbf{0};$$

向量组线性无关是指如果

$$k_1\boldsymbol{\alpha}_1+k_2\boldsymbol{\alpha}_2+\cdots+k_m\boldsymbol{\alpha}_m=\mathbf{0},$$

则数 $k_1,k_2,\cdots,k_m$ 全为 0.

根据定义 3.3, 很容易验证以下几个结论.

(1) 含零向量 $\mathbf{0}$ 的向量组一定线性相关;

(2) 单个向量 $\boldsymbol{\alpha}$ 作为向量组线性相关的充分必要条件是 $\boldsymbol{\alpha}=\mathbf{0}$, 线性无关的充分必要条件是 $\boldsymbol{\alpha}\neq\mathbf{0}$;

(3) 两个非零向量 $\boldsymbol{\alpha}_1,\boldsymbol{\alpha}_2$ 组成的向量组, 线性相关的充分必要条件是 $\boldsymbol{\alpha}_1$ 与 $\boldsymbol{\alpha}_2$ 成比例, 即其对应分量成比例, 线性无关的充分必要条件是 $\boldsymbol{\alpha}_1$ 与 $\boldsymbol{\alpha}_2$ 不成比例;

(4) n 维基本单位向量组 $\boldsymbol{e}_1,\boldsymbol{e}_2,\cdots,\boldsymbol{e}_n$ 线性无关;

(5) 如果向量组 $\boldsymbol{\alpha}_1, \boldsymbol{\alpha}_2, \cdots, \boldsymbol{\alpha}_m$ 中部分向量线性相关, 则向量组 $\boldsymbol{\alpha}_1, \boldsymbol{\alpha}_2, \cdots, \boldsymbol{\alpha}_m$ 整体一定线性相关, 反过来, 如果向量组 $\boldsymbol{\alpha}_1, \boldsymbol{\alpha}_2, \cdots, \boldsymbol{\alpha}_m$ 线性无关, 则其任意部分向量都线性无关;

(6) 向量组 $\boldsymbol{\alpha}_1, \boldsymbol{\alpha}_2, \cdots, \boldsymbol{\alpha}_m$ 线性相关的充分必要条件是至少存在一个向量可以由其余 $m-1$ 个向量线性表示, 向量组线性无关的充分必要条件是所有向量都不能由其余向量线性表示.

例 3.4　已知向量组 $\boldsymbol{\alpha}_1, \boldsymbol{\alpha}_2, \boldsymbol{\alpha}_3$ 线性无关. 证明: 向量组 $\boldsymbol{\alpha}_1+\boldsymbol{\alpha}_2, \boldsymbol{\alpha}_2+\boldsymbol{\alpha}_3, \boldsymbol{\alpha}_3+\boldsymbol{\alpha}_1$ 也线性无关.

证明　构造以 x_1, x_2, x_3 为未知元的齐次线性方程组

$$x_1(\boldsymbol{\alpha}_1+\boldsymbol{\alpha}_2)+x_2(\boldsymbol{\alpha}_2+\boldsymbol{\alpha}_3)+x_3(\boldsymbol{\alpha}_3+\boldsymbol{\alpha}_1)=\mathbf{0}.$$

整理得 $(x_1+x_3)\boldsymbol{\alpha}_1+(x_1+x_2)\boldsymbol{\alpha}_2+(x_2+x_3)\boldsymbol{\alpha}_3=\mathbf{0}$. 由于 $\boldsymbol{\alpha}_1, \boldsymbol{\alpha}_2, \boldsymbol{\alpha}_3$ 线性无关, 因此这一方程组只有零解, 也就是 $\begin{cases} x_1+x_3=0, \\ x_1+x_2=0, \\ x_2+x_3=0, \end{cases}$ 解得 $x_1=x_2=x_3=0$. 故结论成立.

例 3.5　设 n 维列向量 $\boldsymbol{\beta}$ 和 n 阶矩阵 $\boldsymbol{A}$ 满足 $\boldsymbol{A}^{k-1}\boldsymbol{\beta} \neq \mathbf{0}, \boldsymbol{A}^k\boldsymbol{\beta}=\mathbf{0}$ ($k>1$ 为自然数). 证明: 向量组 $\boldsymbol{\beta}, \boldsymbol{A\beta}, \cdots, \boldsymbol{A}^{k-1}\boldsymbol{\beta}$ 线性无关.

证明　构造以 $x_1, x_2, \cdots, x_k$ 为未知元的齐次线性方程组

$$x_1\boldsymbol{\beta}+x_2\boldsymbol{A\beta}+\cdots+x_k\boldsymbol{A}^{k-1}\boldsymbol{\beta}=\mathbf{0}.$$

对上式两端左乘 $\boldsymbol{A}^{k-1}$, 注意到 $\boldsymbol{A}^k\boldsymbol{\beta}=\mathbf{0}, \boldsymbol{A}^{k-1}\boldsymbol{\beta} \neq \mathbf{0}$, 即得 $x_1=0$. 因此,

$$x_2\boldsymbol{A\beta}+x_3\boldsymbol{A}^2\boldsymbol{\beta}+\cdots+x_k\boldsymbol{A}^{k-1}\boldsymbol{\beta}=\mathbf{0}.$$

对上式两端左乘 $\boldsymbol{A}^{k-2}$, 同理得 $x_2=0$. 依次类推, $x_3=x_4=\cdots=x_k=0$. 故结论成立.

例 3.6　设向量组 $\boldsymbol{\alpha}_1, \boldsymbol{\alpha}_2, \boldsymbol{\alpha}_3$ 线性无关, 问 a, b, c 满足什么条件,$a\boldsymbol{\alpha}_1-\boldsymbol{\alpha}_2, b\boldsymbol{\alpha}_2-\boldsymbol{\alpha}_3, c\boldsymbol{\alpha}_3-\boldsymbol{\alpha}_1$ 线性相关?

解　设

$$k_1(a\boldsymbol{\alpha}_1-\boldsymbol{\alpha}_2)+k_2(b\boldsymbol{\alpha}_2-\boldsymbol{\alpha}_3)+k_3(c\boldsymbol{\alpha}_3-\boldsymbol{\alpha}_1)=\mathbf{0},$$

于是, 得

$$(k_1a-k_3)\boldsymbol{\alpha}_1+(k_2b-k_1)\boldsymbol{\alpha}_2+(k_3c-k_2)\boldsymbol{\alpha}_3=\mathbf{0}.$$

因为 $\boldsymbol{\alpha}_1,\boldsymbol{\alpha}_2,\boldsymbol{\alpha}_3$ 线性无关, 所以, 得到方程组

$$\begin{cases} ak_1-k_3=0, \\ -k_1+bk_2=0, \\ -k_2+ck_3=0. \end{cases}$$

当系数行列式 $\begin{vmatrix} a & 0 & -1 \\ -1 & b & 0 \\ 0 & -1 & c \end{vmatrix}=0$ 时, 该方程组有非零解, 即 $abc=1$ 时, 向量组 $a\boldsymbol{\alpha}_1-\boldsymbol{\alpha}_2,b\boldsymbol{\alpha}_2-\boldsymbol{\alpha}_3,c\boldsymbol{\alpha}_3-\boldsymbol{\alpha}_1$ 线性相关

例 3.7 判断下列向量组的线性相关性:

(1) $\boldsymbol{\alpha}_1=\begin{pmatrix} 1 \\ 0 \\ -1 \end{pmatrix},\boldsymbol{\alpha}_2=\begin{pmatrix} 2 \\ 1 \\ 1 \end{pmatrix},\boldsymbol{\alpha}_3=\begin{pmatrix} 1 \\ 1 \\ 2 \end{pmatrix}$;

(2) $\boldsymbol{\beta}_1=(0,1,2),\boldsymbol{\beta}_2=(1,1,-1),\boldsymbol{\beta}_3=(1,-1,0),\boldsymbol{\beta}_4=(1,1,1)$.

解 (1) 建立齐次线性方程组 $x_1\boldsymbol{\alpha}_1+x_2\boldsymbol{\alpha}_2+x_3\boldsymbol{\alpha}_3=\mathbf{0}$. 整理得

$$\begin{cases} x_1+2x_2+x_3=0, \\ x_2+x_3=0, \\ -x_1+x_2+2x_3=0. \end{cases}$$

该方程组中方程的个数等于未知元的个数, 计算其系数行列式

$$|\boldsymbol{A}|=|(\boldsymbol{\alpha}_1,\boldsymbol{\alpha}_2,\boldsymbol{\alpha}_3)|=\begin{vmatrix} 1 & 2 & 1 \\ 0 & 1 & 1 \\ -1 & 1 & 2 \end{vmatrix}=\begin{vmatrix} 1 & 2 & 1 \\ 0 & 1 & 1 \\ 0 & 3 & 3 \end{vmatrix}=0.$$

因此, 根据 Cramer 法则, 该齐次线性方程组有非零解, 即向量组 $\boldsymbol{\alpha}_1,\boldsymbol{\alpha}_2,\boldsymbol{\alpha}_3$ 线性相关.

(2) 建立齐次线性方程组 $x_1\boldsymbol{\beta}_1+x_2\boldsymbol{\beta}_2+x_3\boldsymbol{\beta}_3+x_4\boldsymbol{\beta}_4=\mathbf{0}$. 整理得

$$\begin{cases} x_2+x_3+x_4=0, \\ x_1+x_2-x_3+x_4=0, \\ 2x_1-x_2+x_4=0. \end{cases}$$

该方程组中方程的个数小于未知元的个数. 根据定理 3.1, 该方程组有非零解, 因此向量组 $\boldsymbol{\beta}_1,\boldsymbol{\beta}_2,\boldsymbol{\beta}_3,\boldsymbol{\beta}_4$ 线性相关.

实际上, 例 3.7 中判断向量组线性相关性的办法是具有一般性的. 如果向量组中向量的维数与向量的个数相等, 可以根据该向量组构成方阵 $\boldsymbol{A}$ 的行列式 $|\boldsymbol{A}|$ 是否为 0, 判断其线性相关性.

定理 3.2 设 n 维向量组 $\boldsymbol{\alpha}_1,\boldsymbol{\alpha}_2,\cdots,\boldsymbol{\alpha}_n$ 构成的矩阵为 $\boldsymbol{A}$, 则该向量组线性相关的充分必要条件是行列式 $|\boldsymbol{A}|=0$, 线性无关的充分必要条件是 $|\boldsymbol{A}|\neq 0$.

例 3.8 判定下列向量组是否线性相关?

$$\boldsymbol{\alpha}_1=(1,2,-1,3),\boldsymbol{\alpha}_2=(0,4,-1,3),\boldsymbol{\alpha}_3=(0,0,5,4),\boldsymbol{\alpha}_4=(0,0,0,1).$$

解 由于向量的个数等于向量的维数, 因此, 根据定理 3.2, 得

$$|\boldsymbol{A}|=|(\boldsymbol{\alpha}_1,\boldsymbol{\alpha}_2,\boldsymbol{\alpha}_3,\boldsymbol{\alpha}_4)^{\mathrm{T}}|=\begin{vmatrix}1&2&-1&3\\0&4&-1&3\\0&0&5&4\\0&0&0&1\end{vmatrix}=20\neq 0.$$

因此, 该向量组线性无关.

如果向量组中向量个数大于向量的维数, 则可根据定理 3.1 和定义 3.3 得到下述定理.

定理 3.3 任意 $n+1$ 个 n 维向量组成的向量组一定线性相关, 进而任意 n 个 $m\ (m<n)$ 维向量组成的向量组一定线性相关.

例 3.9 若向量组 $\boldsymbol{\alpha}_1,\boldsymbol{\alpha}_2,\cdots,\boldsymbol{\alpha}_m$ 线性无关, 向量组 $\boldsymbol{\alpha}_1,\boldsymbol{\alpha}_2,\cdots,\boldsymbol{\alpha}_m,\boldsymbol{\beta}$ 线性相关, 则 $\boldsymbol{\beta}$ 可由向量组 $\boldsymbol{\alpha}_1,\boldsymbol{\alpha}_2,\cdots,\boldsymbol{\alpha}_m$ 唯一线性表示.

证明 由 $\boldsymbol{\beta},\boldsymbol{\alpha}_1,\boldsymbol{\alpha}_2,\cdots,\boldsymbol{\alpha}_m$ 线性相关知方程组

$$k\boldsymbol{\beta}+k_1\boldsymbol{\alpha}_1+k_2\boldsymbol{\alpha}_2+\cdots+k_m\boldsymbol{\alpha}_m=\mathbf{0}$$

有非零解. 下证 $k\neq 0$. 否则, 有 $k_1\boldsymbol{\alpha}_1+k_2\boldsymbol{\alpha}_2+\cdots+k_m\boldsymbol{\alpha}_m=\mathbf{0}$. 由于 $\boldsymbol{\alpha}_1,\boldsymbol{\alpha}_2,\cdots,\boldsymbol{\alpha}_m$ 线性无关, 所以 $k_1=k_2=\cdots=k_m=0$, 即 $\boldsymbol{\beta},\boldsymbol{\alpha}_1,\boldsymbol{\alpha}_2,\cdots,\boldsymbol{\alpha}_m$ 线性无关. 这是矛盾的. 因此 $k\neq 0$, 从而

$$\boldsymbol{\beta}=-\frac{k_1}{k}\boldsymbol{\alpha}_1-\frac{k_2}{k}\boldsymbol{\alpha}_2-\cdots-\frac{k_m}{k}\boldsymbol{\alpha}_m.$$

下证表示唯一性. 设

$$\boldsymbol{\beta}=p_1\boldsymbol{\alpha}_1+p_2\boldsymbol{\alpha}_2+\cdots+p_m\boldsymbol{\alpha}_m=q_1\boldsymbol{\alpha}_1+q_2\boldsymbol{\alpha}_2+\cdots+q_m\boldsymbol{\alpha}_m,$$

则得

$$(p_1-q_1)\boldsymbol{\alpha}_1+(p_2-q_2)\boldsymbol{\alpha}_2+\cdots+(p_m-q_m)\boldsymbol{\alpha}_m=\mathbf{0}.$$

由 $\boldsymbol{\alpha}_1,\boldsymbol{\alpha}_2,\cdots,\boldsymbol{\alpha}_m$ 线性无关, 即得 $p_j = q_j$ $(j = 1,2,\cdots,m)$. 因此, 表示式是唯一的.

定理 3.4 设 $\boldsymbol{\alpha}_i \in \mathbb{R}^n$, $\boldsymbol{\beta}_i \in \mathbb{R}^m$ $(i=1,2,\cdots,s)$ 都是列向量, $\boldsymbol{\gamma}_i = \begin{pmatrix} \boldsymbol{\alpha}_i \\ \boldsymbol{\beta}_i \end{pmatrix}$ $(i=1,2,\cdots,s)$. 若 $\boldsymbol{\gamma}_1,\boldsymbol{\gamma}_2,\cdots,\boldsymbol{\gamma}_s$ 线性相关, 则 $\boldsymbol{\alpha}_1,\boldsymbol{\alpha}_2,\cdots,\boldsymbol{\alpha}_s$ 也线性相关.

证明 由于 $\boldsymbol{\gamma}_1,\boldsymbol{\gamma}_2,\cdots,\boldsymbol{\gamma}_s$ 线性相关, 因此线性方程组

$$x_1\boldsymbol{\gamma}_1 + x_2\boldsymbol{\gamma}_2 + \cdots + x_s\boldsymbol{\gamma}_s = \mathbf{0}$$

有非零解, 即

$$x_1\begin{pmatrix} \boldsymbol{\alpha}_1 \\ \boldsymbol{\beta}_1 \end{pmatrix} + x_2\begin{pmatrix} \boldsymbol{\alpha}_2 \\ \boldsymbol{\beta}_2 \end{pmatrix} + \cdots + x_s\begin{pmatrix} \boldsymbol{\alpha}_s \\ \boldsymbol{\beta}_s \end{pmatrix} = \begin{pmatrix} \mathbf{0}_1 \\ \mathbf{0}_2 \end{pmatrix}$$

有非零解, 其中 $\mathbf{0}_1,\mathbf{0}_2$ 分别为 n 维和 m 维零向量. 由分块矩阵的知识得

$$x_1\boldsymbol{\alpha}_1 + x_2\boldsymbol{\alpha}_2 + \cdots + x_s\boldsymbol{\alpha}_s = \mathbf{0}_1$$

有非零解. 因此, $\boldsymbol{\alpha}_1,\boldsymbol{\alpha}_2,\cdots,\boldsymbol{\alpha}_s$ 线性相关.

定理 3.4 可以等价表述为其逆否命题: 若向量组 $\boldsymbol{\alpha}_1,\boldsymbol{\alpha}_2,\cdots,\boldsymbol{\alpha}_s$ 线性无关, 则 $\boldsymbol{\gamma}_1,\boldsymbol{\gamma}_2,\cdots,\boldsymbol{\gamma}_3$ 也线性无关.

3.3 向量组的秩

3.3.1 极大线性无关组

先给出向量组之间等价的概念.

定义 3.4 设有两个维数相同的向量组

$$A: \boldsymbol{\alpha}_1,\boldsymbol{\alpha}_2,\cdots,\boldsymbol{\alpha}_s; \quad B: \boldsymbol{\beta}_1,\boldsymbol{\beta}_2,\cdots,\boldsymbol{\beta}_t.$$

若 A 中每一个向量都能由 B 中的向量线性表示, 则称向量组 A 可由向量组 B**线性表示**; 若向量组 A 与 B 能够互相线性表示, 则称向量组 A 与 B**等价**.

向量组之间的等价具有下列性质.

(1) 反身性, 即向量组 A 与 A 等价;

(2) 对称性, 即若向量组 A 与 B 等价, 则 B 与 A 也等价;

(3) 传递性, 即若向量组 A 与 B 等价,B 与 C 等价, 则 A 与 C 也等价.

根据向量与矩阵的关系, 以及矩阵乘积的定义, 向量组 A 可由向量组 B 线性表示可以表述为

$$(\boldsymbol{\alpha}_1,\boldsymbol{\alpha}_2,\cdots,\boldsymbol{\alpha}_s) = (\boldsymbol{\beta}_1,\boldsymbol{\beta}_2,\cdots,\boldsymbol{\beta}_t)\boldsymbol{K}, \tag{3.6}$$

其中 $\boldsymbol{K}=(k_{ij})_{t\times s}$ 为这一线性表示的系数矩阵. 这样, 按照定义 3.4, 向量组 A 能由向量组 B 表示的涵义就是, 存在矩阵 $\boldsymbol{K}_{t\times s}$ 使矩阵方程 (3.6) 成立, 也就是该矩阵方程有解.

定义 3.5　设向量组 $A_1:\boldsymbol{\alpha}_{i_1},\boldsymbol{\alpha}_{i_2},\cdots,\boldsymbol{\alpha}_{i_r}$ 是向量组 $A:\boldsymbol{\alpha}_1,\boldsymbol{\alpha}_2,\cdots,\boldsymbol{\alpha}_m$ 的一个部分向量组, 它满足

(1) 向量组 A_1 线性无关;

(2) 向量组 A 中每一向量都可由 A_1 线性表示,

则称向量组 A_1 是向量组 A 的一个**极大线性无关组**.

根据定义 3.5, 线性无关向量组的极大线性无关组就是其本身, 它是唯一的. 进一步, A_1 作为向量组 A 的一个部分向量组, 它自然可以由向量组 A 线性表示. 因此, 由向量组等价的定义 3.4, 极大线性无关组 A_1 与向量组 A 本身等价.

现在的问题是, 一个线性相关的向量组 A 是否一定存在极大线性无关组? 如果存在, 是否唯一? 如果不唯一, 极大线性无关组之间有何关系? 如何求向量组的极大线性无关组? 下面来回答这些问题. 为此, 先看下面的例子.

例 3.10　已知向量组 $A:\boldsymbol{\alpha}_1=\begin{pmatrix}1\\1\end{pmatrix},\boldsymbol{\alpha}_2=\begin{pmatrix}0\\1\end{pmatrix},\boldsymbol{\alpha}_3=\begin{pmatrix}1\\0\end{pmatrix}$, 求向量组 A 的极大线性无关组.

解　首先, 向量组 $\boldsymbol{\alpha}_1,\boldsymbol{\alpha}_2,\boldsymbol{\alpha}_3$ 线性相关, 且向量组 $A_1:\boldsymbol{\alpha}_1,\boldsymbol{\alpha}_2;A_2:\boldsymbol{\alpha}_2,\boldsymbol{\alpha}_3;A_3:\boldsymbol{\alpha}_3,\boldsymbol{\alpha}_1$ 都线性无关. 其次, 由于 $\boldsymbol{\alpha}_3=\boldsymbol{\alpha}_1-\boldsymbol{\alpha}_2$, 所以向量组 A 可以由 A_1 线性表示. 因此向量组 A_1 是 A 的一个极大线性无关组. 另外, 由 $\boldsymbol{\alpha}_1=\boldsymbol{\alpha}_2+\boldsymbol{\alpha}_3,\boldsymbol{\alpha}_2=\boldsymbol{\alpha}_1-\boldsymbol{\alpha}_3$ 可以看出 A_2,A_3 也是向量组 A 的极大线性无关组.

例 3.10 说明, 线性相关向量组的极大线性无关组不唯一. 但要注意, 根据向量组等价的传递性, 上述三个极大线性无关组相互等价. 进一步, 每一个极大线性无关组中所含线性无关向量的个数相同, 它们都是 2. 事实上, 例 3.10 的结论具有一般性. 我们不难证明下述定理.

定理 3.5　一个向量组存在极大线性无关组的充分必要条件是该向量组中至少有一个非零向量. 一个向量组的极大线性无关组一般不具有唯一性, 但同一个向量组的极大线性无关组之间相互等价, 它们含有相同个数的向量.

下面介绍向量组极大线性无关组的求法. 我们采取的办法仍然是以具体例子的讨论来展示有关做法的基本思想和过程.

例 3.11　求向量组

$$\boldsymbol{\alpha}_1=\begin{pmatrix}1\\-2\\-1\\3\end{pmatrix},\boldsymbol{\alpha}_2=\begin{pmatrix}2\\1\\8\\11\end{pmatrix},\boldsymbol{\alpha}_3=\begin{pmatrix}1\\-1\\1\\4\end{pmatrix},\boldsymbol{\alpha}_4=\begin{pmatrix}-2\\1\\-3\\-9\end{pmatrix},\boldsymbol{\alpha}_5=\begin{pmatrix}1\\-4\\-7\\1\end{pmatrix}$$

的极大线性无关组.

解 构造由上述向量组成的矩阵 $\boldsymbol{A}=(\boldsymbol{\alpha}_1,\boldsymbol{\alpha}_2,\boldsymbol{\alpha}_3,\boldsymbol{\alpha}_4,\boldsymbol{\alpha}_5)$, 并对 $\boldsymbol{A}$ 实施初等行变换将其化为行阶梯形, 即

$$\boldsymbol{A}=\begin{pmatrix}1&2&1&-2&1\\-2&1&-1&1&-4\\-1&8&1&-3&-7\\3&11&4&-9&1\end{pmatrix}\to\begin{pmatrix}1&2&1&0&-3\\0&5&1&0&-8\\0&0&0&1&-2\\0&0&0&0&0\end{pmatrix}=\boldsymbol{B}.$$

以 $\boldsymbol{\beta}_1,\boldsymbol{\beta}_2\cdots,\boldsymbol{\beta}_5$ 表示矩阵 $\boldsymbol{B}$ 第 1 列到第 5 列的 5 个列向量, 即 $\boldsymbol{B}=(\boldsymbol{\beta}_1,\boldsymbol{\beta}_2,\boldsymbol{\beta}_3,\boldsymbol{\beta}_4,\boldsymbol{\beta}_5)$. 由于矩阵 $\boldsymbol{B}$ 由矩阵 $\boldsymbol{A}$ 经初等变换得到, 即 $\boldsymbol{A}$ 与 $\boldsymbol{B}$ 等价. 因此, 由向量组 $\boldsymbol{B}$ 的极大线性无关组即可得到向量组 $\boldsymbol{A}$ 的极大线性无关组.

由 $R(\boldsymbol{A})=R(\boldsymbol{B})=3$, 且容易看出,$\boldsymbol{\beta}_1,\boldsymbol{\beta}_2,\boldsymbol{\beta}_4;\boldsymbol{\beta}_1,\boldsymbol{\beta}_2,\boldsymbol{\beta}_5;\boldsymbol{\beta}_1,\boldsymbol{\beta}_3,\boldsymbol{\beta}_4;\boldsymbol{\beta}_1,\boldsymbol{\beta}_3,\boldsymbol{\beta}_5$ 都是向量组 $\boldsymbol{B}$ 的极大线性无关组. 于是, 与此对应的 $\boldsymbol{\alpha}_1,\boldsymbol{\alpha}_2,\boldsymbol{\alpha}_4;\boldsymbol{\alpha}_1,\boldsymbol{\alpha}_2,\boldsymbol{\alpha}_5;\boldsymbol{\alpha}_1,\boldsymbol{\alpha}_3,\boldsymbol{\alpha}_4$ 和 $\boldsymbol{\alpha}_1$, $\boldsymbol{\alpha}_3,\boldsymbol{\alpha}_5$ 都是向量组 $\boldsymbol{A}$ 的极大线性无关组.

由例 3.11 可以看出确定一个向量组极大线性无关组的基本过程是:

(1) 调整给定的向量组为列向量 (若给定的是行向量, 转置即可), 以此组成矩阵 $\boldsymbol{A}$;

(2) 对矩阵 $\boldsymbol{A}$ 实施初等行变换把它化为行阶梯形矩阵;

(3) 从阶梯形矩阵中确定极大线性无关组.

这里要特别注意两点: 首先, 在第 (2) 步只能实施初等行变换, 否则将不能保证上述两个方程组同解; 其次, 第 (3) 步极大线性无关组的选定, 要满足由该向量组组成的矩阵中存在一个 r 阶子式不等于零, 即极大线性无关组中所含向量的个数是 r, 其中 r 为行阶梯形矩阵中非零行的个数.

例 3.12 求下列向量组的秩和一个极大线性无关组:

$$\boldsymbol{\alpha}_1=(1,-1,2,4),\boldsymbol{\alpha}_2=(0,3,1,2),\boldsymbol{\alpha}_3=(3,0,7,14),\boldsymbol{\alpha}_4=(1,-1,2,0),\boldsymbol{\alpha}_5=(2,1,5,6).$$

解 构造矩阵 $\boldsymbol{A}$, 并实施初等行变换, 得

$$\boldsymbol{A}=(\boldsymbol{\alpha}_1^{\mathrm{T}},\boldsymbol{\alpha}_2^{\mathrm{T}},\boldsymbol{\alpha}_3^{\mathrm{T}},\boldsymbol{\alpha}_4^{\mathrm{T}},\boldsymbol{\alpha}_5^{\mathrm{T}})=\begin{pmatrix}1&0&3&1&2\\-1&3&0&-1&1\\2&1&7&2&5\\4&2&14&0&6\end{pmatrix}\to\begin{pmatrix}1&0&3&1&2\\0&1&1&0&1\\0&0&0&1&1\\0&0&0&0&0\end{pmatrix}.$$

因此,$R(\boldsymbol{A})=3$, 且 $\boldsymbol{\alpha}_1^{\mathrm{T}},\boldsymbol{\alpha}_2^{\mathrm{T}},\boldsymbol{\alpha}_4^{\mathrm{T}}$ 为 $\boldsymbol{A}$ 的一个极大线性无关组, 亦即 $\boldsymbol{\alpha}_1,\boldsymbol{\alpha}_2,\boldsymbol{\alpha}_4$ 为原向量组的一个极大线性无关组.

3.3.2 向量组的秩

由定理 3.5, 我们给出向量组的秩的如下定义.

定义 3.6 向量组 A 的极大线性无关组中所含向量的个数称为向量组的**秩**, 记为 $R(A)$. 同时规定, 只有零向量组成的向量组的秩为 0.

显然, 向量组 $A:\boldsymbol{\alpha}_1,\boldsymbol{\alpha}_2,\cdots,\boldsymbol{\alpha}_m$ 的秩满足 $0\leqslant R(A)\leqslant m$, 它就是由该向量组组成的矩阵的秩; 反过来, 对于一个给定的矩阵 $\boldsymbol{A}$, 其行向量组的秩称为 $\boldsymbol{A}$ 的**行秩**, 列向量组的秩称为 $\boldsymbol{A}$ 的**列秩**. 矩阵的秩与其行秩和列秩三者相等.

例 3.13 求下列向量组的秩:

$$(1)\ \boldsymbol{\alpha}_1=\begin{pmatrix}1\\-2\\1\end{pmatrix},\boldsymbol{\alpha}_2=\begin{pmatrix}2\\-4\\2\end{pmatrix},\boldsymbol{\alpha}_3=\begin{pmatrix}1\\0\\3\end{pmatrix},\boldsymbol{\alpha}_4=\begin{pmatrix}0\\-4\\-4\end{pmatrix};$$

(2) $\boldsymbol{\alpha}_1=(2,-1,1,3),\boldsymbol{\alpha}_2=(1,0,4,2),\boldsymbol{\alpha}_3=(-4,2,-2,1)$.

解 (1) 构造矩阵 $\boldsymbol{A}=(\boldsymbol{\alpha}_1,\boldsymbol{\alpha}_2,\boldsymbol{\alpha}_3,\boldsymbol{\alpha}_4)$, 并对 $\boldsymbol{A}$ 实施初等变换将其化为行阶梯形, 即

$$\boldsymbol{A}=\begin{pmatrix}1&2&1&0\\-2&-4&0&-4\\1&2&3&-4\end{pmatrix}\to\begin{pmatrix}1&2&0&2\\0&0&1&-2\\0&0&0&0\end{pmatrix}=\boldsymbol{B}.$$

矩阵 $\boldsymbol{B}$ 的非零行的个数为 2, 因此该向量组的秩为 2.

(2) 构造矩阵 $\boldsymbol{A}=(\boldsymbol{\alpha}_1^{\mathrm{T}},\boldsymbol{\alpha}_2^{\mathrm{T}},\boldsymbol{\alpha}_3^{\mathrm{T}})$, 并对 $\boldsymbol{A}$ 实施初等变换将其化为行阶梯形, 即

$$\boldsymbol{A}=\begin{pmatrix}2&1&-4\\-1&0&2\\1&4&-2\\3&2&1\end{pmatrix}\to\begin{pmatrix}1&0&-2\\0&1&0\\0&0&7\\0&0&0\end{pmatrix}=\boldsymbol{B}.$$

矩阵 $\boldsymbol{B}$ 的非零行为 3, 因此该向量组的秩为 3. 另外, 由于转置不改变矩阵的秩, 所以我们也可以通过计算矩阵 $\boldsymbol{C}=\begin{pmatrix}\boldsymbol{\alpha}_1\\\boldsymbol{\alpha}_2\\\boldsymbol{\alpha}_3\end{pmatrix}=\begin{pmatrix}2&-1&1&3\\1&0&4&2\\-4&2&-2&1\end{pmatrix}$ 的秩给出该向量组的秩. 实际上, 对 $\boldsymbol{C}$ 实施初等变换, 可得

$$\boldsymbol{C}\to\begin{pmatrix}1&0&4&2\\0&1&7&1\\0&0&0&7\end{pmatrix}=\boldsymbol{D}.$$

矩阵 $\boldsymbol{D}$ 的非零行数为 3, 因此该向量组的秩为 3.

结合定义 3.5 和定义 3.6, 容易给出如下定理.

定理 3.6 如果向量组 $A:\boldsymbol{\alpha}_1,\boldsymbol{\alpha}_2,\cdots,\boldsymbol{\alpha}_m$ 的秩为 $r\ (r>0)$, 则该向量组中任意 r 个线性无关的向量组都是它的一个极大线性无关组. 向量组 A 线性无关的充分必要条件是 $r=m$; 向量组 A 线性相关的充分必要条件是 $r<m$.

3.3.3 向量组等价的判定

下面的定理给出利用向量组的秩来判断向量组之间的线性表示和等价问题的一个办法. 它对于具体应用是一个比较有力的工具. 其证明, 请读者自行思考.

定理 3.7 向量组 $A:\boldsymbol{\alpha}_1,\boldsymbol{\alpha}_2,\cdots,\boldsymbol{\alpha}_s$ 可以由向量组 $B:\boldsymbol{\beta}_1,\boldsymbol{\beta}_2,\cdots,\boldsymbol{\beta}_t$ 线性表示的充分必要条件为

$$R(B)=R(A,B).$$

根据定理 3.7, 可得以下 2 个推论.

推论 3.1 向量组 A 能由向量组 B 线性表示, 则 $R(A)\leqslant R(B)$; 向量组 A 与 B 等价的充分必要条件为 $R(A)=R(B)=R(A,B)$.

推论 3.2 如果向量组 $A:\boldsymbol{\alpha}_1,\boldsymbol{\alpha}_2,\cdots,\boldsymbol{\alpha}_s$ 可以由向量组 $B:\boldsymbol{\beta}_1,\boldsymbol{\beta}_2,\cdots,\boldsymbol{\beta}_t$ 线性表示, 且 $s>t$, 则向量组 A 一定线性相关.

推论 3.1 再次说明, 等价的向量组有相同的秩. 但其逆命题不成立, 即两个秩相等的向量组未必等价. 例如 $A:\boldsymbol{\alpha}_1=(1,0,0),\boldsymbol{\alpha}_2=(1,1,0)$; $B:\boldsymbol{\beta}_1=(1,0,1),\boldsymbol{\beta}_2=(1,1,1)$, 尽管它们的秩都是 2, 但它们显然不等价.

例 3.14 证明下列向量组 $\boldsymbol{A}$ 与 $\boldsymbol{B}$ 等价:

$$\boldsymbol{A}:\boldsymbol{\alpha}_1=(3,-1,1,0)^{\mathrm{T}},\boldsymbol{\alpha}_2=(1,0,3,1)^{\mathrm{T}},\boldsymbol{\alpha}_3=(-2,1,2,1)^{\mathrm{T}};$$

$$\boldsymbol{B}:\boldsymbol{\beta}_1=(0,1,8,3)^{\mathrm{T}},\boldsymbol{\beta}_2=(-1,1,5,2)^{\mathrm{T}}.$$

解 只要证明 $R(\boldsymbol{A})=R(\boldsymbol{B})=R(\boldsymbol{A},\boldsymbol{B})$ 即可. 为此, 利用初等行变换化矩阵 $(\boldsymbol{A},\boldsymbol{B})$ 为行最简形, 即

$$(\boldsymbol{A},\boldsymbol{B})=\begin{pmatrix}3&1&-2&0&-1\\-1&0&1&1&1\\1&3&2&8&5\\0&1&1&3&2\end{pmatrix}\to\begin{pmatrix}1&0&-1&-1&-1\\0&1&1&3&2\\0&0&0&0&0\\0&0&0&0&0\end{pmatrix}.$$

可见,$R(\boldsymbol{A})=R(\boldsymbol{B})=R(\boldsymbol{A},\boldsymbol{B})=2$, 即向量组 $\boldsymbol{A}$ 与 $\boldsymbol{B}$ 等价.

例 3.15 已知两个向量组

$$\boldsymbol{\alpha}_1=(1,2,3)^{\mathrm{T}},\boldsymbol{\alpha}_2=(1,0,1)^{\mathrm{T}} \text{ 与 } \boldsymbol{\beta}_1=(-1,2,t)^{\mathrm{T}},\boldsymbol{\beta}_2=(4,1,5)^{\mathrm{T}}.$$

(1) 当 t 为何值时, 两个向量组等价?

(2) 两个向量组等价时, 求出它们之间的线性表示式.

解　(1) 对矩阵 $\boldsymbol{A}=(\boldsymbol{\alpha}_1,\boldsymbol{\alpha}_2,\boldsymbol{\beta}_1,\boldsymbol{\beta}_2)$ 作初等行变换, 得

$$\boldsymbol{A}=\begin{pmatrix}1&1&-1&4\\2&0&2&1\\3&1&t&5\end{pmatrix}\to\begin{pmatrix}1&1&-1&4\\0&-2&4&-7\\0&0&t-1&0\end{pmatrix}.$$

当 $t=1$ 时,

$$R(\boldsymbol{\alpha}_1,\boldsymbol{\alpha}_2,\boldsymbol{\beta}_1)=R(\boldsymbol{\alpha}_1,\boldsymbol{\alpha}_2,\boldsymbol{\beta}_2)=R(\boldsymbol{\alpha}_1,\boldsymbol{\alpha}_2),$$

$$R(\boldsymbol{\alpha}_1,\boldsymbol{\beta}_1,\boldsymbol{\beta}_2)=R(\boldsymbol{\alpha}_2,\boldsymbol{\beta}_1,\boldsymbol{\beta}_2)=R(\boldsymbol{\beta}_1,\boldsymbol{\beta}_2),$$

即 $\boldsymbol{\alpha}_1,\boldsymbol{\alpha}_2$ 与 $\boldsymbol{\beta}_1,\boldsymbol{\beta}_2$ 可相互线性表示, 从而等价.

(2) 进一步, 当 $t=1$ 时,

$$\boldsymbol{A}\to\begin{pmatrix}1&1&-1&4\\0&-2&4&-7\\0&0&0&0\end{pmatrix}\to\begin{pmatrix}1&0&1&\dfrac{1}{2}\\0&1&-2&\dfrac{7}{2}\\0&0&0&0\end{pmatrix}.$$

因此,

$$\boldsymbol{\beta}_1=\boldsymbol{\alpha}_1-2\boldsymbol{\alpha}_2,\quad \boldsymbol{\beta}_2=\frac{1}{2}\boldsymbol{\alpha}_1+\frac{7}{2}\boldsymbol{\alpha}_2.$$

3.4　线性空间初步

3.4.1　线性空间的定义

定义 3.7　给定非空集合 V. 在 V 的元素间定义一种运算, 称为**加法**, 它使得对任意的 $\boldsymbol{\alpha},\boldsymbol{\beta}\in V$, 存在唯一的元素 $\boldsymbol{\gamma}\in V$ 与 $\boldsymbol{\alpha}$ 和 $\boldsymbol{\beta}$ 相对应, 记为 $\boldsymbol{\gamma}=\boldsymbol{\alpha}+\boldsymbol{\beta}$, 称作 $\boldsymbol{\alpha}$ 与 $\boldsymbol{\beta}$ 的**和**, 满足:

(1) $\boldsymbol{\alpha}+\boldsymbol{\beta}=\boldsymbol{\beta}+\boldsymbol{\alpha},\ \boldsymbol{\alpha},\boldsymbol{\beta}\in V$;

(2) $(\boldsymbol{\alpha}+\boldsymbol{\beta})+\boldsymbol{\theta}=\boldsymbol{\alpha}+(\boldsymbol{\beta}+\boldsymbol{\theta}),\boldsymbol{\alpha},\boldsymbol{\beta},\boldsymbol{\theta}\in V$;

(3) V 中存在一个元素 $\mathbf{0}$, 称为零元素, 使得对任意的 $\boldsymbol{\alpha}\in V$, 总有 $\boldsymbol{\alpha}+\mathbf{0}=\boldsymbol{\alpha}$;

(4) 对任意 $\boldsymbol{\alpha}\in V$, V 中总存在元素 $\boldsymbol{\alpha}'$, 使得 $\boldsymbol{\alpha}+\boldsymbol{\alpha}'=\mathbf{0}$, $\boldsymbol{\alpha}'$ 称为 $\boldsymbol{\alpha}$ 的负元素, 记为 $-\boldsymbol{\alpha}$.

进一步, 在实数域 $\mathbb{R}$ 和 V 的元素间定义一种运算, 称为数乘, 它使得对任意的 $\boldsymbol{\alpha}\in V,k\in\mathbb{R}$, 存在唯一的元素 $\boldsymbol{\eta}\in V$ 与 k 和 $\boldsymbol{\alpha}$ 相对应, 记为 $\boldsymbol{\eta}=k\boldsymbol{\alpha}$, 称作 k 与 $\boldsymbol{\alpha}$ 的**数乘**, 满足:

(5) $1\boldsymbol{\alpha}=\boldsymbol{\alpha},\boldsymbol{\alpha}\in V$;

(6) $k(l\boldsymbol{\alpha})=(kl)\boldsymbol{\alpha}=l(k\boldsymbol{\alpha}),k,l\in\mathbb{R},\boldsymbol{\alpha}\in V$;

(7) $(k+l)\boldsymbol{\alpha}=k\boldsymbol{\alpha}+l\boldsymbol{\alpha},\ k,l\in\mathbb{R},\boldsymbol{\alpha}\in V$;

(8) $k(\boldsymbol{\alpha}+\boldsymbol{\beta})=k\boldsymbol{\alpha}+k\boldsymbol{\beta},\ k\in\mathbb{R},\boldsymbol{\alpha},\boldsymbol{\beta}\in V$.

具有上述加法和数乘运算的非空集合 V 称为实数域 $\mathbb{R}$ 上的**线性空间**. 线性空间中的元素通常也称为**向量**. 因此, 线性空间有时也称为**向量空间**.

由定义不难看出, 线性空间的零元素和任一元素的负元素都是唯一的. 这是因为: 如果假设 $\mathbf{0}'$ 也是 V 的零元素, 即对任意的 $\boldsymbol{\alpha}\in V$, 总有 $\boldsymbol{\alpha}+\mathbf{0}'=\boldsymbol{\alpha}$, 则 $\mathbf{0}'=\mathbf{0}+\mathbf{0}'=\mathbf{0}$; 如果假设 $\boldsymbol{\alpha}''$ 也是 $\boldsymbol{\alpha}$ 的负元素, 即 $\boldsymbol{\alpha}+\boldsymbol{\alpha}''=\mathbf{0}$, 则

$$\boldsymbol{\alpha}''=\mathbf{0}+\boldsymbol{\alpha}''=(\boldsymbol{\alpha}'+\boldsymbol{\alpha})+\boldsymbol{\alpha}''=\boldsymbol{\alpha}'+\mathbf{0}=\boldsymbol{\alpha}'.$$

由定义还可看出, $0\boldsymbol{\alpha}=\mathbf{0},(-1)\boldsymbol{\alpha}=-\boldsymbol{\alpha}$. 前者是因为

$$\begin{aligned}0\boldsymbol{\alpha} &= \mathbf{0}+0\boldsymbol{\alpha}=((-\boldsymbol{\alpha})+\boldsymbol{\alpha})+0\boldsymbol{\alpha}=(-\boldsymbol{\alpha})+(\boldsymbol{\alpha}+0\boldsymbol{\alpha})\\ &= (-\boldsymbol{\alpha})+(1\boldsymbol{\alpha}+0\boldsymbol{\alpha})=(-\boldsymbol{\alpha})+(1+0)\boldsymbol{\alpha}\\ &= (-\boldsymbol{\alpha})+1\boldsymbol{\alpha}=(-\boldsymbol{\alpha})+\boldsymbol{\alpha}=\mathbf{0};\end{aligned}$$

后者是因为 $\boldsymbol{\alpha}+(-1)\boldsymbol{\alpha}=1\boldsymbol{\alpha}+(-1)\boldsymbol{\alpha}=[1+(-1)]\boldsymbol{\alpha}=0\boldsymbol{\alpha}=\mathbf{0}$.

另外, 若 $k\boldsymbol{\alpha}=\mathbf{0}$, 则有 $k=0$ 或 $\boldsymbol{\alpha}=\mathbf{0}$. 这是因为: 如果 $k\neq 0$, 则

$$\begin{aligned}\boldsymbol{\alpha} &= k^{-1}(k\boldsymbol{\alpha})=k^{-1}\mathbf{0}=k^{-1}(\mathbf{0}+\mathbf{0})=k^{-1}\mathbf{0}+k^{-1}\mathbf{0}=k^{-1}\mathbf{0}+k^{-1}[(-1)\mathbf{0}]\\ &= k^{-1}\mathbf{0}+[k^{-1}(-1)]\mathbf{0}=k^{-1}\mathbf{0}+(-k^{-1})\mathbf{0}=[k^{-1}+(-k^{-1})]\mathbf{0}=0\mathbf{0}=\mathbf{0}.\end{aligned}$$

需要注意的是, 定义 3.7 中的“向量”通常比前边已经学习过的“n 维向量”具有更加广泛的意义, 因而更具有一般性和抽象性. 其“加法”和“数乘”运算, 也比我们已经学习过的矩阵的加法和数乘运算意义更加广泛. 所以, 矩阵的加法和数乘运算可以看作这里的特殊情况. 因此, 对于给定的自然数 m 和 n, 所有 $m\times n$ 矩阵按照矩阵的加法和矩阵与实数的数乘运算, 构成实线性空间, 记为 $\mathbb{R}^{m\times n}$. 对此, 任何一个 $m\times n$ 矩阵 $\boldsymbol{A}$ 都是线性空间 $\mathbb{R}^{m\times n}$ 的一个向量. 特别地, 如果 $n=1$ 或 $m=1$, 则 $\mathbb{R}^{m\times n}$ 分别是通常的 m 维列向量空间和 n 维行向量空间.

作为例子, 不难验证, $[a,b]$ 区间上的所有实连续函数, 按照函数的加法和函数与实数的乘法, 构成实线性空间. 该线性空间通常记为 $C([a,b])$. 此时, 连续函数 $f(x)$ 为线性空间 $C([a,b])$ 中的向量. 再如, 对于全体正实数集合 $\mathbb{R}_+$, 如果抽象地定义其中的“加法 $\oplus$”和“数乘 $\otimes$”运算为:

$$a\oplus b=ab,\quad k\otimes a=a^k,\quad k\in\mathbb{R},a,b\in\mathbb{R}_+,$$

这里 ab 和 a^k 分别是通常实数的乘法和指数运算, 则不难验证 $\mathbb{R}_+$ 也构成实线性空间.

定义 3.8　设 V 是 $\mathbb{R}$ 上的线性空间,W 是 V 的非空子集合. 若 W 对 V 中定义的加法和数乘运算封闭, 则称 W 是 V 的**线性子空间**.

根据定义 3.8, 线性空间 V 的仅含零向量的子集合是 V 的一个子空间, 常称为**零子空间**; V 本身也是 V 的一个子空间.

例 3.16　设 V 是 $\mathbb{R}$ 上的线性空间,$\boldsymbol{\alpha}_1, \boldsymbol{\alpha}_2, \cdots, \boldsymbol{\alpha}_m$ 是 V 中的一组向量, 则

$$L(\boldsymbol{\alpha}_1, \boldsymbol{\alpha}_2, \cdots, \boldsymbol{\alpha}_m) = \{\boldsymbol{\alpha} | \boldsymbol{\alpha} = \sum_{i=1}^{m} k_i \boldsymbol{\alpha}_i, k_i \in \mathbb{R}\}$$

是 V 的子空间. 这个子空间是由向量 $\boldsymbol{\alpha}_1, \boldsymbol{\alpha}_2, \cdots, \boldsymbol{\alpha}_m$ 的所有线性组合构成的, 称为向量 $\boldsymbol{\alpha}_1, \boldsymbol{\alpha}_2, \cdots, \boldsymbol{\alpha}_m$ 的**生成子空间**.

例 3.17　容易验证, 实数集合 $\{(x_1, x_2, x_3) | x_3 = 0\}$ 和 $\{(x_1, x_2, x_3) | x_1 + x_2 + x_3 = 0\}$ 都是线性空间 $\mathbb{R}^3$ 的子空间. 但实数集合 $\{(x_1, x_2, x_3) | x_3 \geqslant 0\}$ 和 $\{(x_1, x_2, x_3) | x_1 + x_2 + x_3 = 1\}$ 都不是线性空间 $\mathbb{R}^3$ 的子空间.

3.4.2　线性空间的维数、基与向量的坐标

对于线性空间, 我们主要讨论它的维数、基、向量的坐标和基与基之间的变换等基本内容. 需要指出, 对线性空间中的向量, 也可以同 n 维向量一样, 讨论它们的线性相关性、极大线性无关组、向量组的秩、线性表示、等价等概念, 而且有关结论也依然成立, 这里不再一一赘述.

我们知道, 在向量空间 $\mathbb{R}^n$ 中, 任意 $\boldsymbol{\alpha} \in \mathbb{R}^n$ 可以由基本单位向量组 $\boldsymbol{e}_1, \boldsymbol{e}_2, \cdots, \boldsymbol{e}_n$ 唯一地线性表示. 作为类比和推广, 我们给出下述定义.

定义 3.9　设 V 是 $\mathbb{R}$ 上的线性空间,$\boldsymbol{\alpha}_1, \boldsymbol{\alpha}_2, \cdots, \boldsymbol{\alpha}_r$ 是 V 中一个线性无关的向量组. 如果任意的 $\boldsymbol{\alpha} \in V$ 都可由这组向量唯一地线性表示为

$$\boldsymbol{\alpha} = a_1\boldsymbol{\alpha}_1 + a_2\boldsymbol{\alpha}_2 + \cdots + a_r\boldsymbol{\alpha}_r = (\boldsymbol{\alpha}_1, \boldsymbol{\alpha}_2, \cdots, \boldsymbol{\alpha}_r)\begin{pmatrix} a_1 \\ a_2 \\ \vdots \\ a_r \end{pmatrix}, \tag{3.7}$$

则称 $\boldsymbol{\alpha}_1, \boldsymbol{\alpha}_2, \cdots, \boldsymbol{\alpha}_r$ 为线性空间 V 的一组**基**, $a_1, a_2, \cdots, a_r$ 称为向量 $\boldsymbol{\alpha}$ 在这组基下的**坐标**, 记为 $(a_1, a_2, \cdots, a_r)^{\mathrm{T}}$. 不同基中所含元素的个数 r 是相等的, 称为 V 的**维数**, 记为 $\dim(V) = r$.

显然, 在 r 维线性空间 V 中取定一组基后, V 中元素在这组基下通过式 (3.7) 与 r 维向量 $(a_1, a_2, \cdots, a_r)^{\mathrm{T}}$ 建立了一一对应关系. 特别地, 当 V 是 n 维实线性空间时,V 与 $\mathbb{R}^n$ 之间就建立了一一对应关系. 这也是我们把线性空间中的元素称为向量的原因.

下面通过几个例子来介绍如何确定线性空间 V 的基以及线性空间 V 的基与基之间的关系.

例 3.18 求实线性空间 $V=\{(x_1,x_2,x_3)|x_1+x_2+x_3=0\}$ 的一组基和维数.

解 对任意的 $\boldsymbol{x}=(x_1,x_2,x_3)\in V$, 有

$$\boldsymbol{x}=(-x_2-x_3,x_2,x_3)=x_2(-1,1,0)+x_3(-1,0,1).$$

容易验证向量 $\boldsymbol{\alpha}_1=(-1,1,0),\boldsymbol{\alpha}_2=(-1,0,1)$ 线性无关. 因此 $\boldsymbol{\alpha}_1,\boldsymbol{\alpha}_2$ 为 V 的一组基, 其维数为 2.

例 3.19 在例 3.16 中定义的线性空间, 向量组 $\boldsymbol{\alpha}_1,\boldsymbol{\alpha}_2,\cdots,\boldsymbol{\alpha}_m$ 的任何一个极大线性无关组都是它的一组基, 其维数为该向量组的秩.

例 3.20 确定实线性空间 $V=\mathbb{R}^{2\times 2}$ 的维数与一组基.

解 由于对任意的 $\boldsymbol{A}=\begin{pmatrix} a & b \\ c & d \end{pmatrix}\in V\ (a,b,c,d\in\mathbb{R})$, 我们有

$$\boldsymbol{A}=a\boldsymbol{e}_{11}+b\boldsymbol{e}_{12}+c\boldsymbol{e}_{21}+d\boldsymbol{e}_{22},$$

其中 $\boldsymbol{e}_{11}=\begin{pmatrix} 1 & 0 \\ 0 & 0 \end{pmatrix},\boldsymbol{e}_{12}=\begin{pmatrix} 0 & 1 \\ 0 & 0 \end{pmatrix},\boldsymbol{e}_{21}=\begin{pmatrix} 0 & 0 \\ 1 & 0 \end{pmatrix},\boldsymbol{e}_{22}=\begin{pmatrix} 0 & 0 \\ 0 & 1 \end{pmatrix}$. 容易验证 $\boldsymbol{e}_{11},\boldsymbol{e}_{12},\boldsymbol{e}_{21},\boldsymbol{e}_{22}$ 线性无关, 因此, $\boldsymbol{e}_{11},\boldsymbol{e}_{12},\boldsymbol{e}_{21},\boldsymbol{e}_{22}$ 就是 V 的一组基, 并且 V 的维数为 4.

例 3.21 设 $\mathbb{R}_5[x]$ 是所有次数小于 5 的实系数一元多项式构成的线性空间, 求其一组基和维数.

解 容易验证 $1,x,x^2,x^3,x^4\in\mathbb{R}_5[x]$, 且线性无关. 另一方面, 对任意的 $f(x)\in\mathbb{R}_5[x]$, 显然 $f(x)$ 可以表示为

$$f(x)=a_0+a_1x+a_2x^2+a_3x^3+a_4x^4.$$

因此,$1,x,x^2,x^3,x^4$ 是 $\mathbb{R}_5[x]$ 的一组基, 并且 $\mathbb{R}_5[x]$ 的维数为 5.

3.4.3 线性空间的基变换

现在来讨论线性空间 V 的两组基之间的关系, 在此基础上, 讨论 V 的任意向量在不同基下的坐标之间的关系. 设 $\boldsymbol{\alpha}_1,\boldsymbol{\alpha}_2,\cdots,\boldsymbol{\alpha}_n$ 和 $\boldsymbol{\beta}_1,\boldsymbol{\beta}_2,\cdots,\boldsymbol{\beta}_n$ 是 n 维线性空间 V 的两组基. 根据基的定义, 这两组基之间可以相互线性表示, 所以

$$\begin{cases} \boldsymbol{\beta}_1=a_{11}\boldsymbol{\alpha}_1+a_{21}\boldsymbol{\alpha}_2+\cdots+a_{n1}\boldsymbol{\alpha}_n, \\ \boldsymbol{\beta}_2=a_{12}\boldsymbol{\alpha}_1+a_{22}\boldsymbol{\alpha}_2+\cdots+a_{n2}\boldsymbol{\alpha}_n, \\ \qquad\cdots\cdots \\ \boldsymbol{\beta}_n=a_{1n}\boldsymbol{\alpha}_1+a_{2n}\boldsymbol{\alpha}_2+\cdots+a_{nn}\boldsymbol{\alpha}_n, \end{cases}$$

或简写为

$$(\boldsymbol{\beta}_1,\boldsymbol{\beta}_2,\cdots,\boldsymbol{\beta}_n)=(\boldsymbol{\alpha}_1,\boldsymbol{\alpha}_2,\cdots,\boldsymbol{\alpha}_n)\boldsymbol{A},\quad \boldsymbol{A}=(a_{ij})_{n\times n},\tag{3.8}$$

其中 a_{ij} 为实数. 称式 (3.8) 中的矩阵 $\boldsymbol{A}$ 为由基 $\boldsymbol{\alpha}_1,\boldsymbol{\alpha}_2,\cdots,\boldsymbol{\alpha}_n$ 到基 $\boldsymbol{\beta}_1,\boldsymbol{\beta}_2,\cdots,\boldsymbol{\beta}_n$ 的**过渡矩阵**.

不难看出, 过渡矩阵 $\boldsymbol{A}$ 是可逆的, 并且, 由式 (3.8), 矩阵 $\boldsymbol{A}$ 的逆矩阵 $\boldsymbol{A}^{-1}$ 为由基 $\boldsymbol{\beta}_1,\boldsymbol{\beta}_2,\cdots,\boldsymbol{\beta}_n$ 到基 $\boldsymbol{\alpha}_1,\boldsymbol{\alpha}_2,\cdots,\boldsymbol{\alpha}_n$ 的过渡矩阵. 进一步, 设向量 $\boldsymbol{\gamma}\in V$ 在这两组基下的坐标分别为 $\boldsymbol{x}=(x_1,x_2,\cdots,x_n)^{\mathrm{T}}$ 和 $\boldsymbol{y}=(y_1,y_2,\cdots,y_n)^{\mathrm{T}}$, 即

$$\boldsymbol{\gamma}=(\boldsymbol{\alpha}_1,\boldsymbol{\alpha}_2,\cdots,\boldsymbol{\alpha}_n)\boldsymbol{x}=(\boldsymbol{\beta}_1,\boldsymbol{\beta}_2,\cdots,\boldsymbol{\beta}_n)\boldsymbol{y}.$$

则由式 (3.8) 得

$$\boldsymbol{x}=\boldsymbol{A}\boldsymbol{y}\quad(\boldsymbol{y}=\boldsymbol{A}^{-1}\boldsymbol{x}).\tag{3.9}$$

式 (3.9) 称为**坐标变换**.

例 3.22　给定 $\mathbb{R}^3$ 中两组基

$$\boldsymbol{\alpha}_1=\begin{pmatrix}1\\2\\1\end{pmatrix},\boldsymbol{\alpha}_2=\begin{pmatrix}2\\3\\3\end{pmatrix},\boldsymbol{\alpha}_3=\begin{pmatrix}3\\7\\1\end{pmatrix}$$

和

$$\boldsymbol{\beta}_1=\begin{pmatrix}3\\1\\4\end{pmatrix},\boldsymbol{\beta}_2=\begin{pmatrix}5\\2\\1\end{pmatrix},\boldsymbol{\beta}_3=\begin{pmatrix}1\\1\\-6\end{pmatrix}.$$

(1) 求由 $\boldsymbol{\alpha}_1,\boldsymbol{\alpha}_2,\boldsymbol{\alpha}_3$ 到 $\boldsymbol{\beta}_1,\boldsymbol{\beta}_2,\boldsymbol{\beta}_3$ 的过渡矩阵;

(2) 向量 $\boldsymbol{\gamma}$ 在基 $\boldsymbol{\beta}_1,\boldsymbol{\beta}_2,\boldsymbol{\beta}_3$ 下的坐标为 $(1,-1,0)^{\mathrm{T}}$, 求 $\boldsymbol{\gamma}$ 在基 $\boldsymbol{\alpha}_1,\boldsymbol{\alpha}_2,\boldsymbol{\alpha}_3$ 下的坐标.

解　(1) 由式 (3.8) 得下述矩阵方程

$$\begin{pmatrix}3&5&1\\1&2&1\\4&1&-6\end{pmatrix}=\begin{pmatrix}1&2&3\\2&3&7\\1&3&1\end{pmatrix}\boldsymbol{A},$$

其中 $\boldsymbol{A}$ 是要求的过渡矩阵, 解得 $\boldsymbol{A}=\begin{pmatrix}-27&-71&-41\\9&20&9\\4&12&8\end{pmatrix}$.

(2) 根据式 (3.9), $\boldsymbol{\gamma}$ 在 $\boldsymbol{\alpha}_1,\boldsymbol{\alpha}_2,\boldsymbol{\alpha}_3$ 下的坐标为 $\boldsymbol{A}\begin{pmatrix}1\\-1\\0\end{pmatrix}=\begin{pmatrix}44\\-11\\-8\end{pmatrix}$.

例 3.23 已知 $\boldsymbol{e}_{11}=\begin{pmatrix}1&0\\0&0\end{pmatrix},\boldsymbol{e}_{12}=\begin{pmatrix}0&1\\0&0\end{pmatrix},\boldsymbol{e}_{22}=\begin{pmatrix}0&0\\0&1\end{pmatrix}$ 是实线性空间

$$V=\left\{\begin{pmatrix}a&b\\0&c\end{pmatrix}\middle|a,b,c\in\mathbb{R}\right\}$$

的一组基.

(1) 证明 $\boldsymbol{\alpha}_1=\begin{pmatrix}1&1\\0&0\end{pmatrix},\boldsymbol{\alpha}_2=\begin{pmatrix}1&0\\0&1\end{pmatrix},\boldsymbol{\alpha}_3=\begin{pmatrix}0&1\\0&1\end{pmatrix}$ 也是 V 的一组基, 并求由 $\boldsymbol{e}_{11},\boldsymbol{e}_{12},\boldsymbol{e}_{22}$ 到 $\boldsymbol{\alpha}_1,\boldsymbol{\alpha}_2,\boldsymbol{\alpha}_3$ 的过渡矩阵;

(2) 求 $\boldsymbol{\alpha}=\begin{pmatrix}2&-1\\0&-3\end{pmatrix}$ 在基$\boldsymbol{\alpha}_1,\boldsymbol{\alpha}_2,\boldsymbol{\alpha}_3$ 下的坐标.

解 (1) 不难看出, $\boldsymbol{\alpha}_1=\boldsymbol{e}_{11}+\boldsymbol{e}_{12},\boldsymbol{\alpha}_2=\boldsymbol{e}_{11}+\boldsymbol{e}_{22},\boldsymbol{\alpha}_3=\boldsymbol{e}_{12}+\boldsymbol{e}_{22}$. 于是,

$$\boldsymbol{\alpha}_1=(\boldsymbol{e}_{11},\boldsymbol{e}_{12},\boldsymbol{e}_{22})\begin{pmatrix}1\\1\\0\end{pmatrix},\boldsymbol{\alpha}_2=(\boldsymbol{e}_{11},\boldsymbol{e}_{12},\boldsymbol{e}_{22})\begin{pmatrix}1\\0\\1\end{pmatrix},\boldsymbol{\alpha}_3=(\boldsymbol{e}_{11},\boldsymbol{e}_{12},\boldsymbol{e}_{22})\begin{pmatrix}0\\1\\1\end{pmatrix}.$$

所以,

$$(\boldsymbol{\alpha}_1,\boldsymbol{\alpha}_2,\boldsymbol{\alpha}_3)=(\boldsymbol{e}_{11},\boldsymbol{e}_{12},\boldsymbol{e}_{22})\boldsymbol{A},\quad \boldsymbol{A}=\begin{pmatrix}1&1&0\\1&0&1\\0&1&1\end{pmatrix}.$$

易见矩阵 $\boldsymbol{A}$ 可逆, 因此 $\boldsymbol{\alpha}_1,\boldsymbol{\alpha}_2,\boldsymbol{\alpha}_3$ 是 V 的一组基, 且由 $\boldsymbol{e}_{11},\boldsymbol{e}_{12},\boldsymbol{e}_{22}$ 到 $\boldsymbol{\alpha}_1,\boldsymbol{\alpha}_2,\boldsymbol{\alpha}_3$ 的过渡矩阵为 $\boldsymbol{A}$.

(2) 由于 $\boldsymbol{\alpha}=(\boldsymbol{e}_{11},\boldsymbol{e}_{12},\boldsymbol{e}_{22})\begin{pmatrix}2\\-1\\-3\end{pmatrix}$, 因此, $\boldsymbol{\alpha}$ 在 $\boldsymbol{\alpha}_1,\boldsymbol{\alpha}_2,\boldsymbol{\alpha}_3$ 下的坐标为

$$\boldsymbol{A}^{-1}\begin{pmatrix}2\\-1\\-3\end{pmatrix}=\begin{pmatrix}2\\0\\-3\end{pmatrix}.$$

3.5 线性方程组解的结构与求解

本节来讨论齐次线性方程组 (3.5) 和非齐次线性方程组 (3.4) 解的结构与求解问题. 对于 (3.5), 主要讨论它何时只有零解, 何时有非零解, 解与解之间的关系, 以及如何求解. 对于 (3.4), 主要讨论它何时无解, 何时有唯一解, 何时有无穷多解, 解

与解之间的关系, 以及如何求解. 为叙述方便, 把 (3.5) 的解集合记为 S_0, (3.4) 的解集合记为 S_b.

3.5.1　齐次线性方程组解的结构与求解

首先容易证明下述定理.

定理 3.8　设 $\boldsymbol{x}_1, \boldsymbol{x}_2 \in S_0, k \in \mathbb{R}$, 则 $\boldsymbol{x}_1 + \boldsymbol{x}_2 \in S_0, \quad k\boldsymbol{x}_1 \in S_0$.

根据定理 3.8, 容易看到, 齐次线性方程组 (3.5) 的解集合 S_0 是一个线性空间, 称为齐次线性方程组 (3.5) 的**解空间**. 既然 S_0 是线性空间, 我们自然想知道如何确定其维数和它的一组基, 进而清楚地了解 S_0 的结构, 即齐次线性方程组 (3.5) 解的结构. 因此, 我们给出如下定义.

定义 3.10　设 $\boldsymbol{x}_1, \boldsymbol{x}_2, \cdots, \boldsymbol{x}_t$ 是齐次线性方程组 (3.5) 的解向量. 如果 $\boldsymbol{x}_1, \boldsymbol{x}_2, \cdots, \boldsymbol{x}_t$ 线性无关, 且方程组 (3.5) 的任意一个解都可以由 $\boldsymbol{x}_1, \boldsymbol{x}_2, \cdots, \boldsymbol{x}_t$ 线性表示, 则称 $\boldsymbol{x}_1, \boldsymbol{x}_2, \cdots, \boldsymbol{x}_t$ 是齐次线性方程组 (3.5) 的一个**基础解系**.

根据定义 3.10, 如果找到了基础解系 $\boldsymbol{x}_1, \boldsymbol{x}_2, \cdots, \boldsymbol{x}_t$, 那么方程组 (3.5) 的所有解 $\boldsymbol{x}$ 都可以表示为 $\boldsymbol{x} = k_1\boldsymbol{x}_1 + k_2\boldsymbol{x}_2 + \cdots + k_t\boldsymbol{x}_t$, 且 S_0 的维数 $\dim(S_0) = t$, 其中 $k_1, k_2, \cdots, k_t$ 为任意实数. 这样, 齐次线性方程组的求解问题就归结为确定其基础解系的问题.

定理 3.9　设 $\boldsymbol{A}_{m\times n}$ 的秩 $R(\boldsymbol{A}) = r < n$, 则齐次线性方程组 (3.5) 存在基础解系, 且基础解系含 $n-r$ 个线性无关的解向量, 即 $\dim S_0 = n - r$.

证明　对系数矩阵 $\boldsymbol{A}$ 作初等行变换, 将它化简为行阶梯形矩阵 $\boldsymbol{U}$. 不失一般性, 可设

$$\boldsymbol{U} = \begin{pmatrix} 1 & 0 & \cdots & 0 & c_{1,r+1} & \cdots & c_{1n} \\ 0 & 1 & \cdots & 0 & c_{2,r+1} & \cdots & c_{2n} \\ \vdots & \vdots & & \vdots & \vdots & & \vdots \\ 0 & 0 & \cdots & 1 & c_{r,r+1} & \cdots & c_{rn} \\ 0 & 0 & \cdots & 0 & 0 & \cdots & 0 \\ \vdots & \vdots & & \vdots & \vdots & & \vdots \\ 0 & 0 & \cdots & 0 & 0 & \cdots & 0 \end{pmatrix}.$$

显然, 方程组 $\boldsymbol{U}\boldsymbol{x} = \boldsymbol{0}$ 的解是

$$\begin{cases} x_1 = -c_{1,r+1}x_{r+1} - \cdots - c_{1n}x_n, \\ x_2 = -c_{2,r+1}x_{r+1} - \cdots - c_{2n}x_n, \\ \qquad\cdots\cdots \\ x_r = -c_{r,r+1}x_{r+1} - \cdots - c_{rn}x_n. \end{cases}$$

所以, 其任意解 $\boldsymbol{x}$ 可表示为

$$\boldsymbol{x}=\begin{pmatrix}x_1\\x_2\\\vdots\\x_n\end{pmatrix}=\begin{pmatrix}-c_{1,r+1}x_{r+1}-\cdots-c_{1n}x_n\\-c_{2,r+1}x_{r+1}-\cdots-c_{2n}x_n\\\vdots\\-c_{r,r+1}x_{r+1}-\cdots-c_{rn}x_n\\x_{r+1}\\\vdots\\x_n\end{pmatrix}$$

$$=x_{r+1}\begin{pmatrix}-c_{1,r+1}\\-c_{2,r+1}\\\vdots\\-c_{r,r+1}\\1\\0\\\vdots\\0\end{pmatrix}+x_{r+2}\begin{pmatrix}-c_{1,r+2}\\-c_{2,r+2}\\\vdots\\-c_{r,r+2}\\0\\1\\\vdots\\0\end{pmatrix}+\cdots+x_n\begin{pmatrix}-c_{1n}\\-c_{2n}\\\vdots\\-c_{rn}\\0\\0\\\vdots\\1\end{pmatrix}.$$

由于 $\boldsymbol{Ax}=\mathbf{0}$ 与 $\boldsymbol{Ux}=\mathbf{0}$ 同解, 所以这就是方程 $\boldsymbol{Ax}=\mathbf{0}$ 的任意解. 令

$$\boldsymbol{\eta}_1=\begin{pmatrix}-c_{1,r+1}\\-c_{2,r+1}\\\vdots\\-c_{r,r+1}\\1\\0\\\vdots\\0\end{pmatrix},\boldsymbol{\eta}_2=\begin{pmatrix}-c_{1,r+2}\\-c_{2,r+2}\\\vdots\\-c_{r,r+2}\\0\\1\\\vdots\\0\end{pmatrix},\cdots,\boldsymbol{\eta}_{n-r}=\begin{pmatrix}-c_{1n}\\-c_{2n}\\\vdots\\-c_{rn}\\0\\0\\\vdots\\1\end{pmatrix},$$

则由定理 3.4 易见 $\boldsymbol{\eta}_1,\boldsymbol{\eta}_2,\cdots,\boldsymbol{\eta}_{n-r}$ 线性无关. 这样, 由定义 3.10,$\boldsymbol{\eta}_1,\boldsymbol{\eta}_2,\cdots,\boldsymbol{\eta}_{n-r}$ 即为 $\boldsymbol{Ax}=\mathbf{0}$ 的基础解系, 且解空间 S_0 的维数为 $n-r$.

方程组 $\boldsymbol{Ux}=\mathbf{0}$ 通常称为原方程组 $\boldsymbol{Ax}=\mathbf{0}$ 的**保留方程组**, $x_{r+1},x_{r+2},\cdots,x_n$ 称为**自由元**. 定理 3.9 的证明过程事实上也提供了判断齐次线性方程组 (3.5) 何时只有零解和何时有非零解的充分必要条件.

定理 3.10 齐次线性方程组 (3.5) 只有零解的充分必要条件为 $R(\boldsymbol{A})=n$; (3.5) 有非零解的充分必要条件为 $R(\boldsymbol{A})<n$.

当齐次线性方程组 (3.5) 有非零解时, 定理 3.9 的证明也提供了求 (3.5) 的基础解系的一种方法. 这里需要注意以下三点.

(1) 化矩阵 $\boldsymbol{A}$ 为行阶梯形矩阵时, 只能实施初等行变换;

(2) $n-r$ 个自由元的确定不是唯一的, 但不管如何选择, 必须保证非自由元构成的保留方程组的系数矩阵的秩为 r;

(3) 既然自由元选择不是唯一的, 也就决定了齐次线性方程组 (3.5) 的基础解系是不唯一的. 但不同的基础解系是等价的.

根据定理 3.10, 如果齐次线性方程组 $\boldsymbol{Ax}=\boldsymbol{0}$ 与齐次线性方程组 $\boldsymbol{Bx}=\boldsymbol{0}$ 同解, 则 $R(\boldsymbol{A})=R(\boldsymbol{B})$. 但反过来不成立. 这一结论为我们提供了一个证明矩阵的秩相等的一个方法.

例 3.24 求解齐次线性方程组 $\begin{cases} 3x_1+5x_2+6x_3-4x_4=0, \\ x_1+2x_2+4x_3-3x_4=0, \\ 4x_1+5x_2-2x_3+3x_4=0, \\ 3x_1+8x_2+24x_3-19x_4=0. \end{cases}$

解 将系数矩阵 $\boldsymbol{A}=\begin{pmatrix} 3 & 5 & 6 & -4 \\ 1 & 2 & 4 & -3 \\ 4 & 5 & -2 & 3 \\ 3 & 8 & 24 & -19 \end{pmatrix}$ 利用初等行变换化为行阶梯形矩阵

$$\boldsymbol{U}=\begin{pmatrix} 1 & 0 & -8 & 7 \\ 0 & 1 & 6 & -5 \\ 0 & 0 & 0 & 0 \\ 0 & 0 & 0 & 0 \end{pmatrix}.$$

因此, $R(\boldsymbol{A})=2$. 故可选取 2 个自由元 x_3, x_4 得到保留方程组 $\begin{cases} x_1=8x_3-7x_4, \\ x_2=-6x_3+5x_4, \end{cases}$ 解得

$$\boldsymbol{x}=\begin{pmatrix} x_1 \\ x_2 \\ x_3 \\ x_4 \end{pmatrix}=\begin{pmatrix} 8x_3-7x_4 \\ -6x_3+5x_4 \\ x_3 \\ x_4 \end{pmatrix}=x_3\begin{pmatrix} 8 \\ -6 \\ 1 \\ 0 \end{pmatrix}+x_4\begin{pmatrix} -7 \\ 5 \\ 0 \\ 1 \end{pmatrix}.$$

因此, 方程组的所有解 $\boldsymbol{x}=k_1\begin{pmatrix} 8 \\ -6 \\ 1 \\ 0 \end{pmatrix}+k_2\begin{pmatrix} -7 \\ 5 \\ 0 \\ 1 \end{pmatrix}$, 其中 k_1, k_2 为任意常数.

例 3.25 求线性方程组 $\boldsymbol{Ax}=\boldsymbol{0}$ 的一般解和基础解系, 其中

$$\boldsymbol{A}=\begin{pmatrix}1&2&1&1&1\\2&4&3&1&1\\-1&-2&1&3&-3\\0&0&2&4&-2\end{pmatrix}.$$

解 对矩阵 $\boldsymbol{A}$ 作初等行变换, 化为阶梯形矩阵

$$\boldsymbol{U}=\begin{pmatrix}1&2&0&0&2\\0&0&1&0&-1\\0&0&0&1&0\\0&0&0&0&0\end{pmatrix}.$$

$R(\boldsymbol{A})=3$, 选取 x_2,x_5 作为自由元, 则 $\begin{cases}x_1=-2x_2-2x_5,\\x_3=x_5,\\x_4=0.\end{cases}$ 由此, 即得

$$\boldsymbol{x}=\begin{pmatrix}x_1\\x_2\\x_3\\x_4\\x_5\end{pmatrix}=\begin{pmatrix}-2x_2-2x_5\\x_2\\x_5\\0\\x_5\end{pmatrix}=x_2\begin{pmatrix}-2\\1\\0\\0\\0\end{pmatrix}+x_5\begin{pmatrix}-2\\0\\1\\0\\1\end{pmatrix}.$$

故原方程组的一般解为

$$\boldsymbol{x}=k_1\begin{pmatrix}-2\\1\\0\\0\\0\end{pmatrix}+k_2\begin{pmatrix}-2\\0\\1\\0\\1\end{pmatrix},$$

这里 k_1,k_2 为任意常数, $\boldsymbol{\eta}_1=(-2,1,0,0,0)^{\mathrm{T}}$, $\boldsymbol{\eta}_2=(-2,0,1,0,1)^{\mathrm{T}}$ 是原方程组的一个基础解系.

注意, 本例不能选取 x_3,x_4 作为自由元, 请读者思考其原因.

例 3.26 设齐次线性方程组 $\begin{cases}(1+\lambda)x_1+x_2+x_3=0,\\x_1+(1+\lambda)x_2+x_3=0,\\x_1+x_2+(1+\lambda)x_3=0,\end{cases}$ 问当 λ 为何值时, 方程组解唯一? 无穷多解?

解 由 Cramer 法则, 方程组有唯一解的充分必要条件为系数行列式

$$\begin{vmatrix} 1+\lambda & 1 & 1 \\ 1 & 1+\lambda & 1 \\ 1 & 1 & 1+\lambda \end{vmatrix} = \lambda^2(\lambda+3) \neq 0.$$

因此, 当 $\lambda \neq 0, \lambda \neq -3$ 时, 方程组有唯一解; 当 $\lambda = 0$ 或 $\lambda = -3$ 时, 方程组有无穷多解.

例 3.27 设 $\boldsymbol{A}_{m\times n}, \boldsymbol{B}_{n\times p}$ 满足 $\boldsymbol{AB} = \boldsymbol{O}$, 证明: $R(\boldsymbol{A}) + R(\boldsymbol{B}) \leqslant n$.

证明 设 $\boldsymbol{B} = (\boldsymbol{\beta}_1, \boldsymbol{\beta}_2, \cdots, \boldsymbol{\beta}_p)$, 则由 $\boldsymbol{AB} = \boldsymbol{O}$ 即得 $\boldsymbol{A\beta}_j = \boldsymbol{0}(j = 1, 2, \cdots, p)$, 即矩阵 $\boldsymbol{B}$ 的列向量 $\boldsymbol{\beta}_j$ 是方程组 $\boldsymbol{Ax} = \boldsymbol{0}$ 的解. 另一方面, $\boldsymbol{Ax} = \boldsymbol{0}$ 的解空间 S_0 的维数 $\dim(S_0) = n - R(\boldsymbol{A})$. 因此, $R(\boldsymbol{B}) \leqslant n - R(\boldsymbol{A})$. 故结论成立.

例 3.28 乙烯 (C_2H_2) 燃烧生成二氧化碳 (CO_2) 和水 (H_2O), 其化学反应式为

$$C_2H_2 + O_2 \to CO_2 + H_2O.$$

试利用方程组知识配平该化学反应式.

解 配平化学反应式, 即求 x_1, x_2, x_3, x_4 使得下列化学反应方程式成立:

$$x_1C_2H_2 + x_2O_2 = x_3CO_2 + x_4H_2O.$$

参与化学反应的元素为碳 (C)、氢 (H)、氧 (O). 设在 3 维向量 $(a_1, a_2, a_3)^{\mathrm{T}}$ 中 a_1, a_2, a_3 分别表示 C，H，O 的原子数目, 则由化学反应方程式得

$$x_1\begin{pmatrix} 2 \\ 2 \\ 0 \end{pmatrix} + x_2\begin{pmatrix} 0 \\ 0 \\ 2 \end{pmatrix} = x_3\begin{pmatrix} 1 \\ 0 \\ 2 \end{pmatrix} + x_4\begin{pmatrix} 0 \\ 2 \\ 1 \end{pmatrix}.$$

由此即得齐次线性方程组 $\begin{cases} 2x_1 - x_3 = 0, \\ 2x_1 - 2x_4 = 0, \\ 2x_2 - 2x_3 - x_4 = 0, \end{cases}$ 解得 $\begin{cases} x_1 = x_4, \\ x_2 = \dfrac{5}{2}x_4, \\ x_3 = 2x_4, \\ x_4 = x_4. \end{cases}$ 因此, 配平的化学反应方程式为

$$2C_2H_2 + 5O_2 = 4CO_2 + 2H_2O.$$

例 3.29 设 a, b, c 不全为零,α, β, γ 为任意实数, 且

$$a = b\cos\gamma + c\cos\beta, \quad b = c\cos\alpha + a\cos\gamma, \quad c = a\cos\beta + b\cos\alpha.$$

证明: $\cos^2\alpha + \cos^2\beta + \cos^2\gamma + 2\cos\alpha\cos\beta\cos\gamma = 1$.

证明 由已知, 可将 $\begin{cases} -a+b\cos\gamma+c\cos\beta=0, \\ a\cos\gamma-b+c\cos\alpha=0, \\ a\cos\beta+b\cos\alpha-c=0 \end{cases}$ 视为关于 a,b,c 的齐次线性方程组. 由 a,b,c 不全为零知此方程组有非零解. 于是

$$\begin{vmatrix} -1 & \cos\gamma & \cos\beta \\ \cos\gamma & -1 & \cos\alpha \\ \cos\beta & \cos\alpha & -1 \end{vmatrix}=0.$$

计算上式即得结果.

此外, 我们指出, 对式 (3.5) 作转置可以给出形如 $\boldsymbol{x}_{1\times n}\boldsymbol{A}_{n\times m}=\boldsymbol{0}$ 的齐次线性方程组的基础解系的初等变换求法. 这与讨论式 (3.5) 没有任何本质区别. 但下述结论值得注意. 对于方程组 $\boldsymbol{x}_{1\times n}\boldsymbol{A}_{n\times m}=\boldsymbol{0}$, 其中 $R(\boldsymbol{A})=r$, 构造矩阵 $\boldsymbol{C}=(\boldsymbol{A}_{n\times m},\boldsymbol{E}_n)$, 并对其实施初等行变换可得 $\boldsymbol{C}\to\begin{pmatrix} \boldsymbol{D}_{r\times m} & \boldsymbol{P}_{r\times n} \\ \boldsymbol{O} & \boldsymbol{P}_{(n-r)\times n} \end{pmatrix}$, 其中 $\boldsymbol{D}_{r\times m}$ 为行满秩矩阵. 不难说明, $\boldsymbol{P}_{(n-r)\times n}$ 的 $n-r$ 个行向量即为该方程组的基础解系. 事实上, 由于 $\boldsymbol{C}$ 的秩为 n, $\boldsymbol{D}_{r\times m}$ 的秩为 r, 所以 $\boldsymbol{P}_{(n-r)\times n}$ 的秩为 $n-r$. 因此, $\boldsymbol{P}_{(n-r)\times n}$ 的 $n-r$ 个行向量线性无关. 其次, 若设 $\boldsymbol{P}$ 是上述对 $\boldsymbol{C}$ 所实施的初等行变换对应的矩阵, 则

$$\boldsymbol{PC}=\boldsymbol{P}(\boldsymbol{A}_{n\times m},\boldsymbol{E}_n)=(\boldsymbol{PA}_{n\times m},\boldsymbol{P})=\begin{pmatrix} \boldsymbol{D}_{r\times m} & \boldsymbol{P}_{r\times n} \\ \boldsymbol{O} & \boldsymbol{P}_{(n-r)\times n} \end{pmatrix}.$$

于是

$$\boldsymbol{PA}_{n\times m}=\begin{pmatrix} \boldsymbol{D}_{r\times m} \\ \boldsymbol{O} \end{pmatrix},\quad \boldsymbol{P}=\begin{pmatrix} \boldsymbol{P}_{r\times n} \\ \boldsymbol{P}_{(n-r)\times n} \end{pmatrix}.$$

将上式的后者代入前者, 可得

$$\boldsymbol{P}_{(n-r)\times n}\boldsymbol{A}_{n\times m}=\boldsymbol{O}.$$

所以, $\boldsymbol{P}_{(n-r)\times n}$ 的 $n-r$ 个行向量都是原方程组的解.

例 3.30 求线性方程组 $\begin{cases} x_1-x_2+5x_3-x_4=0, \\ x_1+x_2-2x_3+3x_4=0, \\ 3x_1-x_2+8x_3+x_4=0, \\ x_1+3x_2-9x_3+7x_4=0 \end{cases}$ 的一个基础解系.

解　构造矩阵 C, 并实施初等行变换:

$$C = \begin{pmatrix} 1 & 1 & 3 & 1 & 1 & 0 & 0 & 0 \\ -1 & 1 & -1 & 3 & 0 & 1 & 0 & 0 \\ 5 & -2 & 8 & -9 & 0 & 0 & 1 & 0 \\ -1 & 3 & 1 & 7 & 0 & 0 & 0 & 1 \end{pmatrix} \to \begin{pmatrix} 1 & 1 & 3 & 1 & 1 & 0 & 0 & 0 \\ 0 & 2 & 2 & 4 & 1 & 1 & 0 & 0 \\ 0 & 0 & 0 & 0 & -\dfrac{3}{2} & \dfrac{7}{2} & 1 & 0 \\ 0 & 0 & 0 & 0 & -1 & -2 & 0 & 1 \end{pmatrix}.$$

于是该方程组的一个基础解系为 $\alpha_1 = \begin{pmatrix} -\dfrac{3}{2} \\ \dfrac{7}{2} \\ 1 \\ 0 \end{pmatrix}, \alpha_2 = \begin{pmatrix} -1 \\ -2 \\ 0 \\ 1 \end{pmatrix}$.

3.5.2　非齐次线性方程组解的结构与求解

我们知道, 非齐次线性方程组 (3.4) 的向量表示式为

$$x_1\boldsymbol{\alpha}_1 + x_2\boldsymbol{\alpha}_2 + \cdots + x_n\boldsymbol{\alpha}_n = \boldsymbol{b},$$

其中 $\boldsymbol{\alpha}_1, \boldsymbol{\alpha}_2, \cdots, \boldsymbol{\alpha}_n$ 是系数矩阵 $\boldsymbol{A}$ 的列向量. 因此, 方程组 (3.4) 有解的充分必要条件是向量 $\boldsymbol{b}$ 可以由系数矩阵 $\boldsymbol{A}$ 的列向量线性表示, 从而有

$$R(\boldsymbol{\alpha}_1, \boldsymbol{\alpha}_2, \cdots, \boldsymbol{\alpha}_n) = R(\boldsymbol{\alpha}_1, \boldsymbol{\alpha}_2 \cdots, \boldsymbol{\alpha}_n, \boldsymbol{b}),$$

即系数矩阵的秩等于增广矩阵的秩: $R(\boldsymbol{A}) = R(\boldsymbol{A}, \boldsymbol{b})$.

于是有下面定理.

定理 3.11　对于非齐次线性方程组 (3.4), 下列命题等价:

(1) $\boldsymbol{Ax} = \boldsymbol{b}$ 有解;

(2) $\boldsymbol{b}$ 可以由系数矩阵 $\boldsymbol{A}$ 的列向量组线性表示;

(3) 系数矩阵的秩等于增广矩阵的秩, 即 $R(\boldsymbol{A}) = R(\boldsymbol{A}, \boldsymbol{b})$.

设 $R(\boldsymbol{A}) = r$, 对矩阵 $(\boldsymbol{A}, \boldsymbol{b})$ 作初等行变换, 将它化为行阶梯形矩阵 $(\boldsymbol{U}, \boldsymbol{b}')$. 不

失一般性, 可设

$$(\boldsymbol{U},\boldsymbol{b}')=\begin{pmatrix}1&0&\cdots&0&c_{1,r+1}&\cdots&x_{1n}&d_1\\0&1&\cdots&0&x_{2,r+1}&\cdots&c_{2n}&d_2\\\vdots&\vdots&&\vdots&\vdots&&\vdots&\vdots\\0&0&\cdots&1&c_{r,r+1}&\cdots&c_{rn}&d_r\\0&0&\cdots&0&0&\cdots&0&d_{r+1}\\0&0&\cdots&0&0&\cdots&0&0\\\vdots&\vdots&&\vdots&\vdots&&\vdots&\vdots\\0&0&\cdots&0&0&\cdots&0&0\end{pmatrix}.$$

由上式可以看出, 若 $d_{r+1}\neq 0$, 则 $R(\boldsymbol{A})\neq R(\boldsymbol{A},\boldsymbol{b})$, 且第 $r+1$ 个方程是矛盾的, 此时方程组无解; 若 $d_{r+1}=0$, 则 $R(\boldsymbol{A})=R(\boldsymbol{A},\boldsymbol{b})$, 此时方程组是可求解的. 因此, 结合向量 $\boldsymbol{b}$ 可由 $\boldsymbol{A}$ 的列向量组 $\boldsymbol{\alpha}_1,\boldsymbol{\alpha}_2,\cdots,\boldsymbol{\alpha}_n$ 线性表示, 且表示法唯一的充分必要条件是该向量组线性无关, 所以我们有下述定理.

定理 3.12 非线性齐次线性方程组 (3.4) 有唯一解的充分必要条件是

$$R(\boldsymbol{A})=R(\boldsymbol{A},\boldsymbol{b})=n;$$

非线性齐次线性方程组 (3.4) 有无穷多解的充分必要条件是

$$R(\boldsymbol{A})=R(\boldsymbol{A},\boldsymbol{b})<n;$$

非线性齐次线性方程组 (3.4) 无解的充分必要条件是

$$R(\boldsymbol{A})\neq R(\boldsymbol{A},\boldsymbol{b}).$$

定理 3.13 设 $\boldsymbol{x}_1,\boldsymbol{x}_2\in S_b,\boldsymbol{x}_0\in S_0$, 则 $\boldsymbol{x}_1-\boldsymbol{x}_2\in S_0,\boldsymbol{x}_1+\boldsymbol{x}_0\in S_b$.

由定理 3.13, 若 $\bar{\boldsymbol{x}}=k_1\boldsymbol{x}_1+k_2\boldsymbol{x}_2+\cdots+k_p\boldsymbol{x}_p$ 是 $\boldsymbol{Ax}=\boldsymbol{0}$ 的一般解, $\boldsymbol{x}^*$ 是 $\boldsymbol{Ax}=\boldsymbol{b}$ 的一个特解, 即某个确定的解, 则 $\bar{\boldsymbol{x}}+\boldsymbol{x}^*$ 是 $\boldsymbol{Ax}=\boldsymbol{b}$ 的解. 另一方面, 若 $\boldsymbol{x}$ 是 $\boldsymbol{Ax}=\boldsymbol{b}$ 的任意解, 则 $\boldsymbol{x}-\boldsymbol{x}^*$ 是 $\boldsymbol{Ax}=\boldsymbol{0}$ 的解, 而 $\boldsymbol{x}=\boldsymbol{x}^*+(\boldsymbol{x}-\boldsymbol{x}^*)$. 因此, $\boldsymbol{x}$ 可以表示为 $\boldsymbol{x}^*+\bar{\boldsymbol{x}}$ 的形式. 由此, 得到如下定理.

定理 3.14 非线性齐次线性方程组 (3.4) 的一般解的表达式为 $\boldsymbol{x}=\boldsymbol{x}_0+\bar{\boldsymbol{x}}$, 其中 $\boldsymbol{x}_0$ 是 $\boldsymbol{Ax}=\boldsymbol{b}$ 的一个特解, $\bar{\boldsymbol{x}}$ 是 $\boldsymbol{Ax}=\boldsymbol{0}$ 的一般解.

例 3.31 求非线性齐次线性方程组 $\boldsymbol{Ax}=\boldsymbol{b}$ 的一般解, 其中

$$\boldsymbol{A}=\begin{pmatrix}1&1&1&0&0\\1&1&-1&-1&-2\\2&2&0&-1&-2\\5&5&-3&-4&-8\end{pmatrix},\quad \boldsymbol{b}=\begin{pmatrix}0\\1\\1\\4\end{pmatrix}.$$

解　利用初等行变换化简矩阵 $(\boldsymbol{A},\boldsymbol{b})$:

$$(\boldsymbol{A},\boldsymbol{b})\to\begin{pmatrix}1&1&0&-\frac{1}{2}&-1&\frac{1}{2}\\0&0&1&\frac{1}{2}&1&-\frac{1}{2}\\0&0&0&0&0&0\\0&0&0&0&0&0\end{pmatrix}.$$

$R(\boldsymbol{A},\boldsymbol{b})=R(\boldsymbol{A})=2<5$, 方程组有无穷多解. 注意到

$$\begin{cases}x_1=-x_2+\frac{1}{2}x_4+x_5+\frac{1}{2},\\x_3=-\frac{1}{2}x_4-x_5-\frac{1}{2},\end{cases}$$

解得

$$\boldsymbol{x}=\begin{pmatrix}x_1\\x_2\\x_3\\x_4\\x_5\end{pmatrix}=\begin{pmatrix}-x_2+\frac{1}{2}x_4+x_5+\frac{1}{2}\\x_2\\-\frac{1}{2}x_4-x_5-\frac{1}{2}\\x_4\\x_5\end{pmatrix}$$

$$=x_2\begin{pmatrix}-1\\1\\0\\0\\0\end{pmatrix}+x_4\begin{pmatrix}\frac{1}{2}\\0\\-\frac{1}{2}\\1\\0\end{pmatrix}+x_5\begin{pmatrix}1\\0\\-1\\0\\1\end{pmatrix}+\begin{pmatrix}\frac{1}{2}\\0\\-\frac{1}{2}\\0\\0\end{pmatrix}.$$

由此即得方程组的一般解

$$\boldsymbol{x}=k_1\begin{pmatrix}-1\\1\\0\\0\\0\end{pmatrix}+k_2\begin{pmatrix}\frac{1}{2}\\0\\-\frac{1}{2}\\1\\0\end{pmatrix}+k_3\begin{pmatrix}1\\0\\-1\\0\\1\end{pmatrix}+\begin{pmatrix}\frac{1}{2}\\0\\-\frac{1}{2}\\0\\0\end{pmatrix},$$

其中 k_1,k_2,k_3 为任意常数.

例 3.32　设线性方程组 $\begin{cases}px_1+x_2+x_3=4,\\x_1+tx_2+x_3=3,\\x_1+2tx_2+x_3=4.\end{cases}$ 试就参数 p,t 讨论方程组解的情况, 并在有解时求其一般解.

解 对矩阵 $(\boldsymbol{A},\boldsymbol{b})$ 作初等行变换:

$$(\boldsymbol{A},\boldsymbol{b})\to\begin{pmatrix}1&t&1&3\\1&2t&1&4\\p&1&1&4\end{pmatrix}\to\begin{pmatrix}1&t&1&3\\0&1&1-p&4-2p\\0&0&(p-1)t&1-4t+2pt\end{pmatrix}.$$

(1) 当 $(p-1)t\neq 0$ 时, $R(\boldsymbol{A})=R(\boldsymbol{A},\boldsymbol{b})=3$, 因此, 方程组有唯一解

$$x_1=\frac{2t-1}{(p-1)t},\quad x_2=\frac{1}{t},\quad x_3=\frac{1-4t+2pt}{(p-1)t};$$

(2) 当 $p=1$, 且 $1-4t+2pt=1-2t=0$ 时, $R(\boldsymbol{A})=A(\boldsymbol{A},\boldsymbol{b})=2<3$, 因此, 方程组有无穷多解, 此时

$$(\boldsymbol{A},\boldsymbol{b})\to\begin{pmatrix}1&0&1&2\\0&1&0&2\\0&0&0&0\end{pmatrix},$$

于是, 一般解为 $\boldsymbol{x}=\begin{pmatrix}2\\2\\0\end{pmatrix}+k\begin{pmatrix}-1\\0\\1\end{pmatrix}$, k 为任意常数;

(3) 当 $p=1, 1-4t+2pt=1-2t\neq 0$ 时, $R(\boldsymbol{A})\neq R(\boldsymbol{A},\boldsymbol{b})$, 因此, 方程组无解;

(4) 当 $t=0$ 时, $R(\boldsymbol{A})\neq R(\boldsymbol{A},\boldsymbol{b})$, 因此, 方程组无解.

例 3.33 设 $\boldsymbol{A}=\begin{pmatrix}2&1&1&2\\0&1&3&1\\1&a&c&1\end{pmatrix}$, $\boldsymbol{b}=\begin{pmatrix}0\\1\\0\end{pmatrix}$, $\boldsymbol{\eta}=\begin{pmatrix}1\\-1\\1\\-1\end{pmatrix}$, $\boldsymbol{\eta}$ 是方程组 $\boldsymbol{Ax}=\boldsymbol{b}$ 的一个解, 求 $\boldsymbol{Ax}=\boldsymbol{b}$ 的通解.

解 将 $\boldsymbol{\eta}$ 代入方程组 $\boldsymbol{Ax}=\boldsymbol{b}$, 得到 $1-a+c-1=0$, 即 $a=c$. 对方程组增广矩阵作初等行变换, 得到

$$(\boldsymbol{A},\boldsymbol{b})\to\begin{pmatrix}2&1&1&2&0\\0&1&3&1&1\\0&a-\frac{1}{2}&c-\frac{1}{2}&0&0\end{pmatrix}.$$

当 $a=c=\dfrac{1}{2}$ 时, $R(\boldsymbol{A},\boldsymbol{b})=R(\boldsymbol{A})=2$, 齐次方程组 $\begin{cases}2x_1+x_2+x_3+2x_4=0,\\x_2+3x_3+x_4=0\end{cases}$ 的一个基础解系为 $\boldsymbol{\alpha}_1=(1,-3,1,0)^{\mathrm{T}}$, $\boldsymbol{\alpha}_2=(-1,-2,0,2)^{\mathrm{T}}$. 所以, 方程组的通解为

$$\boldsymbol{x}=\boldsymbol{\eta}+k_1\boldsymbol{\alpha}_1+k_2\boldsymbol{\alpha}_2, k_1, k_2\text{为任意常数}.$$

当 $a=c\neq\dfrac{1}{2}$ 时,$R(\boldsymbol{A},\boldsymbol{b})=R(\boldsymbol{A})=3$, 非齐次方程组的通解为

$$\boldsymbol{x}=\boldsymbol{\eta}+k\boldsymbol{\alpha},\ \boldsymbol{\alpha}=(-2,1,-1,2)^{\mathrm{T}}, k\text{为任意常数}.$$

例 3.34 设向量组

$$\boldsymbol{\alpha}_1=\begin{pmatrix}1\\0\\2\\3\end{pmatrix},\boldsymbol{\alpha}_2=\begin{pmatrix}1\\1\\3\\5\end{pmatrix},\boldsymbol{\alpha}_3=\begin{pmatrix}1\\-1\\a+2\\1\end{pmatrix},\boldsymbol{\alpha}_4=\begin{pmatrix}1\\2\\4\\a+8\end{pmatrix},\boldsymbol{\beta}=\begin{pmatrix}1\\1\\b+3\\5\end{pmatrix}.$$

讨论, 当 a,b 为何值时

(1) $\boldsymbol{\beta}$ 不能由 $\boldsymbol{\alpha}_1,\boldsymbol{\alpha}_2,\boldsymbol{\alpha}_3,\boldsymbol{\alpha}_4$ 线性表示?

(2) $\boldsymbol{\beta}$ 能由 $\boldsymbol{\alpha}_1,\boldsymbol{\alpha}_2,\boldsymbol{\alpha}_3,\boldsymbol{\alpha}_4$ 线性表示, 且表示式唯一? 并写出表示式.

(3) $\boldsymbol{\beta}$ 能由 $\boldsymbol{\alpha}_1,\boldsymbol{\alpha}_2,\boldsymbol{\alpha}_3,\boldsymbol{\alpha}_4$ 线性表示, 但表示式不唯一?

解 设 $\boldsymbol{\beta}=x_1\boldsymbol{\alpha}_1+x_2\boldsymbol{\alpha}_2+x_3\boldsymbol{\alpha}_3+x_4\boldsymbol{\alpha}_4$, 即得一非齐次线性方程组 $\boldsymbol{Ax}=\boldsymbol{\beta}$, 其中 $\boldsymbol{A}=(\boldsymbol{\alpha}_1,\boldsymbol{\alpha}_2,\boldsymbol{\alpha}_3,\boldsymbol{\alpha}_4), \boldsymbol{x}=(x_1,x_2,x_3,x_4)^{\mathrm{T}}$. 利用初等行变换化简

$$(\boldsymbol{A},\boldsymbol{\beta})\to\begin{pmatrix}1&0&2&-1&0\\0&1&-1&2&1\\0&0&a+1&0&b\\0&0&0&a+1&0\end{pmatrix}.$$

(1) 当 $a=-1,b\neq0$ 时, $R(\boldsymbol{A})=2\neq3=R(\boldsymbol{A},\boldsymbol{\beta})$, 方程组无解, 即 $\boldsymbol{\beta}$ 不能由 $\boldsymbol{\alpha}_1,\boldsymbol{\alpha}_2,\boldsymbol{\alpha}_3,\boldsymbol{\alpha}_4$ 线性表示;

(2) 当 $a\neq-1$ 时, $R(\boldsymbol{A})=R(\boldsymbol{A},\boldsymbol{\beta})=4$, 方程组有唯一解

$$x_1=-\frac{2b}{a+1},\quad x_2=\frac{a+b+1}{a+1},\quad x_3=\frac{b}{a+1},\quad x_4=0,$$

即 $\boldsymbol{\beta}$ 能由 $\boldsymbol{\alpha}_1,\boldsymbol{\alpha}_2,\boldsymbol{\alpha}_3,\boldsymbol{\alpha}_4$ 唯一线性表示为

$$\boldsymbol{\beta}=-\frac{2b}{a+1}\boldsymbol{\alpha}_1+\frac{a+b+1}{a+1}\boldsymbol{\alpha}_2+\frac{b}{a+1}\boldsymbol{\alpha}_3+0\boldsymbol{\alpha}_4;$$

(3) 当 $a=-1,b=0$ 时, $R(\boldsymbol{A})=R(\boldsymbol{A},\boldsymbol{\beta})=2<4$, 方程组有无穷多解, 即 $\boldsymbol{\beta}$ 可由 $\boldsymbol{\alpha}_1,\boldsymbol{\alpha}_2,\boldsymbol{\alpha}_3,\boldsymbol{\alpha}_4$ 线性表示, 但表示式不唯一.

例 3.35 (百鸡问题) 百鸡问题是一个古老的数学问题. 鸡翁一, 值钱五; 鸡母一, 值钱三; 鸡雏三, 值钱一. 百钱买百鸡, 问鸡翁、鸡母、鸡雏各几何?

解 设鸡翁、鸡母、鸡雏分别为 x_1,x_2,x_3(均为非负整数) 只, 则有线性方程组

$$\begin{cases}x_1+x_2+x_3=100,\\5x_1+3x_2+\dfrac{1}{3}x_3=100.\end{cases}$$

上述方程组的一般解为 $\begin{cases} x_1 = -100 + \dfrac{4}{3}x_3, \\ x_2 = 200 - \dfrac{7}{3}x_3. \end{cases}$ 由于 x_1, x_2, x_3 均为非负整数, 因此 x_3 能被 3 整除, 且满足 $75 \leqslant x_3 \leqslant 85$. 于是, 有四组结果:

$$\begin{cases} x_1 = 0, \\ x_2 = 25, \\ x_3 = 75; \end{cases} \quad \begin{cases} x_1 = 4, \\ x_2 = 18, \\ x_3 = 78; \end{cases} \quad \begin{cases} x_1 = 8, \\ x_2 = 11, \\ x_3 = 81; \end{cases} \quad \begin{cases} x_1 = 12, \\ x_2 = 4, \\ x_3 = 84. \end{cases}$$

*3.5.3 方程组的公共解

本节最后给出求齐次线性方程组 $\boldsymbol{Ax} = \mathbf{0}$ 与 $\boldsymbol{Bx} = \mathbf{0}$ 公共解的一个例子.

例 3.36 设齐次线性方程组 (I): $\begin{cases} x_1 + x_2 = 0, \\ x_2 - x_4 = 0, \end{cases}$ (II): $\begin{cases} x_1 - x_2 + x_3 = 0, \\ x_2 - x_3 + x_4 = 0. \end{cases}$

(1) 求 (I) 的基础解系;

(2) 求方程组 (I) 和 (II) 的公共解.

解 (1) 对方程组 (I) 的系数矩阵 $\boldsymbol{A}$ 作初等行变换, 得 $\boldsymbol{A} \to \begin{pmatrix} 1 & 0 & 0 & 1 \\ 0 & 1 & 0 & -1 \end{pmatrix}$.

取 x_3, x_4 为自由未知元, 得 (I) 的基础解系 $\boldsymbol{\alpha}_1 = \begin{pmatrix} 0 \\ 0 \\ 1 \\ 0 \end{pmatrix}, \boldsymbol{\alpha}_2 = \begin{pmatrix} -1 \\ 1 \\ 0 \\ 1 \end{pmatrix}$.

(2) 由 (1) 得方程组 (I) 的一般解为 $\boldsymbol{x} = a\begin{pmatrix} 0 \\ 0 \\ 1 \\ 0 \end{pmatrix} + b\begin{pmatrix} -1 \\ 1 \\ 0 \\ 1 \end{pmatrix} = \begin{pmatrix} -b \\ b \\ a \\ b \end{pmatrix}$, 其中 a, b 为任意常数. 将此解代入方程组 (II), 得 $\begin{cases} -b - b + a = 0, \\ b - a + b = 0, \end{cases}$ 解得 $a = 2b$. 因此, 方程组 (I) 与 (II) 的公共解为 $\boldsymbol{x} = t\begin{pmatrix} -1 \\ 1 \\ 2 \\ 1 \end{pmatrix}$, 这里 t 为任意常数.

此外, (I) 和 (II) 的公共解还可由下述两种办法给出.

(1) 联立方程组 (I) 和 (II) 得 $\boldsymbol{Cx} = \mathbf{0}, \boldsymbol{C} = (\boldsymbol{A}^{\mathrm{T}}, \boldsymbol{B}^{\mathrm{T}})^{\mathrm{T}}, \boldsymbol{A}, \boldsymbol{B}$ 分别为方程组 (I) 和 (II) 的系数矩阵, $\boldsymbol{Cx} = \mathbf{0}$ 的一般解即公共解.

(2) 分别求出方程组 (I) 和 (II) 的一般解 $\boldsymbol{X}_1 = k_1\boldsymbol{\alpha}_1 + k_2\boldsymbol{\alpha}_2$ 和 $\boldsymbol{X}_2 = l_1\boldsymbol{\beta}_1 + l_2\boldsymbol{\beta}_2$, 令 $\boldsymbol{X}_1 = \boldsymbol{X}_2$, 得到以 k_1, k_2, l_1, l_2 为未知元的齐次线性方程组, 解此线性方程组即

得公共解.

例 3.37 求 a, 使方程组

$$\begin{cases} x_1+x_2+x_3=1, \\ x_1+2x_2+ax_3=1 \end{cases} \text{与} \begin{cases} 2x_1+3x_2+3x_3=a, \\ 3x_1+4x_2+(a+2)x_3=a+1 \end{cases}$$

有公共解, 并求公共解.

解 方程组有公共解, 即方程组 $\begin{cases} x_1+x_2+x_3=1, \\ x_1+2x_2+ax_3=1, \\ 2x_1+3x_2+3x_3=a, \\ 3x_1+4x_2+(a+2)x_3=a+1 \end{cases}$ 有解. 对其增广矩阵 $(\boldsymbol{A},\boldsymbol{b})$ 实施初等行变换, 得

$$(\boldsymbol{A},\boldsymbol{b})=\begin{pmatrix} 1 & 1 & 1 & 1 \\ 1 & 2 & a & 1 \\ 2 & 3 & 3 & a \\ 3 & 4 & a+2 & a+1 \end{pmatrix} \to \begin{pmatrix} 1 & 1 & 1 & 1 \\ 0 & 1 & a-1 & 0 \\ 0 & 0 & 2-a & a-2 \\ 0 & 0 & 0 & a-2 \end{pmatrix}.$$

当 $a=2$ 时,$R(\boldsymbol{A},\boldsymbol{b})=2<3$, 方程组有公共解, 且为

$$\boldsymbol{x}=k\begin{pmatrix} 0 \\ 1 \\ -1 \end{pmatrix}+\begin{pmatrix} 1 \\ 0 \\ 0 \end{pmatrix}, k\text{为任意常数}.$$

本节最后, 我们给出同解方程组的一个应用: 如果方程组 $\boldsymbol{Ax}=\boldsymbol{0}$ 与 $\boldsymbol{Bx}=\boldsymbol{0}$ 同解, 则 $R(\boldsymbol{A})=R(\boldsymbol{B})$. 这一结论的逆不成立.

例 3.38 设任一实矩阵 $\boldsymbol{A}$ 满足 $R(\boldsymbol{A})=R(\boldsymbol{A}^{\mathrm{T}}\boldsymbol{A})$.

证明 对任意实向量 $\boldsymbol{x}\neq\boldsymbol{0}$, 当 $\boldsymbol{Ax}=\boldsymbol{0}$ 时, 必有 $\boldsymbol{A}^{\mathrm{T}}\boldsymbol{Ax}=\boldsymbol{0}$. 反之, 当 $\boldsymbol{A}^{\mathrm{T}}\boldsymbol{Ax}=\boldsymbol{0}$ 时, 有 $\boldsymbol{x}^{\mathrm{T}}\boldsymbol{A}^{\mathrm{T}}\boldsymbol{Ax}=\boldsymbol{0}$, 即 $(\boldsymbol{Ax})^{\mathrm{T}}\boldsymbol{Ax}=\boldsymbol{0}$. 由此,$\boldsymbol{Ax}=\boldsymbol{0}$. 因此, 方程组 $\boldsymbol{Ax}=\boldsymbol{0}$ 与 $\boldsymbol{A}^{\mathrm{T}}\boldsymbol{Ax}=\boldsymbol{0}$ 同解. 故 $R(\boldsymbol{A})=R(\boldsymbol{A}^{\mathrm{T}}\boldsymbol{A})$.

例 3.39 设 $\boldsymbol{A}$ 为 n 阶矩阵, 证明 $R(\boldsymbol{A}^n)=R(\boldsymbol{A}^{n+1})$.

证明 对任意实向量 $\boldsymbol{x}\neq\boldsymbol{0}$, 显然, 当 $\boldsymbol{A}^n\boldsymbol{x}=\boldsymbol{0}$ 时, 必有 $\boldsymbol{A}^{n+1}\boldsymbol{x}=\boldsymbol{0}$.

下面证明当 $\boldsymbol{A}^{n+1}\boldsymbol{x}=\boldsymbol{0}$ 时, 也有 $\boldsymbol{A}^n\boldsymbol{x}=\boldsymbol{0}$. 若不然, 即 $\boldsymbol{A}^n\boldsymbol{x}\neq\boldsymbol{0}$, 则由例 3.5, 向量组 $\boldsymbol{x},\boldsymbol{Ax},\cdots,\boldsymbol{A}^n\boldsymbol{x}$ 线性无关, 但这与"任意 $n+1$ 个 n 维向量线性相关"矛盾. 于是方程组 $\boldsymbol{A}^n\boldsymbol{x}=\boldsymbol{0}$ 与 $\boldsymbol{A}^{n+1}\boldsymbol{x}=\boldsymbol{0}$ 同解. 故 $R(\boldsymbol{A}^n)=R(\boldsymbol{A}^{n+1})$.

3.6 思考与拓展

问题 3.1 向量组极大线性无关组的求法及其应用.

求一个向量组极大线性无关组的主要方法是利用初等行变换把给定的向量组按列向量构成的矩阵 $\boldsymbol{A}$ 化为行最简形. 具体使用的程序是:

(1) 以给定向量组 $\boldsymbol{\alpha}_1, \boldsymbol{\alpha}_2, \cdots, \boldsymbol{\alpha}_m$ 中的向量为列, 按顺序组成矩阵 $\boldsymbol{A} = (\boldsymbol{\alpha}_1, \boldsymbol{\alpha}_2, \cdots, \boldsymbol{\alpha}_m)$;

(2) 对矩阵 $\boldsymbol{A}$ 实施初等行变换将其化为行最简形矩阵;

(3) 所给向量组中以行最简形矩阵主元所在列为下标的向量, 构成它的一个极大线性无关组;

(4) $\boldsymbol{A}$ 的行最简形矩阵中一个非主元所在的列向量, 与主元所在的列向量之间的关系, 可由这个非主元所在列向量的分量表示出来;

(5) $\boldsymbol{A}$ 的列向量与其行最简形矩阵对应列的列向量, 具有完全相同的线性关系.

例如, 假设矩阵 $\boldsymbol{A} = (\boldsymbol{\alpha}_1, \boldsymbol{\alpha}_2, \cdots, \boldsymbol{\alpha}_5)$ 经初等行变换化成的行最简形矩阵为

$$\boldsymbol{U} = \begin{pmatrix} 1 & 0 & -1 & 0 & 2 \\ 0 & 1 & 2 & 0 & 1 \\ 0 & 0 & 0 & 1 & -2 \\ 0 & 0 & 0 & 0 & 0 \end{pmatrix}.$$

因为 $\boldsymbol{U}$ 的主元所在的列是 1,2,4, 所以 $\boldsymbol{\alpha}_1, \boldsymbol{\alpha}_2, \boldsymbol{\alpha}_4$ 是 $\boldsymbol{A}$ 的一个极大线性无关组. $\boldsymbol{U}$ 的第 3 列无主元, 它是 $\boldsymbol{U}$ 的第 1 列和第 2 列的下述线性组合

$$\begin{pmatrix} -1 \\ 2 \\ 0 \\ 0 \end{pmatrix} = -1 \times \begin{pmatrix} 1 \\ 0 \\ 0 \\ 0 \end{pmatrix} + 2 \times \begin{pmatrix} 0 \\ 1 \\ 0 \\ 0 \end{pmatrix},$$

所以 $\boldsymbol{\alpha}_3 = -\boldsymbol{\alpha}_1 + 2\boldsymbol{\alpha}_2$. 同理, 由其第 5 列的下述线性组合

$$\begin{pmatrix} 2 \\ 1 \\ -2 \\ 0 \end{pmatrix} = 2 \times \begin{pmatrix} 1 \\ 0 \\ 0 \\ 0 \end{pmatrix} + 1 \times \begin{pmatrix} 0 \\ 1 \\ 0 \\ 0 \end{pmatrix} + (-2) \times \begin{pmatrix} 0 \\ 0 \\ 1 \\ 0 \end{pmatrix}$$

可得 $\boldsymbol{\alpha}_5 = 2\boldsymbol{\alpha}_1 + \boldsymbol{\alpha}_2 - 2\boldsymbol{\alpha}_4$.

下面来看一个应用. 某公司使用 3 种原料配制 3 种包含不同原料的混合涂料. 具体配料见下表:

	涂料 A	涂料 B	涂料 C
原料 1	1	1	3
原料 2	1	2	4
原料 3	1	2	4

试问: 能否利用其中少数几种涂料配制出其他所有种类涂料? 并找出消费者需要购买的最少涂料种类.

解 分别以 $\boldsymbol{\alpha}_1,\boldsymbol{\alpha}_2,\boldsymbol{\alpha}_3$ 表示 3 种涂料的各原料成分向量, 即 $\boldsymbol{A}=(\boldsymbol{\alpha}_1,\boldsymbol{\alpha}_2,\boldsymbol{\alpha}_3)=\begin{pmatrix}1&1&3\\1&2&4\\1&2&4\end{pmatrix}$. 对矩阵 $\boldsymbol{A}$ 实施初等行变换化为 $\begin{pmatrix}1&0&2\\0&1&1\\0&0&0\end{pmatrix}$. 由此可知, 向量 $\boldsymbol{\alpha}_1,\boldsymbol{\alpha}_2,\boldsymbol{\alpha}_3$ 线性相关, $\boldsymbol{\alpha}_1,\boldsymbol{\alpha}_2$ 是它的一个极大线性无关组. 因此, 我们最少需要购买涂料 A 和涂料 B 即可配制涂料 C, 且由 $\boldsymbol{\alpha}_3=2\boldsymbol{\alpha}_1+\boldsymbol{\alpha}_2$ 可知利用 2 份涂料 A 和 1 份涂料 B 就能配制出涂料 C. 当然, 由上述计算还可看到其他配制方法, 请读者自行给出.

问题 3.2 关于线性方程组的主要结果及其在空间解析几何中的应用.

齐次线性方程组 (3.5) 有非零解的充分必要条件是 $R(\boldsymbol{A})<n$, 只有零解的充分必要条件是 $R(\boldsymbol{A})=n$, 这里 n 为方程组未知元的个数.

非齐次线性方程组 (3.4) 有唯一解的充分必要条件是 $R(\boldsymbol{A})=R(\boldsymbol{A},\boldsymbol{b})=n$, 有无穷多解的充分必要条件是 $R(\boldsymbol{A})=R(\boldsymbol{A},\boldsymbol{b})<n$, 无解的充分必要条件是 $R(\boldsymbol{A})\neq R(\boldsymbol{A},\boldsymbol{b})$, 这里 n 也是方程组未知元的个数.

如果 (3.4) 有唯一解, 则对应的 (3.5) 只有零解; 如果 (3.4) 有无穷多解, 则对应的 (3.5) 有非零解. 但 (3.5) 可解并不蕴含 (3.4) 的可解性信息.

一般地, 在空间解析几何中, 平面可以用一个 3 元线性方程 $Ax+By+Cz+D=0$ 来表示. 对于由 m 个 3 元线性方程联立组成的线性方程组, 由于方程组的一个解在几何中表示一个点, 因此, 如果该方程组有解, 就说明这些线性方程组表示的平面有公共点, 或者说它们有交点; 如果解是唯一的, 那么这些平面交于一点; 当解有无穷多, 且对应的齐次方程组的基础解系只有一个非零向量时, 这些平面交于一条直线; 当解有无穷多, 且对应的齐次方程组的基础解系有两个线性无关向量时, 这些平面交于一张平面; 如果方程组无解, 那么这些平面没有交点. 具体来说, 考虑

$$\begin{cases}\pi_1: a_1x+b_1y+c_1z=d_1,\\ \pi_2: a_2x+b_2y+c_2z=d_2,\\ \pi_3: a_3x+b_3y+c_3z=d_3.\end{cases}$$

记 $\boldsymbol{\beta}_i=(a_i,b_i,c_i),\boldsymbol{\gamma}_i=(\boldsymbol{\beta}_i,d_i)\ (i=1,2,3)$,

$$\boldsymbol{\alpha}_1=\begin{pmatrix}a_1\\a_2\\a_3\end{pmatrix},\boldsymbol{\alpha}_2=\begin{pmatrix}b_1\\b_2\\b_3\end{pmatrix},\boldsymbol{\alpha}_3=\begin{pmatrix}c_1\\c_2\\c_3\end{pmatrix},\boldsymbol{\alpha}_4=\begin{pmatrix}d_1\\d_2\\d_3\end{pmatrix}.$$

显然 $\boldsymbol{\beta}_1,\boldsymbol{\beta}_2,\boldsymbol{\beta}_3$ 分别表示平面 π_1,π_2,π_3 的法向量.

情形 1: $R(\boldsymbol{\alpha}_1,\boldsymbol{\alpha}_2,\boldsymbol{\alpha}_3)=R(\boldsymbol{\alpha}_1,\boldsymbol{\alpha}_2,\boldsymbol{\alpha}_3,\boldsymbol{\alpha}_4)=3$. 方程组有唯一解, 其几何意义是三张平面交于一点.

情形 2: $R(\boldsymbol{\alpha}_1,\boldsymbol{\alpha}_2,\boldsymbol{\alpha}_3)=2$, 即 $R(\boldsymbol{\beta}_1,\boldsymbol{\beta}_2,\boldsymbol{\beta}_3)=2$.

(1) $R(\boldsymbol{\alpha}_1,\boldsymbol{\alpha}_2,\boldsymbol{\alpha}_3,\boldsymbol{\alpha}_4)=2$, 这时方程组有无穷多解, 对应齐次方程组的基础解系只有一个非零向量, 因此其几何意义是三张平面交于一条直线. 此时, 还可进一步考虑两种情形: 如果 $R(\gamma_1,\gamma_2,\gamma_3)=2$, 且 $\gamma_1,\gamma_2,\gamma_3$ 中有两个向量线性相关, 则几何意义是两张平面重合, 第 3 张平面与它们相交; 如果 $R(\gamma_1,\gamma_2,\gamma_3)=2$, 且 $\gamma_1,\gamma_2,\gamma_3$ 中任意两个向量线性无关, 则几何意义是三张平面交于一条直线.

(2) $R(\boldsymbol{\alpha}_1,\boldsymbol{\alpha}_2,\boldsymbol{\alpha}_3,\boldsymbol{\alpha}_4)=3$, 这时方程组无解. 进一步, 如果 $\boldsymbol{\beta}_1,\boldsymbol{\beta}_2,\boldsymbol{\beta}_3$ 中有两个向量线性相关, 其几何意义是有两张平面平行, 第三张平面和它们相交; 如果 $\boldsymbol{\beta}_1,\boldsymbol{\beta}_2,\boldsymbol{\beta}_3$ 中任意两个向量都线性无关, 其几何意义是三张平面两两相交, 中间围成一个三棱柱.

情形 3: $R(\boldsymbol{\alpha}_1,\boldsymbol{\alpha}_2,\boldsymbol{\alpha}_3)=1$, 即 $R(\boldsymbol{\beta}_1,\boldsymbol{\beta}_2,\boldsymbol{\beta}_3)=1$, 这时三张平面相互平行.

(1) $R(\boldsymbol{\alpha}_1,\boldsymbol{\alpha}_2,\boldsymbol{\alpha}_3,\boldsymbol{\alpha}_4)=1$, 此时方程组有无穷多解. 由于对应齐次线性方程组的基础解系有两个线性无关的解向量, 因此, π_1,π_2,π_3 实际上是同一个平面.

(2) $R(\boldsymbol{\alpha}_1,\boldsymbol{\alpha}_2,\boldsymbol{\alpha}_3,\boldsymbol{\alpha}_4)=2$, 此时方程组无解. 如果 $\gamma_1,\gamma_2,\gamma_3$ 中有两个向量线性相关, 其几何意义是两张平面重合, 第 3 张平面与它们平行; 如果 $\gamma_1,\gamma_2,\gamma_3$ 中任意两个向量都线性无关, 其几何意义是三张平面相互平行但不重合.

问题 3.3 线性空间中关于基和维数的基本计算.

对于线性空间, 确定其基和维数是基本内容. 只要一组基确定下来了, 其维数自然也就确定了. 一般来说, 确定基的基本方法有两个.

(1) 如果能够给出线性空间 V 的生成元, 即 $V=L(\boldsymbol{\alpha}_1,\boldsymbol{\alpha}_2,\cdots,\boldsymbol{\alpha}_m)$, 则向量组 $\boldsymbol{\alpha}_1,\boldsymbol{\alpha}_2,\cdots,\boldsymbol{\alpha}_m$ 的一个极大线性无关组就是线性空间 V 的一组基, 极大线性无关组中所含向量的个数就是 V 的维数.

(2) 如果知道 V 的基本构成, 可根据 V 中元素构成的基本特征, 寻求 V 的任意元素 $\boldsymbol{\alpha}$ 的线性组合 $\boldsymbol{\alpha}=x_1\boldsymbol{\alpha}_1+x_2\boldsymbol{\alpha}_2+\cdots+x_p\boldsymbol{\alpha}_p$, 并证明向量组 $\boldsymbol{\alpha}_1,\boldsymbol{\alpha}_2,\cdots,\boldsymbol{\alpha}_p$ 线性无关, 则该向量组即为 V 的一组基, 其维数为 p.

例如, 对于 $V=\left\{\begin{pmatrix} a & b\\ b & c\end{pmatrix}: a,b,c\in\mathbb{R}\right\}$, 由于其任意元素 $\boldsymbol{\alpha}$ 可表示为

$$\boldsymbol{\alpha}=\begin{pmatrix} a & b\\ b & c\end{pmatrix}=a\begin{pmatrix} 1 & 0\\ 0 & 0\end{pmatrix}+b\begin{pmatrix} 0 & 1\\ 1 & 0\end{pmatrix}+c\begin{pmatrix} 0 & 0\\ 0 & 1\end{pmatrix},$$

且容易证明 $\boldsymbol{\alpha}_1=\begin{pmatrix} 1 & 0\\ 0 & 0\end{pmatrix},\boldsymbol{\alpha}_2=\begin{pmatrix} 0 & 1\\ 1 & 0\end{pmatrix},\boldsymbol{\alpha}_3=\begin{pmatrix} 0 & 0\\ 0 & 1\end{pmatrix}$ 线性无关. 因此 $\boldsymbol{\alpha}_1$, $\boldsymbol{\alpha}_2$, $\boldsymbol{\alpha}_3$ 是 V 的一组基, 其维数为 3.

问题 3.4 思考关于齐次线性方程组 $\boldsymbol{Ax}=\mathbf{0}$ 求解问题的反问题.

给出一个由 s 个线性无关的 n 维列向量 $\boldsymbol{\alpha}_1,\boldsymbol{\alpha}_2,\cdots,\boldsymbol{\alpha}_s\ (s<n)$ 组成的向量组, 试求以该向量组为基础解系的齐次线性方程组 $\boldsymbol{Ax}=\mathbf{0}$, 其中 $\boldsymbol{A}$ 为 $m\times n$ 矩阵.

习 题 3

(A)

1. 填空题.

(1) 设向量 $\boldsymbol{\alpha}=(3,5,1,1),\boldsymbol{\beta}=(-1,2,3,5)$, 且 $2\boldsymbol{\alpha}+\boldsymbol{\xi}-4\boldsymbol{\beta}=\mathbf{0}$, 则 $\boldsymbol{\xi}=($ $)$;

(2) 设向量组 $\boldsymbol{\alpha}_1=\begin{pmatrix}1\\2\\3\end{pmatrix},\boldsymbol{\alpha}_2=\begin{pmatrix}1\\1\\0\end{pmatrix},\boldsymbol{\alpha}_3=\begin{pmatrix}1\\a\\1\end{pmatrix}$ 的秩为 2, 则 $a=($ $)$;

(3) 设向量组 $\boldsymbol{\alpha}_1=(a,0,b),\boldsymbol{\alpha}_2=(2,4,4),\boldsymbol{\alpha}_3=(1,3,2)$ 线性相关, 则参数 a,b 满足的条件为 ( );

(4) 设向量组 $\boldsymbol{\alpha}_1,\boldsymbol{\alpha}_2,\boldsymbol{\alpha}_3$ 与 $\boldsymbol{\beta}_1,\boldsymbol{\beta}_2$ 之间具有关系 $\boldsymbol{\alpha}_1=\boldsymbol{\beta}_1+\boldsymbol{\beta}_2,\boldsymbol{\alpha}_2=2\boldsymbol{\beta}_1-\boldsymbol{\beta}_2,\boldsymbol{\alpha}_3=2\boldsymbol{\beta}_1+5\boldsymbol{\beta}_2$, 则向量组 $\boldsymbol{\alpha}_1,\boldsymbol{\alpha}_2,\boldsymbol{\alpha}_3$ 一定线性 ( ) 关;

(5) 矩阵 $\boldsymbol{A}=\begin{pmatrix}0&1&0&4\\2&0&0&5\\0&0&3&6\\0&0&0&0\end{pmatrix}$ 的列向量组的一个极大线性无关组是 ( );

(6) 实线性空间 $V=\{(x,y,z)|x+y-z=0\}$ 的一组基是 ( );

(7) 向量空间 $\mathbb{R}^2$ 的从基 $\boldsymbol{\alpha}_1=\begin{pmatrix}2\\3\end{pmatrix},\boldsymbol{\alpha}_2=\begin{pmatrix}1\\3\end{pmatrix}$ 到基 $\boldsymbol{\beta}_1=\begin{pmatrix}2\\1\end{pmatrix},\boldsymbol{\beta}_2=\begin{pmatrix}1\\2\end{pmatrix}$ 的过渡矩阵是 ( );

(8) 空间 $\mathbb{R}^2$ 中向量 $\boldsymbol{\alpha}=\begin{pmatrix}1\\3\end{pmatrix}$ 在 $\mathbb{R}^2$ 中基 $\boldsymbol{\alpha}_1=\begin{pmatrix}2\\1\end{pmatrix},\boldsymbol{\alpha}_2=\begin{pmatrix}2\\3\end{pmatrix}$ 下的坐标为 ( );

(9) 已知向量 $\begin{pmatrix}1\\-1\\p\end{pmatrix},\begin{pmatrix}0\\1\\-1\end{pmatrix}$ 是方程组 $\begin{cases}x_1+x_2-x_3=2,\\3x_1+qx_2+x_3=r\end{cases}$ 的解, 则 p,q,r 满足 ( );

(10) 齐次方程组 $\begin{cases}x_1+x_2+x_3=0,\\ax_1+bx_2+cx_3=0,\\a^2x_1+b^2x_2+c^2x_3=0\end{cases}$ 有非零解的充分必要条件是 a,b,c 满

足 (　　);

(11) 设 n 阶矩阵 $\boldsymbol{A}$ 的各行元素之和为 0, 且 $\boldsymbol{A}$ 的伴随矩阵 $\boldsymbol{A}^* \neq \boldsymbol{O}$, 则齐次线性方程组 $\boldsymbol{Ax}=\boldsymbol{0}$ 的一组基础解系为 (　　);

(12) 设 $\begin{cases} bx_1+cx_3=a, \\ ax_1+cx_2=b, \\ bx_2+ax_3=0 \end{cases}$ 有唯一解, 则参数 a,b,c 满足 (　　).

2. 判定下列向量组的线性相关性:

(1) $\begin{pmatrix} -1 \\ 3 \\ 1 \end{pmatrix}, \begin{pmatrix} 2 \\ 1 \\ 0 \end{pmatrix}, \begin{pmatrix} 1 \\ 4 \\ 1 \end{pmatrix}$;　(2) $\begin{pmatrix} 1 \\ 1 \\ 1 \\ 0 \end{pmatrix}, \begin{pmatrix} 0 \\ 3 \\ 1 \\ 3 \end{pmatrix}, \begin{pmatrix} 0 \\ 1 \\ 1 \\ -1 \end{pmatrix}$.

3. 设 $\boldsymbol{\alpha}_1,\boldsymbol{\alpha}_2$ 线性无关,$\boldsymbol{\alpha}_1+\boldsymbol{\beta},\boldsymbol{\alpha}_2+\boldsymbol{\beta}$ 线性相关. 证明: 向量 $\boldsymbol{\beta}$ 可以用 $\boldsymbol{\alpha}_1,\boldsymbol{\alpha}_2$ 线性表示.

4. 设 $\boldsymbol{\alpha}_1,\boldsymbol{\alpha}_2$ 线性相关,$\boldsymbol{\beta}_1,\boldsymbol{\beta}_2$ 线性相关, 问 $\boldsymbol{\alpha}_1+\boldsymbol{\beta}_1,\boldsymbol{\alpha}_2+\boldsymbol{\beta}_2$ 是否一定线性相关? 试举例说明.

5. 下列命题 (或说法) 是否正确? 若正确, 请证明; 若不正确, 举反例.

(1) 若向量组 $\boldsymbol{\alpha}_1,\boldsymbol{\alpha}_2,\cdots,\boldsymbol{\alpha}_s$ 线性相关, 则 $\boldsymbol{\alpha}_1$ 一定可以由 $\boldsymbol{\alpha}_2,\boldsymbol{\alpha}_3,\cdots,\boldsymbol{\alpha}_s$ 线性表示;

(2) 若有不全为 0 的数 $a_1,a_2,\cdots,a_s$ 使

$$a_1\boldsymbol{\alpha}_1+a_2\boldsymbol{\alpha}_2+\cdots+a_s\boldsymbol{\alpha}_s+a_1\boldsymbol{\beta}_1+a_2\boldsymbol{\beta}_2+\cdots+a_s\boldsymbol{\beta}_s=\boldsymbol{0}$$

成立, 则向量组 $\boldsymbol{\alpha}_1,\boldsymbol{\alpha}_2,\cdots,\boldsymbol{\alpha}_s$ 和 $\boldsymbol{\beta}_1,\boldsymbol{\beta}_2,\cdots,\boldsymbol{\beta}_s$ 都线性相关;

(3) 若只有当 $a_1,a_2,\cdots,a_s$ 全为 0 时, 等式

$$a_1\boldsymbol{\alpha}_1+a_2\boldsymbol{\alpha}_2+\cdots+a_s\boldsymbol{\alpha}_s+a_1\boldsymbol{\beta}_1+a_2\boldsymbol{\beta}_2+\cdots+a_s\boldsymbol{\beta}_s=\boldsymbol{0}$$

才能成立, 则向量组 $\boldsymbol{\alpha}_1,\boldsymbol{\alpha}_2,\cdots,\boldsymbol{\alpha}_s$ 和 $\boldsymbol{\beta}_1,\boldsymbol{\beta}_2,\cdots,\boldsymbol{\beta}_s$ 都线性无关;

(4) 若向量组 $\boldsymbol{\alpha}_1,\boldsymbol{\alpha}_2,\cdots,\boldsymbol{\alpha}_s$ 和 $\boldsymbol{\beta}_1,\boldsymbol{\beta}_2,\cdots,\boldsymbol{\beta}_s$ 都线性相关, 则有不全为 0 的数 $a_1,a_2,\cdots,a_s$ 使

$$a_1\boldsymbol{\alpha}_1+a_2\boldsymbol{\alpha}_2+\cdots+a_s\boldsymbol{\alpha}_s=\boldsymbol{0},\quad a_1\boldsymbol{\beta}_1+a_2\boldsymbol{\beta}_2+\cdots+a_s\boldsymbol{\beta}_s=\boldsymbol{0}$$

同时成立;

(5) 向量组 $\boldsymbol{\alpha}_1,\boldsymbol{\alpha}_2,\cdots,\boldsymbol{\alpha}_s$ $(s>2)$ 线性无关的充分必要条件是任意两个向量线性无关;

(6) 向量组 $\boldsymbol{\alpha}_1,\boldsymbol{\alpha}_2,\cdots,\boldsymbol{\alpha}_s$ $(s>2)$ 线性相关的充分必要条件是有 $s-1$ 个向量线性相关.

6. 设 $\boldsymbol{\alpha}_1,\boldsymbol{\alpha}_2,\cdots,\boldsymbol{\alpha}_s$ 为 n 维向量,

$$\boldsymbol{\beta}_1=\boldsymbol{\alpha}_1,\quad \boldsymbol{\beta}_2=\boldsymbol{\alpha}_1+\boldsymbol{\alpha}_2,\quad \cdots,\quad \boldsymbol{\beta}_s=\boldsymbol{\alpha}_1+\boldsymbol{\alpha}_2+\cdots+\boldsymbol{\alpha}_s.$$

证明: $\boldsymbol{\alpha}_1,\boldsymbol{\alpha}_2,\cdots,\boldsymbol{\alpha}_s$ 线性无关的充分必要条件是 $\boldsymbol{\beta}_1,\boldsymbol{\beta}_2,\cdots,\boldsymbol{\beta}_s$ 线性无关.

7. 设 $\boldsymbol{\alpha}_1,\boldsymbol{\alpha}_2,\boldsymbol{\alpha}_3$ 线性无关,$\boldsymbol{\beta}_1=a\boldsymbol{\alpha}_1+b\boldsymbol{\alpha}_2,\boldsymbol{\beta}_2=a\boldsymbol{\alpha}_2+b\boldsymbol{\alpha}_3,\boldsymbol{\beta}_3=a\boldsymbol{\alpha}_3+b\boldsymbol{\alpha}_1$. 问 a,b 满足什么条件时, $\boldsymbol{\beta}_1,\boldsymbol{\beta}_2,\boldsymbol{\beta}_3$ 线性无关.

8. 设 $\boldsymbol{\alpha}_1,\boldsymbol{\alpha}_2,\cdots,\boldsymbol{\alpha}_n$ 为 n 维向量, 证明: 如果 n 维基本单位向量均可由 $\boldsymbol{\alpha}_1,\boldsymbol{\alpha}_2,\cdots,\boldsymbol{\alpha}_n$ 线性表示, 则 $\boldsymbol{\alpha}_1,\boldsymbol{\alpha}_2,\cdots,\boldsymbol{\alpha}_n$ 一定线性无关.

9. 求下列向量组的秩, 并求一个极大线性无关组:

(1) $\boldsymbol{\alpha}_1=\begin{pmatrix}1\\2\\-1\\4\end{pmatrix},\boldsymbol{\alpha}_2=\begin{pmatrix}9\\1\\-1\\4\end{pmatrix},\boldsymbol{\alpha}_3=\begin{pmatrix}-2\\-4\\2\\8\end{pmatrix}$;

(2) $\boldsymbol{\alpha}_1=(1,2,1,3),\boldsymbol{\alpha}_2=(4,-1,-5,-6),\boldsymbol{\alpha}_3=(1,-3,-4,-7)$.

10. 利用初等变换求下列矩阵列向量组的一个极大线性无关组, 并把其余列向量用极大线性无关组线性表示:

(1) $\begin{pmatrix}1&1&2&2&1\\0&2&1&5&-1\\2&0&3&-1&3\\1&1&0&4&-1\end{pmatrix}$;　(2) $\begin{pmatrix}1&2&1&0&1\\1&2&2&1&0\\2&4&3&1&1\\1&2&2&1&1\end{pmatrix}$.

11. 设向量组 $\begin{pmatrix}a\\3\\1\end{pmatrix},\begin{pmatrix}2\\b\\3\end{pmatrix},\begin{pmatrix}1\\2\\1\end{pmatrix},\begin{pmatrix}2\\3\\12\end{pmatrix}$ 的秩为 2, 求 a,b.

12. 设 $\begin{cases}\boldsymbol{\beta}_1=\boldsymbol{\alpha}_2+\boldsymbol{\alpha}_3+\cdots+\boldsymbol{\alpha}_n,\\ \boldsymbol{\beta}_2=\boldsymbol{\alpha}_1+\boldsymbol{\alpha}_3+\cdots+\boldsymbol{\alpha}_n,\\ \qquad\cdots\cdots\\ \boldsymbol{\beta}_n=\boldsymbol{\alpha}_1+\boldsymbol{\alpha}_2+\cdots+\boldsymbol{\alpha}_{n-1}.\end{cases}$ 证明: 向量组 $\boldsymbol{\beta}_1,\boldsymbol{\beta}_2,\cdots,\boldsymbol{\beta}_n$ 与 $\boldsymbol{\alpha}_1,\boldsymbol{\alpha}_2,\cdots,\boldsymbol{\alpha}_n$ 等价.

13. 求下列齐次线性方程组的一般解和基础解系:

(1) $\begin{cases}x_1-8x_2+10x_3+2x_4=0,\\2x_1+4x_2+5x_3-x_4=0,\\3x_1+8x_2+6x_3-2x_4=0;\end{cases}$　(2) $\begin{cases}2x_1-3x_2-2x_3+x_4=0,\\3x_1+5x_2+4x_3-2x_4=0,\\8x_1+7x_2+6x_3-3x_4=0.\end{cases}$

14. 求下列非齐次线性方程组的一般解:

(1) $\begin{cases}x_1+x_2=5,\\2x_1+x_2+x_3+2x_4=1,\\5x_1+3x_2+2x_3+2x_4=3;\end{cases}$　(2) $\begin{cases}x_1-5x_2+2x_3-3x_4=11,\\5x_1+3x_2+6x_3-x_4=-1,\\2x_1+4x_2+2x_3+x_4=-6.\end{cases}$

15. 讨论下列方程组何时有唯一解? 有无穷多解? 何时无解? 有无穷多解时, 求其一般解.

(1) $\begin{cases} ax_1+x_2+x_3=1, \\ x_1+bx_2+x_3=1, \\ x_1+x_2+cx_3=1; \end{cases}$ (2) $\begin{cases} \lambda x_1+x_2+x_3=1, \\ x_1+\lambda x_2+x_3=\lambda, \\ x_1+x_2+\lambda x_3=\lambda^2. \end{cases}$

16. 已知线性方程组 $\begin{pmatrix} 1 & 1 & \lambda \\ 1 & \lambda & 1 \\ \lambda & 1 & 1 \end{pmatrix}\boldsymbol{x}=\begin{pmatrix} 1 \\ 1 \\ -2 \end{pmatrix}$ 有无穷多解. 试求参数 λ 的值, 并求方程组的一般解.

17. 设 $\boldsymbol{\eta}_1,\boldsymbol{\eta}_2,\cdots,\boldsymbol{\eta}_t$ 是线性方程组 $\boldsymbol{Ax}=\mathbf{0}$ 的一组线性无关的解, $\boldsymbol{\xi}$ 不是 $\boldsymbol{Ax}=\mathbf{0}$ 的解. 证明: $\boldsymbol{\xi},\boldsymbol{\xi}+\boldsymbol{\eta}_1,\boldsymbol{\xi}+\boldsymbol{\eta}_2,\cdots,\boldsymbol{\xi}+\boldsymbol{\eta}_t$ 线性无关.

18. 设 $\boldsymbol{\eta}_1,\boldsymbol{\eta}_2,\boldsymbol{\eta}_3$ 是线性方程组 $\boldsymbol{Ax}=\mathbf{0}$ 的一个基础解系, 证明: 向量组 $\boldsymbol{\eta}_1+\boldsymbol{\eta}_2,\boldsymbol{\eta}_2+\boldsymbol{\eta}_3,\boldsymbol{\eta}_3+\boldsymbol{\eta}_1$ 也是方程组 $\boldsymbol{Ax}=\mathbf{0}$ 的基础解系.

19. 设 $\boldsymbol{A}$ 为 n 阶矩阵,$\boldsymbol{b}$ 是 n 维非零向量, $\boldsymbol{\eta}_1,\boldsymbol{\eta}_2$ 是线性方程组 $\boldsymbol{Ax}=\boldsymbol{b}$ 的解, $\boldsymbol{\eta}$ 是 $\boldsymbol{Ax}=\mathbf{0}$ 的解.

(1) 若 $\boldsymbol{\eta}_1\neq\boldsymbol{\eta}_2$, 证明: $\boldsymbol{\eta}_1,\boldsymbol{\eta}_2$ 线性无关;

(2) 若 $R(\boldsymbol{A})=n-1$, 证明: $\boldsymbol{\eta},\boldsymbol{\eta}_1,\boldsymbol{\eta}_2$ 线性相关.

20. 设向量 $\boldsymbol{\alpha}_1=\begin{pmatrix} a \\ 2 \\ 10 \end{pmatrix},\boldsymbol{\alpha}_2=\begin{pmatrix} -2 \\ 1 \\ 5 \end{pmatrix},\boldsymbol{\alpha}_3=\begin{pmatrix} -1 \\ 2 \\ 4 \end{pmatrix},\boldsymbol{\beta}=\begin{pmatrix} 1 \\ b \\ c \end{pmatrix}$. 问参数 a,b,c 满足什么条件时,$\boldsymbol{\beta}$ 能用 $\boldsymbol{\alpha}_1,\boldsymbol{\alpha}_2,\boldsymbol{\alpha}_3$ 唯一线性表示?$\boldsymbol{\beta}$ 不能由 $\boldsymbol{\alpha}_1,\boldsymbol{\alpha}_2,\boldsymbol{\alpha}_3$ 线性表示? $\boldsymbol{\beta}$ 可以由 $\boldsymbol{\alpha}_1,\boldsymbol{\alpha}_2,\boldsymbol{\alpha}_3$ 线性表示, 但表示式不唯一?

21. 求矩阵 $\boldsymbol{A}=\begin{pmatrix} 1 & 2 & 1 & 0 & -1 \\ 2 & -2 & 3 & 1 & 4 \\ 3 & 0 & 4 & 1 & 3 \\ 1 & -4 & 3 & 1 & 5 \end{pmatrix}$ 的行向量组成的子空间和列向量组成的子空间以及线性方程组 $\boldsymbol{Ax}=\mathbf{0}$ 的解空间的基与维数.

22. 判断 $\mathbb{R}^3$ 的下列子集是否构成 $\mathbb{R}^3$ 的子空间. 如果构成子空间, 求其维数和一组基.

(1) $V=\{(x,y,z)|2x+3y-4z=1\}$;

(2) $V=\{(x,y,z)|x-2y+3z=0\}$;

(3) $V=\{(x,y,z)|x=2y=3z\}$.

23. 证明$\boldsymbol{\alpha}_1=\begin{pmatrix} 1 \\ 2 \\ 1 \end{pmatrix},\boldsymbol{\alpha}_2=\begin{pmatrix} 2 \\ 3 \\ 1 \end{pmatrix},\boldsymbol{\alpha}_3=\begin{pmatrix} 1 \\ 0 \\ 1 \end{pmatrix}$ 是 $\mathbb{R}^3$ 的基, 并求从 $\boldsymbol{e}_1,\boldsymbol{e}_2,\boldsymbol{e}_3$ 到

$\boldsymbol{\alpha}_1,\boldsymbol{\alpha}_2,\boldsymbol{\alpha}_3$ 的过渡矩阵和向量 $\boldsymbol{\eta}=\begin{pmatrix}1\\2\\3\end{pmatrix}$ 在这两组基下的坐标.

(B)

24. 已知 n 阶矩阵 $\boldsymbol{A}$ 满足 $R(\boldsymbol{A})=n-r,\boldsymbol{\alpha}_1,\boldsymbol{\alpha}_2,\cdots,\boldsymbol{\alpha}_{r+1}$ 是线性方程组 $\boldsymbol{Ax}=\boldsymbol{b}$ 的线性无关解. 证明: $\boldsymbol{Ax}=\boldsymbol{b}$ 的任意解可由 $\boldsymbol{\alpha}_1,\boldsymbol{\alpha}_2,\cdots,\boldsymbol{\alpha}_{r+1}$ 线性表示.

25. 设 n 阶非零矩阵 $\boldsymbol{A},\boldsymbol{B}$ 满足 $\boldsymbol{AB}=\boldsymbol{O},\boldsymbol{A}^*\neq\boldsymbol{O}$. 若 $\boldsymbol{\alpha}_1,\boldsymbol{\alpha}_2,\cdots,\boldsymbol{\alpha}_k$ 是线性方程组 $\boldsymbol{Bx}=\boldsymbol{0}$ 的一个基础解系,$\boldsymbol{\alpha}$ 是任意 n 维向量. 证明 $\boldsymbol{B\alpha}$ 可以由 $\boldsymbol{\alpha}_1,\boldsymbol{\alpha}_2,\cdots,\boldsymbol{\alpha}_k,\boldsymbol{\alpha}$ 线性表示, 并问何时表示式唯一.

26. 已知 3 阶矩阵 $\boldsymbol{A}$ 与 3 维列向量 $\boldsymbol{x}$ 满足 $\boldsymbol{A}^3\boldsymbol{x}=3\boldsymbol{Ax}-\boldsymbol{A}^2\boldsymbol{x}$, 且向量组 $\boldsymbol{x},\boldsymbol{Ax},\boldsymbol{A}^2\boldsymbol{x}$ 线性无关.

(1) 记 $\boldsymbol{P}=(\boldsymbol{x},\boldsymbol{Ax},\boldsymbol{A}^2\boldsymbol{x})$, 求 3 阶矩阵 $\boldsymbol{B}$ 使 $\boldsymbol{AP}=\boldsymbol{PB}$;

(2) 求 $|\boldsymbol{A}|$.

27. 求一个齐次线性方程组, 使其一个基础解系为 $\boldsymbol{\xi}_1=(0,1,2,3)^{\mathrm{T}},\boldsymbol{\xi}_2=(3,2,1,0)^{\mathrm{T}}$.

28. 证明: 线性方程组 $\boldsymbol{Ax}=\boldsymbol{b}$ 有解的充分必要条件是线性方程组

$$\begin{pmatrix}\boldsymbol{A}^{\mathrm{T}}\\ \boldsymbol{b}^{\mathrm{T}}\end{pmatrix}\boldsymbol{y}=\begin{pmatrix}\boldsymbol{0}\\1\end{pmatrix}$$

无解.

29. 求直角坐标系中三条直线 $a_ix+b_iy+c_i=0\ (i=1,2,3)$ 相交于一点的充分必要条件.

30. 已知 n 阶矩阵 $\boldsymbol{A}$ 满足 $\boldsymbol{Ax}_1=\boldsymbol{x}_1,\boldsymbol{Ax}_2=\boldsymbol{x}_1+\boldsymbol{x}_2,\boldsymbol{Ax}_3=\boldsymbol{x}_2+\boldsymbol{x}_3,\boldsymbol{x}_1\neq\boldsymbol{0}$. 证明: $\boldsymbol{x}_1,\boldsymbol{x}_2,\boldsymbol{x}_3$ 线性无关.

31. 已知方程组 $\begin{cases}x_1+2x_3=1,\\2x_1+ax_2+5x_3=0,\\4x_1+cx_3=b\end{cases}$ 的通解为 $k\boldsymbol{\alpha}+\boldsymbol{\eta},k$ 为任意常数, 求参数 a,b,c.

32. 设 n 阶矩阵 $\boldsymbol{A},\boldsymbol{B}$ 满足 $R(\boldsymbol{A})+R(\boldsymbol{B})<n$. 证明: 线性方程组 $\boldsymbol{Ax}=\boldsymbol{0}$ 与 $\boldsymbol{Bx}=\boldsymbol{0}$ 一定有非零公共解.

33. 设 $\boldsymbol{A},\boldsymbol{B}$ 为 n 阶矩阵, 线性方程组 $\boldsymbol{Ax}=\boldsymbol{0}$ 与 $\boldsymbol{Bx}=\boldsymbol{0}$ 分别有 l,m 个线性无关的解向量.

(1) 证明: $\boldsymbol{ABx}=\boldsymbol{0}$ 至少有 $\max(l,m)$ 个线性无关的解向量;

(2) 如果 $l+m>n$, 则方程组 $(\boldsymbol{A}+\boldsymbol{B})\boldsymbol{x}=\boldsymbol{0}$ 必有非零解.

34. 已知 3 阶矩阵 $\boldsymbol{A}=(a_{ij})$ 满足 $a_{ij}=A_{ij},a_{33}=-1,|\boldsymbol{A}|=1$. 求线性方程组 $\boldsymbol{Ax}=(0,0,1)^{\mathrm{T}}$ 的解.

35. 设 $\boldsymbol{\alpha}_i\ (i=1,2,3,4)$ 是 4 维列向量, $\boldsymbol{\alpha}_1,\boldsymbol{\alpha}_2,\boldsymbol{\alpha}_3$ 线性无关,

$$\boldsymbol{\alpha}_4=\boldsymbol{\alpha}_1+\boldsymbol{\alpha}_2+2\boldsymbol{\alpha}_3,\ \boldsymbol{B}=(\boldsymbol{\alpha}_1-\boldsymbol{\alpha}_2,\boldsymbol{\alpha}_2+\boldsymbol{\alpha}_3,-\boldsymbol{\alpha}_1+a\boldsymbol{\alpha}_2+\boldsymbol{\alpha}_3),$$

方程组 $\boldsymbol{B}\boldsymbol{x} = \boldsymbol{\alpha}_4$ 有无穷多解.

(1) 求 a;

(2) 求解方程组 $\boldsymbol{B}\boldsymbol{x} = \boldsymbol{\alpha}_4$.

36. 矩阵 $\boldsymbol{A}_{m\times n}, \boldsymbol{B}_{n\times p}, \boldsymbol{C}_{p\times s}$ 满足 $R(\boldsymbol{A}) = n, R(\boldsymbol{C}) = p, \boldsymbol{ABC} = \boldsymbol{O}$. 证明: $\boldsymbol{B} = \boldsymbol{O}$.

第 4 章　矩阵的特征值与对角化

矩阵的特征值在理论研究和实际应用上都很重要. 工程技术领域的许多问题都会涉及到矩阵的特征值. 矩阵的对角化与其特征值紧密联系, 是矩阵理论和应用的基本内容之一. 本章讨论矩阵的特征值问题, 并利用特征值理论讨论矩阵在相似意义下的对角化问题.

4.1　矩阵的特征值与特征向量

4.1.1　问题的提出

Markov 链是描述无后效性的独立重复随机试验的数学模型. 例如, 设某地 A, B, C 三区, 其人口流动情况可用矩阵

$$\boldsymbol{P}=\begin{pmatrix} 0.7 & 0.1 & 0.3 \\ 0.2 & 0.8 & 0.3 \\ 0.1 & 0.1 & 0.4 \end{pmatrix}$$

表示, 其中第 1 列表示: 在 1 年中 A 区人口中有 70% 留在 A 区, 20% 迁往 B 区, 10% 迁往 C 区; 第 2 列和第 3 列分别表示 B 区和 C 区人口 1 年的迁移情况. 用向量 $\boldsymbol{x}_n=(x_{1n}, x_{2n}, x_{3n})^{\mathrm{T}}$ 表示该地第 n 年的人口分布情况, 这里 x_{1n}, x_{2n}, x_{3n} 分别是 A, B, C 三区第 n 年的人口. 设最初的人口分布向量为 $\boldsymbol{x}_0=(0.55, 0.45, 0.05)^{\mathrm{T}}$, 则 n 年后的人口分布向量 $\boldsymbol{x}_n=P^n\boldsymbol{x}_0$. 我们称 $\boldsymbol{x}_0, \boldsymbol{x}_1, \cdots, \boldsymbol{x}_n, \cdots$ 构成一个**Markov 链**, 称矩阵 $\boldsymbol{P}$ 为**转移矩阵**.

这里出现了计算矩阵方幂的问题. 尽管在本书第 2 章已经涉及到这一问题, 但计算相对复杂些. 从数学角度考虑, 如果我们能找到一个可逆矩阵 $\boldsymbol{Q}$ 和另一形式较为简单的矩阵 $\boldsymbol{D}$, 比如对角矩阵, 使 $\boldsymbol{P}=\boldsymbol{QDQ}^{-1}$, 则由

$$\boldsymbol{P}^n=\boldsymbol{QD}^n\boldsymbol{Q}^{-1},$$

就可以简化矩阵方幂的计算. 为解决这一问题, 我们需要讨论方阵的特征值和特征向量.

4.1.2　特征值与特征向量的概念

定义 4.1　对 n 阶方阵 $\boldsymbol{A}=(a_{ij})$, 如果存在数 $\lambda\in\mathbb{C}$ 和非零向量 $\boldsymbol{\alpha}$, 使得

$$\boldsymbol{A}\boldsymbol{\alpha} = \lambda\boldsymbol{\alpha}, \tag{4.1}$$

则称 λ 是矩阵 $\boldsymbol{A}$ 的**特征值**, $\boldsymbol{\alpha}$ 为对应于特征值 λ 的**特征向量**. 有时, 也称 λ 为对应于 $\boldsymbol{\alpha}$ 的特征值.

根据定义 4.1, 不难发现:

(1) 特征值是针对方阵而言的;

(2) 特征向量 $\boldsymbol{\alpha}$ 一定是非零向量;

(3) 若 $\boldsymbol{\alpha}$ 是矩阵 $\boldsymbol{A}$ 的对应于特征值 λ 的特征向量, 则 $k\boldsymbol{\alpha}$ $(k \neq 0)$ 也是矩阵 $\boldsymbol{A}$ 的对应于特征值 λ 的特征向量. 这说明对应于特征值 λ 的特征向量不唯一.

如果 λ 是矩阵 $\boldsymbol{A}$ 的特征值, 则式 (4.1) 说明线性方程组

$$(\lambda\boldsymbol{E} - \boldsymbol{A})\boldsymbol{x} = \boldsymbol{0} \tag{4.2}$$

一定有非零解. 这样便有 $|\lambda\boldsymbol{E} - \boldsymbol{A}| = 0$. 正是这一简单但十分重要的观察, 使得我们可以通过

$$f(\lambda) = |\lambda\boldsymbol{E} - \boldsymbol{A}| = 0 \tag{4.3}$$

来求矩阵 $\boldsymbol{A}$ 的特征值, 并通过求解线性方程组 (4.2) 的基础解系得到对应于特征值 λ 的特征向量.

多项式 $f(\lambda) = |\lambda\boldsymbol{E} - \boldsymbol{A}|$ 称为矩阵 $\boldsymbol{A}$ 的**特征多项式**, 方程 $f(\lambda) = 0$ 称为矩阵 $\boldsymbol{A}$ 的**特征方程**. 由行列式的定义可知,n 阶实矩阵 $\boldsymbol{A}$ 的特征方程 $f(\lambda)$ 是 λ 的 n 次多项式. 所以, 由代数学基本定理, $f(\lambda) = 0$ 在复数集 $\mathbb{C}$ 中恰有 n 个根, 其中, 重根按照其重数计入根的个数.

例 4.1 设矩阵 $\boldsymbol{A} = \begin{pmatrix} a & & \\ & b & \\ & & c \end{pmatrix}$, a, b, c 为互不相等的实数, 求 $\boldsymbol{A}$ 的特征值与特征向量.

解 矩阵 $\boldsymbol{A}$ 的特征多项式 $f(\lambda) = |\lambda\boldsymbol{E} - \boldsymbol{A}| = (\lambda - a)(\lambda - b)(\lambda - c)$. 因此, 矩阵 $\boldsymbol{A}$ 有三个不同的特征值 $\lambda_1 = a, \lambda_2 = b, \lambda_3 = c$. 不难求得与它们对应的特征向量分别是

$$k_1\begin{pmatrix} 1 \\ 0 \\ 0 \end{pmatrix}, \quad k_2\begin{pmatrix} 0 \\ 1 \\ 0 \end{pmatrix}, \quad k_3\begin{pmatrix} 0 \\ 0 \\ 1 \end{pmatrix},$$

其中 k_1, k_2, k_3 为任意不为零的常数.

例 4.2 设矩阵 $\boldsymbol{A} = \begin{pmatrix} 0 & 1 & 1 \\ 1 & 0 & 1 \\ 1 & 1 & 0 \end{pmatrix}$, 求 $\boldsymbol{A}$ 的特征值与特征向量.

解　矩阵 $\boldsymbol{A}$ 的特征多项式 $f(\lambda)=|\lambda\boldsymbol{E}-\boldsymbol{A}|=(\lambda-2)(\lambda+1)^2$. 因此, $\boldsymbol{A}$ 的特征值为 $\lambda_1=2,\lambda_2=\lambda_3=-1$.

对于 $\lambda_1=2$, 求解线性方程组 $(\lambda_1\boldsymbol{E}-\boldsymbol{A})\boldsymbol{x}=\boldsymbol{0}$, 得其一个基础解系为 $\begin{pmatrix}1\\1\\1\end{pmatrix}$.

因此, 对应于特征值 λ_1 的特征向量为 $k_1\begin{pmatrix}1\\1\\1\end{pmatrix}$, $k_1\neq 0$ 为任意实常数.

对于 2 重特征值 $\lambda_2=\lambda_3=-1$, 求解线性方程组 $(\lambda_2\boldsymbol{E}-\boldsymbol{A})\boldsymbol{x}=\boldsymbol{0}$, 得其一个基础解系为 $\begin{pmatrix}-1\\1\\0\end{pmatrix},\begin{pmatrix}-1\\0\\1\end{pmatrix}$. 因此, 与 $\lambda_2=\lambda_3=-1$ 对应的特征向量为

$$k_2\begin{pmatrix}-1\\1\\0\end{pmatrix}+k_3\begin{pmatrix}-1\\0\\1\end{pmatrix},$$

其中 k_2,k_3 为不全为零的任意常数.

例 4.3　求矩阵 $\boldsymbol{A}=\begin{pmatrix}-1&1&0\\-4&3&0\\1&0&2\end{pmatrix}$ 的特征值和特征向量.

解　矩阵 $\boldsymbol{A}$ 的特征多项式 $f(\lambda)=|\lambda\boldsymbol{E}-\boldsymbol{A}|=(\lambda-2)(\lambda-1)^2$. 因此, $\boldsymbol{A}$ 的特征值为 $\lambda_1=2,\lambda_2=\lambda_3=1$.

对于 $\lambda_1=2$, 求解线性方程组 $(\lambda_1\boldsymbol{E}-\boldsymbol{A})\boldsymbol{x}=\boldsymbol{0}$, 得其一个基础解系为 $\begin{pmatrix}0\\0\\1\end{pmatrix}$.

因此, 对应于特征值 λ_1 的特征向量为 $k_1\begin{pmatrix}0\\0\\1\end{pmatrix}$, $k_1\neq 0$ 为任意实常数.

对于 2 重特征值 $\lambda_2=\lambda_3=1$, 求解线性方程组 $(\lambda_2\boldsymbol{E}-\boldsymbol{A})\boldsymbol{x}=\boldsymbol{0}$, 得其一个基础解系为 $\begin{pmatrix}1\\2\\-1\end{pmatrix}$. 因此, 与 $\lambda_2=\lambda_3=1$ 对应的特征向量为 $k_2\begin{pmatrix}1\\2\\-1\end{pmatrix}$, 其中 $k_2\neq 0$ 为任意常数.

由例 4.2 和例 4.3 可以看到, 如果 λ_0 为矩阵 $\boldsymbol{A}$ 的 k 重特征值, 那么与 λ_0 对应的特征向量至多有 k 个线性无关. 实际上, 这是一个具有一般性的结论, 即属于同一个特征值的线性无关的特征向量的个数不超过特征值的重数.

进一步, 如果 $\boldsymbol{\alpha}_1, \boldsymbol{\alpha}_2, \cdots, \boldsymbol{\alpha}_p$ 都是对应于矩阵 $\boldsymbol{A}$ 的特征值 λ 的特征向量, 若 $k_1\boldsymbol{\alpha}_1 + k_2\boldsymbol{\alpha}_2 + \cdots + k_p\boldsymbol{\alpha}_p \neq \boldsymbol{0}$, 则 $k_1\boldsymbol{\alpha}_1 + k_2\boldsymbol{\alpha}_2 + \cdots + k_p\boldsymbol{\alpha}_p$ 也是矩阵 $\boldsymbol{A}$ 的对应于特征值 λ 的特征向量. 因此, n 阶矩阵 $\boldsymbol{A}$ 对应于特征值 λ 的所有特征向量再添上零向量构成一个线性空间, 它是齐次线性方程组 (4.2) 的解空间, 称为矩阵 $\boldsymbol{A}$ 的对应于特征值 λ 的**特征子空间**, 记为 V_λ, 其维数为对应于 λ 的线性无关的特征向量的最大个数, 即

$$\dim(V_\lambda) = n - R(\lambda\boldsymbol{E} - \boldsymbol{A}).$$

可以证明, 它不超过特征值 λ 的重数.

例 4.4 设矩阵 $\boldsymbol{A}$ 满足 $\boldsymbol{A}^2 = \boldsymbol{E}$, 且 $\boldsymbol{A}$ 的特征值都是 1. 证明: $\boldsymbol{A} = \boldsymbol{E}$.

证明 由 $\boldsymbol{A}^2 = \boldsymbol{E}$, 得 $(\boldsymbol{E}+\boldsymbol{A})(\boldsymbol{E}-\boldsymbol{A}) = \boldsymbol{O}$. 由于 $\boldsymbol{A}$ 的特征值都是 1, 也就是说 -1 不是 $\boldsymbol{A}$ 的特征值, 即 $|(-1)\boldsymbol{E} - \boldsymbol{A}| \neq 0$. 因此, 矩阵 $\boldsymbol{E}+\boldsymbol{A}$ 可逆. 从而得到 $\boldsymbol{A} = \boldsymbol{E}$.

例 4.5 已知 $\boldsymbol{\alpha} = \begin{pmatrix} 1 \\ 1 \\ 1 \end{pmatrix}$ 是矩阵 $\boldsymbol{A} = \begin{pmatrix} a & 1 & 1 \\ 2 & 0 & 1 \\ -1 & 2 & 2 \end{pmatrix}$ 的对应于特征值 λ 的特征向量, 求 a, λ.

解 由特征值与特征向量的定义 $(\boldsymbol{A} - \lambda\boldsymbol{E})\boldsymbol{\alpha} = \boldsymbol{0}$, 得

$$\begin{pmatrix} a-\lambda & 1 & 1 \\ 2 & -\lambda & 1 \\ -1 & 2 & 2-\lambda \end{pmatrix}\begin{pmatrix} 1 \\ 1 \\ 1 \end{pmatrix} = \boldsymbol{0}.$$

解之, 得 $a = 1, \lambda = 3$.

例 4.6 设矩阵 $\boldsymbol{A} = \begin{pmatrix} 1 & -3 & 3 \\ 3 & a & 3 \\ 6 & -6 & b \end{pmatrix}$ 有特征值 $\lambda_1 = -2, \lambda_2 = 4$, 求 a, b.

解 根据题意, 得

$$|\boldsymbol{A} + 2\boldsymbol{E}| = 3(a+5)(b-4) = 0, \ |\boldsymbol{A} - 4\boldsymbol{E}| = -3((a-7)(b+2)+72) = 0,$$

求解, 得 $a = -5, b = 4$.

例 4.7 设 $\boldsymbol{A}$ 为 3 阶矩阵,$\boldsymbol{\alpha}_1, \boldsymbol{\alpha}_2, \boldsymbol{\alpha}_3$ 为线性无关的列向量组, 且

$$\boldsymbol{A}\boldsymbol{\alpha}_1 = \boldsymbol{\alpha}_2 + \boldsymbol{\alpha}_3, \quad \boldsymbol{A}\boldsymbol{\alpha}_2 = \boldsymbol{\alpha}_1 + \boldsymbol{\alpha}_3, \quad \boldsymbol{A}\boldsymbol{\alpha}_3 = \boldsymbol{\alpha}_1 + \boldsymbol{\alpha}_2.$$

求 $\boldsymbol{A}$ 的全部特征值.

解 由已知, 得

$$\boldsymbol{A}(\boldsymbol{\alpha}_1+\boldsymbol{\alpha}_2+\boldsymbol{\alpha}_3)=2(\boldsymbol{\alpha}_1+\boldsymbol{\alpha}_2+\boldsymbol{\alpha}_3), \boldsymbol{A}(\boldsymbol{\alpha}_2-\boldsymbol{\alpha}_1)=-(\boldsymbol{\alpha}_2-\boldsymbol{\alpha}_1), \boldsymbol{A}(\boldsymbol{\alpha}_3-\boldsymbol{\alpha}_1)=-(\boldsymbol{\alpha}_3-\boldsymbol{\alpha}_1),$$

$$\boldsymbol{\alpha}_1+\boldsymbol{\alpha}_2+\boldsymbol{\alpha}_3\neq\boldsymbol{0},\quad \boldsymbol{\alpha}_2-\boldsymbol{\alpha}_1\neq\boldsymbol{0},\quad \boldsymbol{\alpha}_3-\boldsymbol{\alpha}_1\neq\boldsymbol{0}.$$

因此,$\boldsymbol{A}$ 的特征值为 $\lambda_1=\lambda_2=-1, \lambda_3=2$.

4.1.3 特征值与特征向量的性质

定理 4.1 设 $\lambda_1,\lambda_2,\cdots,\lambda_n$ 是 n 阶矩阵 $\boldsymbol{A}=(a_{ij})$ 在复数集 $\mathbb{C}$ 中的特征值, 则

$$\operatorname{tr}(\boldsymbol{A})=\lambda_1+\lambda_2+\cdots+\lambda_n, \tag{4.4}$$

$$|\boldsymbol{A}|=\lambda_1\lambda_2\cdots\lambda_n, \tag{4.5}$$

这里 $\operatorname{tr}(\boldsymbol{A})=a_{11}+a_{22}+\cdots+a_{nn}$, 称为矩阵 $\boldsymbol{A}$ 的**迹**. 特别地, 由式 (4.5) 可知, 矩阵 $\boldsymbol{A}$ 可逆的充分必要条件为 $\boldsymbol{A}$ 的所有特征值全不为 0.

证明 由于 $\lambda_1,\lambda_2,\cdots,\lambda_n$ 是矩阵 $\boldsymbol{A}$ 的特征值, 因此,

$$f(\lambda)=|\lambda\boldsymbol{E}-\boldsymbol{A}|=(\lambda-\lambda_1)(\lambda-\lambda_2)\cdots(\lambda-\lambda_n).$$

由 $f(0)=|-\boldsymbol{A}|=(-1)^n|\boldsymbol{A}|$ 得 $f(\lambda)$ 的常数项为 $(-1)^n|\boldsymbol{A}|$. 又从上式右边容易看出, 其常数项也等于 $(-1)^n\lambda_1\lambda_2\cdots\lambda_n$. 比较即得式 (4.5). 类似地, 由行列式 $|\lambda\boldsymbol{E}-\boldsymbol{A}|$ 可见, 多项式 $f(\lambda)$ 中 λ^{n-1} 的系数为 $-(a_{11}+a_{22}+\cdots+a_{nn})$. 但从 $(\lambda-\lambda_1)(\lambda-\lambda_2)\cdots(\lambda-\lambda_n)$ 看, 该系数为 $-(\lambda_1+\lambda_2+\cdots+\lambda_n)$. 比较即得式 (4.4).

定理 4.2 设 λ 为 n 阶矩阵 $\boldsymbol{A}$ 的特征值, 对应的特征向量为 $\boldsymbol{\alpha}$, 则

(1) 方阵 $\boldsymbol{A}$ 的多项式 $\phi(\boldsymbol{A})=a_0\boldsymbol{E}+a_1\boldsymbol{A}+\cdots+a_m\boldsymbol{A}^m$ 满足 $\phi(\boldsymbol{A})\boldsymbol{\alpha}=\phi(\lambda)\boldsymbol{\alpha}$;

(2) 当 $\lambda\neq0$ 时, $\boldsymbol{A}^*\boldsymbol{\alpha}=\dfrac{|\boldsymbol{A}|}{\lambda}\boldsymbol{\alpha}$;

(3) 当矩阵 $\boldsymbol{A}$ 可逆时, $\boldsymbol{A}^{-1}\boldsymbol{\alpha}=\dfrac{1}{\lambda}\boldsymbol{\alpha}$.

该定理可用定义直接验证, 请读者自行给出其证明过程.

对于矩阵的转置, 尽管由 $|\lambda\boldsymbol{E}-\boldsymbol{A}|=|(\lambda\boldsymbol{E}-\boldsymbol{A})^{\mathrm{T}}|=|\lambda\boldsymbol{E}-\boldsymbol{A}^{\mathrm{T}}|$ 知道 $\boldsymbol{A}$ 与 $\boldsymbol{A}^{\mathrm{T}}$ 具有相同的特征值, 但要注意, 它们的特征向量一般是不同的.

定理 4.3 对应于矩阵 $\boldsymbol{A}$ 的不同特征值的特征向量线性无关.

证明 设 λ_1, λ_2 是矩阵 $\boldsymbol{A}$ 的两个不同特征值, $\boldsymbol{\alpha}_1$, $\boldsymbol{\alpha}_2$ 分别是对应于 λ_1, λ_2 的特征向量. 建立以 x_1,x_2 为未知元的方程组 $x_1\boldsymbol{\alpha}_1+x_2\boldsymbol{\alpha}_2=\boldsymbol{0}$, 并对该式分别左乘 $\boldsymbol{A}$ 和 λ_2 得

$$x_1\lambda_1\boldsymbol{\alpha}_1+x_2\lambda_2\boldsymbol{\alpha}_2=\boldsymbol{0},\quad x_1\lambda_2\boldsymbol{\alpha}_1+x_2\lambda_2\boldsymbol{\alpha}_2=\boldsymbol{0}.$$

由此得 $x_1(\lambda_1-\lambda_2)\boldsymbol{\alpha}_1=\mathbf{0}$. 由于 $\boldsymbol{\alpha}_1\neq\mathbf{0},\lambda_1\neq\lambda_2$, 推知 $x_1=0$. 同理可证 $x_2=0$. 因此, $\boldsymbol{\alpha}_1,\boldsymbol{\alpha}_2$ 线性无关.

例 4.8 设 n 阶矩阵 $\boldsymbol{A}$ 的特征值为 $0,1,2,\cdots,n-1$, 求 $\boldsymbol{A}+2\boldsymbol{E}$ 的特征值与行列式 $|\boldsymbol{A}+2\boldsymbol{E}|$.

解 假设 $\lambda_{\boldsymbol{A}+2\boldsymbol{E}}$ 是矩阵 $\boldsymbol{A}+2\boldsymbol{E}$ 的任一特征值, 则 $\lambda_{\boldsymbol{A}+2\boldsymbol{E}}-2$ 是矩阵 $\boldsymbol{A}$ 的特征值. 因此, $\boldsymbol{A}+2\boldsymbol{E}$ 的特征值为 $2,3,\cdots,n+1$. 故由式 (4.5) 得

$$|\boldsymbol{A}+2\boldsymbol{E}|=2\times3\times\cdots\times(n+1)=(n+1)!.$$

例 4.9 设 $\boldsymbol{A}^2=\boldsymbol{E}$, 证明: $\boldsymbol{A}$ 的特征值 $\lambda_{\boldsymbol{A}}=\pm1$.

证明 设 $\boldsymbol{\alpha}$ 是特征值 $\lambda_{\boldsymbol{A}}$ 对应的特征向量, 则

$$\boldsymbol{\alpha}=\boldsymbol{E}\boldsymbol{\alpha}=\boldsymbol{A}^2\boldsymbol{\alpha}=\lambda_{\boldsymbol{A}}\boldsymbol{A}\boldsymbol{\alpha}=\lambda_{\boldsymbol{A}}^2\boldsymbol{\alpha}.$$

由此即得 $(\lambda_{\boldsymbol{A}}^2-1)\boldsymbol{\alpha}=\mathbf{0}$. 由于 $\boldsymbol{\alpha}\neq\mathbf{0}$, 所以 $\lambda_{\boldsymbol{A}}^2=1$. 因此, 结论成立.

例 4.10 求 $\boldsymbol{A}=\begin{pmatrix} n & 1 & \cdots & 1\\ 1 & n & \cdots & 1\\ \vdots & \vdots & & \vdots\\ 1 & 1 & \cdots & n\end{pmatrix}$ $(n>1)$ 的特征值.

解 记 $\boldsymbol{\alpha}=(1,1,\cdots,1)^{\mathrm{T}}$, $\boldsymbol{B}=\boldsymbol{\alpha}\boldsymbol{\alpha}^{\mathrm{T}}$. 容易看到

$$\boldsymbol{B}^2=n\boldsymbol{B},\quad \boldsymbol{A}=(n-1)\boldsymbol{E}+\boldsymbol{B}.$$

设 $\lambda_{\boldsymbol{B}}$ 为矩阵 $\boldsymbol{B}$ 的任一特征值, 则由 $\boldsymbol{B}^2=n\boldsymbol{B}$ 可得 $\lambda_{\boldsymbol{B}}^2=n\lambda_{\boldsymbol{B}}$, 所以 $\boldsymbol{B}$ 的两个特征值分别为 $\lambda_{\boldsymbol{B}}=n$ 和 $\lambda_{\boldsymbol{B}}=0$. 进一步, 注意到 $\mathrm{tr}(\boldsymbol{B})=n$, 由式 (4.4) 知, 特征值 $\lambda_{\boldsymbol{B}}=n$ 必为 1 重的, 特征值 $\lambda_{\boldsymbol{B}}=0$ 必为 $n-1$ 重的. 再设 $\lambda_{\boldsymbol{A}}$ 为矩阵 $\boldsymbol{A}$ 的任一特征值, 则由 $\boldsymbol{A}=(n-1)\boldsymbol{E}+\boldsymbol{B}$ 可知 $\lambda_{\boldsymbol{A}}-(n-1)$ 必为 $\boldsymbol{B}$ 的特征值 $\lambda_{\boldsymbol{B}}$. 二者结合, 我们可得 $\boldsymbol{A}$ 的全部特征值为 1 重特征值 $\lambda_{\boldsymbol{A}}=2n-1$ 和 $n-1$ 重特征值 $\lambda_{\boldsymbol{A}}=n-1$.

例 4.11 设 $\boldsymbol{A},\boldsymbol{B}$ 为 n 阶矩阵, 且 $R(\boldsymbol{A})+R(\boldsymbol{B})<n$. 证明: $\boldsymbol{A},\boldsymbol{B}$ 有公共的特征向量.

证明 由 $R(\boldsymbol{A})+R(\boldsymbol{B})<n$ 知 $R(\boldsymbol{A})<n,R(\boldsymbol{B})<n$, 从而 $|\boldsymbol{A}|=0,|\boldsymbol{B}|=0$. 因此, 矩阵 $\boldsymbol{A},\boldsymbol{B}$ 都具有零特征值, 且对应的特征向量分别由方程组 $\boldsymbol{A}\boldsymbol{x}=\mathbf{0}$ 和 $\boldsymbol{B}\boldsymbol{x}=\mathbf{0}$ 的基础解系得到. 这样, 该问题转化为证明方程组 $\boldsymbol{A}\boldsymbol{x}=\mathbf{0}$ 和 $\boldsymbol{B}\boldsymbol{x}=\mathbf{0}$ 具有公共非零解. 考虑方程组 $\boldsymbol{C}\boldsymbol{x}=\mathbf{0}$, 其中 $\boldsymbol{C}=(\boldsymbol{A}^{\mathrm{T}},\boldsymbol{B}^{\mathrm{T}})^{\mathrm{T}}$. 由于 $R(\boldsymbol{C})\leqslant R(\boldsymbol{A})+R(\boldsymbol{B})<n$, 因此 $\boldsymbol{C}\boldsymbol{x}=\mathbf{0}$ 有非零解, 且解空间的维数为 $n-R(\boldsymbol{C})>0$.

4.2　相似矩阵与矩阵对角化

4.2.1　相似矩阵及其性质

作为矩阵特征值的应用之一, 本节来讨论矩阵对角化问题. 为此, 先给出相似矩阵的概念.

定义 4.2　设 $\boldsymbol{A},\boldsymbol{B}$ 为 n 阶矩阵, 如果存在 n 阶可逆矩阵 $\boldsymbol{P}$, 使得

$$\boldsymbol{A}=\boldsymbol{P}^{-1}\boldsymbol{B}\boldsymbol{P},$$

则称矩阵 $\boldsymbol{A}$ 与 $\boldsymbol{B}$ 相似, 记为 $\boldsymbol{A}\sim\boldsymbol{B}$.

根据定义 4.2, 容易验证矩阵的相似满足:

(1) 反身性, 即 $\boldsymbol{A}\sim\boldsymbol{A}$;

(2) 对称性, 即若 $\boldsymbol{A}\sim\boldsymbol{B}$, 则 $\boldsymbol{B}\sim\boldsymbol{A}$;

(3) 传递性, 即若 $\boldsymbol{A}\sim\boldsymbol{B},\boldsymbol{B}\sim\boldsymbol{C}$, 则 $\boldsymbol{A}\sim\boldsymbol{C}$.

因此, 矩阵相似关系是一个等价关系.

下面定理给出相似矩阵的一些简单性质.

定理 4.4　如果 n 阶矩阵 $\boldsymbol{A}$ 与 $\boldsymbol{B}$ 相似, 那么

(1) $|\lambda\boldsymbol{E}-\boldsymbol{A}|=|\lambda\boldsymbol{E}-\boldsymbol{B}|$, 即相似矩阵具有相同的特征值;

(2) $R(\boldsymbol{A})=R(\boldsymbol{B})$, 即相似矩阵具有相同的秩;

(3) $|\boldsymbol{A}|=|\boldsymbol{B}|$, 即相似矩阵的行列式相等;

(4) $\mathrm{tr}(\boldsymbol{A})=\mathrm{tr}(\boldsymbol{B})$, 即相似矩阵具有相同的迹;

(5) $f(\boldsymbol{A})$ 与 $f(\boldsymbol{B})$ 相似, 其中 $f(x)$ 是任一多项式.

证明　设 $\boldsymbol{A}=\boldsymbol{P}^{-1}\boldsymbol{B}\boldsymbol{P}$, 其中 $\boldsymbol{P}$ 为可逆矩阵. 由 $|\lambda\boldsymbol{E}-\boldsymbol{A}|=|\lambda\boldsymbol{E}-\boldsymbol{P}^{-1}\boldsymbol{B}\boldsymbol{P}|=|\boldsymbol{P}^{-1}(\lambda\boldsymbol{E}-\boldsymbol{B})\boldsymbol{P}|=|\lambda\boldsymbol{E}-\boldsymbol{B}|$ 即得 (1).

由于 $\boldsymbol{P}$ 可逆, 因此 $R(\boldsymbol{A})=R(\boldsymbol{P}^{-1}\boldsymbol{B}\boldsymbol{P})=R(\boldsymbol{B})$, 此即 (2).

利用行列式的性质易见 $|\boldsymbol{A}|=|\boldsymbol{P}^{-1}\boldsymbol{B}\boldsymbol{P}|=|\boldsymbol{P}^{-1}||\boldsymbol{B}||\boldsymbol{P}|=|\boldsymbol{B}|$, 此即 (3).

由于 $\mathrm{tr}(\boldsymbol{A})$ 等于矩阵 $\boldsymbol{A}$ 的特征值之和, $\mathrm{tr}(\boldsymbol{B})$ 等于矩阵 $\boldsymbol{B}$ 的特征值之和, 而 $\boldsymbol{A},\boldsymbol{B}$ 具有相同的特征值, 即得 (4).

由于 $\boldsymbol{A}^k=\boldsymbol{P}^{-1}\boldsymbol{B}^k\boldsymbol{P}$, 因此, 若 $f(\boldsymbol{A})=a_0\boldsymbol{E}+a_1\boldsymbol{A}+\cdots+a_m\boldsymbol{A}^m$, 则

$$\begin{aligned}f(\boldsymbol{A})=&a_0\boldsymbol{E}+a_1\boldsymbol{P}^{-1}\boldsymbol{B}\boldsymbol{P}+a_2\boldsymbol{P}^{-1}\boldsymbol{B}^2\boldsymbol{P}+\cdots+a_m\boldsymbol{P}^{-1}\boldsymbol{B}^m\boldsymbol{P}\\=&\boldsymbol{P}^{-1}(a_0\boldsymbol{E}+a_1\boldsymbol{B}+\cdots+a_m\boldsymbol{B}^m)\boldsymbol{P}=\boldsymbol{P}^{-1}f(\boldsymbol{B})\boldsymbol{P}.\end{aligned}$$

所以 (5) 成立.

需要说明的是, 定理 4.4 所有命题的逆命题都未必成立. 请读者自行举出反例, 并讨论它们的逆命题何时成立.

根据定义 4.2, 如果矩阵 $\boldsymbol{B}$ 为对角矩阵, 则由 $\boldsymbol{A}^m=\boldsymbol{P}^{-1}\boldsymbol{B}^m\boldsymbol{P}$, 便可得到一个求 $\boldsymbol{A}^m$ 的比较简便的方法. 因此, 接下来的问题是, 一个矩阵 $\boldsymbol{A}$ 是否与对角矩阵相似? 如何判断矩阵 $\boldsymbol{A}$ 与对角矩阵相似?

例 4.12 设 $\boldsymbol{A}=\begin{pmatrix}2&0&0\\0&\lambda&2\\0&2&3\end{pmatrix}$ 与 $\boldsymbol{B}=\begin{pmatrix}1&0&0\\0&2&0\\0&0&\mu\end{pmatrix}$ 相似, 求 λ,μ.

解 根据相似矩阵的性质, 得

$$2+\lambda+3=1+2+\mu,\ |\boldsymbol{A}|=2(3\lambda-4)=2\mu=|\boldsymbol{B}|.$$

解之, 得 $\lambda=3,\mu=5$.

4.2.2 矩阵相似于对角矩阵的条件

定理 4.5 n 阶矩阵 $\boldsymbol{A}$ 相似于对角矩阵的充分必要条件是矩阵 $\boldsymbol{A}$ 有 n 个线性无关的特征向量.

证明 设 $\boldsymbol{A}$ 的 n 个线性无关的特征向量 $\boldsymbol{\alpha}_1,\boldsymbol{\alpha}_2,\cdots,\boldsymbol{\alpha}_n$ 对应的特征值分别为 $\lambda_1,\lambda_2,\cdots,\lambda_n$. 令

$$\boldsymbol{P}=(\boldsymbol{\alpha}_1,\boldsymbol{\alpha}_2,\cdots,\boldsymbol{\alpha}_n),\quad \boldsymbol{\Lambda}=\mathrm{diag}(\lambda_1,\lambda_2,\cdots,\lambda_n).$$

那么由 $\boldsymbol{A}\boldsymbol{\alpha}_i=\lambda_i\boldsymbol{\alpha}_i(i=1,2,\cdots,n)$ 得 $\boldsymbol{P}^{-1}\boldsymbol{A}\boldsymbol{P}=\boldsymbol{\Lambda}$. 因此, $\boldsymbol{A}$ 与对角矩阵 $\boldsymbol{\Lambda}$ 相似.

反过来, 若 $\boldsymbol{A}$ 相似于对角矩阵 $\boldsymbol{\Lambda}=\mathrm{diag}(\lambda_1,\lambda_2,\cdots,\lambda_n)$, 即存在可逆矩阵 $\boldsymbol{P}$, 使得 $\boldsymbol{P}^{-1}\boldsymbol{A}\boldsymbol{P}=\boldsymbol{\Lambda}$, 即 $\boldsymbol{A}\boldsymbol{P}=\boldsymbol{P}\boldsymbol{\Lambda}$. 令 $\boldsymbol{P}=(\boldsymbol{\beta}_1,\boldsymbol{\beta}_2,\cdots,\boldsymbol{\beta}_n)$, 则有

$$\boldsymbol{A}\boldsymbol{\beta}_i=\lambda_i\boldsymbol{\beta}_i\ (i=1,2,\cdots,n).$$

由于 $\boldsymbol{P}$ 可逆, 所以 $\boldsymbol{\beta}_1,\boldsymbol{\beta}_2,\cdots,\boldsymbol{\beta}_n$ 是矩阵 $\boldsymbol{A}$ 的对应于特征值 $\lambda_1,\lambda_2,\cdots,\lambda_n$ 的 n 个线性无关的特征向量.

由定理 4.5 及定理 4.3 可知, 若 n 阶矩阵 $\boldsymbol{A}$ 有 n 个互异的特征值, 则矩阵 $\boldsymbol{A}$ 一定与对角矩阵相似.

对 $\boldsymbol{A}$ 的不同特征值的个数应用数学归纳法, 可以得到如下定理.

定理 4.6 设 $\lambda_1,\lambda_2,\cdots,\lambda_m$ 为 $\boldsymbol{A}$ 的不同特征值, 线性方程组 $(\lambda_i\boldsymbol{E}-\boldsymbol{A})\boldsymbol{x}=\boldsymbol{0}$ 的解空间的维数记为 $r_i(i=1,2,\cdots,m)$. 如果 $r_1+r_2+\cdots+r_m=n$, 则 $\boldsymbol{A}$ 有 n 个线性无关的特征向量, 从而 $\boldsymbol{A}$ 可对角化; 如果 $r_1+r_2+\cdots+r_m<n$, 则 $\boldsymbol{A}$ 没有 n 个线性无关的特征向量, 从而 $\boldsymbol{A}$ 不可以对角化.

至此, 我们解决了矩阵 $\boldsymbol{A}$ 与对角矩阵 $\boldsymbol{\Lambda}$ 相似的问题, 即若矩阵 $\boldsymbol{A}$ 有 n 个线性无关的特征向量, 则一定存在可逆矩阵 $\boldsymbol{P}$, 使得

$$\boldsymbol{A}=\boldsymbol{P}\boldsymbol{\Lambda}\boldsymbol{P}^{-1}.$$

这里, $\boldsymbol{P}$ 是由 $\boldsymbol{A}$ 的特征向量按照某个顺序组成的, $\boldsymbol{\Lambda}$ 的对角元是由相应的特征值按照同样的顺序组成的. 例如, 设 $\boldsymbol{\alpha}_i$ 为矩阵 $\boldsymbol{A}$ 相应于特征值 λ_i 的特征向量, 如果令

$$\boldsymbol{P}=(\boldsymbol{\alpha}_1,\boldsymbol{\alpha}_2,\cdots,\boldsymbol{\alpha}_n),$$

则 $\boldsymbol{\Lambda}=\mathrm{diag}(\lambda_1,\lambda_2,\cdots,\lambda_n)$; 如果令

$$\boldsymbol{P}=(\boldsymbol{\alpha}_2,\boldsymbol{\alpha}_1,\cdots,\boldsymbol{\alpha}_n),$$

则 $\boldsymbol{\Lambda}=\mathrm{diag}(\lambda_2,\lambda_1,\cdots,\lambda_n)$.

回到本章 4.1 节开始的第一个例子. 矩阵 $\boldsymbol{P}$ 的特征值和对应的特征向量分别为

$$\lambda_{\boldsymbol{P}}=1,0.6,0.3;\quad \boldsymbol{\alpha}_1=\begin{pmatrix}9\\15\\4\end{pmatrix},\boldsymbol{\alpha}_2=\begin{pmatrix}1\\-1\\0\end{pmatrix},\boldsymbol{\alpha}_3=\begin{pmatrix}2\\1\\-3\end{pmatrix}.$$

令 $\boldsymbol{Q}=(\boldsymbol{\alpha}_1,\boldsymbol{\alpha}_2,\boldsymbol{\alpha}_3)$, 则

$$\boldsymbol{x}_n=\boldsymbol{P}^n\boldsymbol{x}_0=\boldsymbol{Q}\mathrm{diag}(1,0.6^n,0.3^n)\boldsymbol{Q}^{-1}\boldsymbol{x}_0.$$

例 4.13　设矩阵 $\boldsymbol{A}=\begin{pmatrix}1&2&-3\\-1&4&-3\\1&a&5\end{pmatrix}$ 的特征方程有一个 2 重根, 求 a 的值, 并讨论 $\boldsymbol{A}$ 可否对角化.

解　矩阵 $\boldsymbol{A}$ 的特征多项式 $f(\lambda)=|\lambda\boldsymbol{E}-\boldsymbol{A}|=(\lambda-2)(\lambda^2-8\lambda+18+3a)$.

若 $\lambda=2$ 是 $f(\lambda)=0$ 的二重根, 则由 $2^2-16+18+3a=0$ 得 $a=-2$. 此时, 矩阵 $\boldsymbol{A}$ 的特征值为 2,2,6. 由于 $R(2\boldsymbol{E}-\boldsymbol{A})=1$, 方程组 $(2\boldsymbol{E}-\boldsymbol{A})\boldsymbol{x}=\boldsymbol{0}$ 的解空间的维数为 2, 也就是说对应于特征值 2 有两个线性无关的特征向量, 从而 $\boldsymbol{A}$ 可对角化.

若 $\lambda=2$ 不是 $f(\lambda)=0$ 的二重根, 则 $\lambda^2-8\lambda+18+3a$ 为一完全平方数, 从而得 $a=-\dfrac{2}{3}$. 此时, $\boldsymbol{A}$ 的特征值为 2, 4, 4. 由于 $R(4\boldsymbol{E}-\boldsymbol{A})=2$, 所以方程组 $(4\boldsymbol{E}-\boldsymbol{A})\boldsymbol{x}=\boldsymbol{0}$ 的解空间的维数为 1. 从而当 $a=-\dfrac{2}{3}$ 时, $\boldsymbol{A}$ 不能对角化.

例 4.14　已知矩阵 $\boldsymbol{A}=\begin{pmatrix}2&0&0\\0&0&1\\0&1&x\end{pmatrix}$ 与 $\boldsymbol{B}=\begin{pmatrix}2&&\\&y&\\&&-1\end{pmatrix}$ 相似.

(1) 求 x,y;

(2) 求可逆矩阵 $\boldsymbol{P}$, 使 $\boldsymbol{P}^{-1}\boldsymbol{A}\boldsymbol{P}=\boldsymbol{B}$.

解 (1) 因 $\boldsymbol{A}$ 与 $\boldsymbol{B}$ 相似, 因此它们的迹相等, 且 $|\boldsymbol{A}|=|\boldsymbol{B}|$. 从而得

$$\begin{cases} 2+x=2+y+(-1), \\ -2=-2y, \end{cases}$$

解得 $x=0, y=1$.

(2) 由于 $\boldsymbol{B}$ 为对角矩阵, 因此 $\lambda_{\boldsymbol{A}}=\lambda_{\boldsymbol{B}}=2,1,-1$. 依次求 $\boldsymbol{A}$ 的对应于这些特征值的特征向量得

$$\boldsymbol{\alpha}_1=\begin{pmatrix}1\\0\\0\end{pmatrix}, \boldsymbol{\alpha}_2=\begin{pmatrix}0\\1\\1\end{pmatrix}, \boldsymbol{\alpha}_3=\begin{pmatrix}0\\1\\-1\end{pmatrix}.$$

令 $\boldsymbol{P}=(\boldsymbol{\alpha}_1,\boldsymbol{\alpha}_2,\boldsymbol{\alpha}_3)$, 则 $\boldsymbol{P}^{-1}\boldsymbol{A}\boldsymbol{P}=\boldsymbol{B}$.

例 4.15 设 $\boldsymbol{A}=\begin{pmatrix}1&4&2\\0&-3&4\\0&4&3\end{pmatrix}$, 求 $\boldsymbol{A}^{100}$.

解 由 $|\boldsymbol{A}-\lambda\boldsymbol{E}|=0$, 得 $\boldsymbol{A}$ 的特征值为

$$\lambda_1=1, \lambda_2=5, \lambda_3=-5.$$

且由 $(\boldsymbol{A}-\lambda\boldsymbol{E})\boldsymbol{x}=\boldsymbol{0}$ 得到对应的特征向量分别为

$$\boldsymbol{\alpha}_1=(1,0,0)^{\mathrm{T}}, \boldsymbol{\alpha}_2=(2,1,2)^{\mathrm{T}}, \boldsymbol{\alpha}_3=(1,-2,1)^{\mathrm{T}}.$$

令 $\boldsymbol{P}=(\boldsymbol{\alpha}_1,\boldsymbol{\alpha}_2,\boldsymbol{\alpha}_3)$, 得

$$\boldsymbol{A}^{100}=\boldsymbol{P}\boldsymbol{\Lambda}^{100}\boldsymbol{P}^{-1}=\begin{pmatrix}1&0&5^{100}-1\\0&5^{100}&0\\0&0&5^{100}\end{pmatrix}, \boldsymbol{\Lambda}=\begin{pmatrix}1&0&0\\0&5&0\\0&0&-5\end{pmatrix}.$$

例 4.16 设 n 阶矩阵 $\boldsymbol{A}$ 满足 $\boldsymbol{A}^2=\boldsymbol{E}$, 证明: $\boldsymbol{A}$ 相似于矩阵 $\boldsymbol{\Lambda}=\begin{pmatrix}\boldsymbol{E}_{n-r}&\\&-\boldsymbol{E}_r\end{pmatrix}$, 其中 r 为 $\boldsymbol{E}-\boldsymbol{A}$ 的秩.

证明 由例 4.9 知, $\boldsymbol{A}$ 的特征值 $\lambda_{\boldsymbol{A}}=\pm1$. 同时, 由 $\boldsymbol{A}^2=\boldsymbol{E}$ 可推出 $(\boldsymbol{E}-\boldsymbol{A})(\boldsymbol{E}+\boldsymbol{A})=\boldsymbol{O}$. 从而 $R(\boldsymbol{E}-\boldsymbol{A})+R(\boldsymbol{E}+\boldsymbol{A})\leqslant n$. 又不难看出, 矩阵 $(\boldsymbol{E}-\boldsymbol{A},\boldsymbol{E}+\boldsymbol{A})$ 的秩等于 n. 因此, $R(\boldsymbol{E}-\boldsymbol{A})+R(\boldsymbol{E}+\boldsymbol{A})\geqslant n$. 二者结合得 $R(\boldsymbol{E}-\boldsymbol{A})+R(\boldsymbol{E}+\boldsymbol{A})=n$.

考虑特征值 $\lambda_{\boldsymbol{A}}=1$. 由于 $R(\boldsymbol{E}-\boldsymbol{A})=r$, 因此方程组 $(\boldsymbol{E}-\boldsymbol{A})\boldsymbol{x}=\boldsymbol{0}$ 的解空间的维数为 $n-r$, 即对应于特征值 1 的线性无关的特征向量有 $n-r$ 个.

考虑特征值 $\lambda_{\boldsymbol{A}}=-1$. 由于 $R(\boldsymbol{E}+\boldsymbol{A})=n-r$, 因此方程组 $(\boldsymbol{E}+\boldsymbol{A})\boldsymbol{x}=\mathbf{0}$ 的解空间的维数为 r, 即对应于特征值 -1 的线性无关的特征向量有 r 个.

综上, 矩阵 $\boldsymbol{A}$ 具有 n 个线性无关的特征向量, 它相似于对角矩阵 $\begin{pmatrix}\boldsymbol{E}_{n-r} & \\ & -\boldsymbol{E}_r\end{pmatrix}$.

例 4.17 已知 3 阶矩阵 $\boldsymbol{A}$ 与 $\boldsymbol{B}$ 相似, 且

$$|3\boldsymbol{E}+\boldsymbol{A}|=0,\quad |2\boldsymbol{E}+\boldsymbol{B}|=0,\quad |\boldsymbol{E}-2\boldsymbol{B}|=0.$$

求 $A_{11}+A_{22}+A_{33}$, 其中 $A_{ii}(i=1,2,3)$ 是 $\det\boldsymbol{A}$ 的元素 a_{ii} 的代数余子式.

解 由题目所给条件, 易见矩阵 $\boldsymbol{A}$ 的特征值为 $\lambda_1=-3,\lambda_2=-2,\lambda_3=\dfrac{1}{2}$. 注意到 $A_{11}+A_{22}+A_{33}$ 是 $\boldsymbol{A}$ 的伴随矩阵 $\boldsymbol{A}^*$ 的迹 $\operatorname{tr}(\boldsymbol{A}^*)$. 因此, 由式 (4.4), 只需求出 $\boldsymbol{A}^*$ 的特征值即可. 由定理 4.2, $\boldsymbol{A}^*$ 的特征值 $\lambda_{\boldsymbol{A}^*}=\dfrac{|\boldsymbol{A}|}{\lambda_{\boldsymbol{A}}}$, 其中 $\lambda_{\boldsymbol{A}}$ 是 $\boldsymbol{A}$ 的特征值. 又 $|\boldsymbol{A}|=\lambda_1\lambda_2\lambda_3$. 所以, 得到 $\boldsymbol{A}^*$ 的特征值为 $-1,-\dfrac{3}{2},6$. 因此, $A_{11}+A_{22}+A_{33}=\dfrac{7}{2}$.

一般说来, 一个 n 阶矩阵 $\boldsymbol{A}$ 未必相似于对角矩阵. 一个典型例子就是形如

$$\boldsymbol{J}_0=\begin{pmatrix}\lambda_0 & 1 & & \\ & \lambda_0 & \ddots & \\ & & \ddots & 1 \\ & & & \lambda_0\end{pmatrix}$$

的矩阵, 称为**Jordan 块矩阵**, 其中 λ_0 为常数. 容易看出, 当阶数大于 1 时, $\boldsymbol{J}_0$ 不可能相似于对角矩阵. 但是, Jordan 块矩阵在矩阵对角化的理论中具有特殊作用. 我们有以下定理, 其证明请读者参考其他教材.

定理 4.7 n 阶矩阵 $\boldsymbol{A}$ 一定相似于矩阵 $\boldsymbol{J}=\begin{pmatrix}\boldsymbol{J}_1 & & & \\ & \boldsymbol{J}_2 & & \\ & & \ddots & \\ & & & \boldsymbol{J}_s\end{pmatrix}$, 其中 $\boldsymbol{J}_i$ 为 Jordan 块矩阵, 矩阵 $\boldsymbol{J}$ 称为**Jordan 矩阵**.

4.3 Euclid 空间与正交矩阵

作为讨论实对称矩阵相似于对角矩阵的准备, 本节在线性空间概念的基础上, 引入向量的内积运算, 并介绍正交矩阵的概念和性质.

4.3.1 Euclid 空间

定义 4.3 设 V 是实线性空间. 对于 V 中任意向量 $\boldsymbol{\alpha},\boldsymbol{\beta}$, 若存在唯一的实数, 记为 $(\boldsymbol{\alpha},\boldsymbol{\beta})$, 与之对应, 且满足:

(1) $(\boldsymbol{\alpha},\boldsymbol{\beta})=(\boldsymbol{\beta},\boldsymbol{\alpha})$;

(2) $(k\boldsymbol{\alpha},\boldsymbol{\beta})=k(\boldsymbol{\alpha},\boldsymbol{\beta}),k\in\mathbb{R}$;

(3) $(\boldsymbol{\alpha}+\boldsymbol{\beta},\boldsymbol{\gamma})=(\boldsymbol{\alpha},\boldsymbol{\gamma})+(\boldsymbol{\beta},\boldsymbol{\gamma}),\boldsymbol{\gamma}\in V$;

(4) $(\boldsymbol{\alpha},\boldsymbol{\alpha})\geqslant 0$, 且 $(\boldsymbol{\alpha},\boldsymbol{\alpha})=0$ 当且仅当 $\boldsymbol{\alpha}=\mathbf{0}$,

则称 $(\boldsymbol{\alpha},\boldsymbol{\beta})$ 为向量 $\boldsymbol{\alpha},\boldsymbol{\beta}$ 的**内积**. 定义了内积的实线性空间 V 称为**Euclid 空间**.

例 4.18 在 $\mathbb{R}^n$ 中, 定义向量 $\boldsymbol{\alpha}=(a_1,a_2,\cdots,a_n),\boldsymbol{\beta}=(b_1,b_2,\cdots,b_n)$ 的内积为

$$(\boldsymbol{\alpha},\boldsymbol{\beta})=a_1b_1+a_2b_2+\cdots+a_nb_n=\boldsymbol{\alpha}\boldsymbol{\beta}^{\mathrm{T}},$$

则 $\mathbb{R}^n$ 是一个 Euclid 空间.

例 4.19 在实函数线性空间 $C([a,b])$ 中, 定义函数 $f(x),g(x)$ 的内积为

$$(f,g)=\int_a^b f(x)g(x)\mathrm{d}x,$$

则 $C([a,b])$ 是一个 Euclid 空间.

定义 4.4 设 V 是 Euclid 空间. 对任意的 $\boldsymbol{\alpha}\in V$, 定义向量 $\boldsymbol{\alpha}$ 的**长度**$\|\boldsymbol{\alpha}\|$, 也称为向量的**模**,

$$\|\boldsymbol{\alpha}\|=\sqrt{(\boldsymbol{\alpha},\boldsymbol{\alpha})}.$$

称 $\|\boldsymbol{\alpha}-\boldsymbol{\beta}\|$ 为向量 $\boldsymbol{\alpha}$ 与向量 $\boldsymbol{\beta}$ 之间的**距离**. 长度为 1 的向量称为**单位向量**. 对于非零向量 $\boldsymbol{\alpha}$, $\left\|\dfrac{\boldsymbol{\alpha}}{\|\boldsymbol{\alpha}\|}\right\|=1$, 称 $\dfrac{\boldsymbol{\alpha}}{\|\boldsymbol{\alpha}\|}$ 为向量 $\boldsymbol{\alpha}$ 的**单位化向量**.

Euclid 空间中向量的长度具有以下性质.

(1) $\|\boldsymbol{\alpha}\|\geqslant 0$, 且 $\|\boldsymbol{\alpha}\|=0$ 当且仅当 $\boldsymbol{\alpha}=\mathbf{0}$;

(2) $\|k\boldsymbol{\alpha}\|=|k|\|\boldsymbol{\alpha}\|,\ k\in\mathbb{R}$;

(3) $\|(\boldsymbol{\alpha},\boldsymbol{\beta})\|\leqslant\|\boldsymbol{\alpha}\|\|\boldsymbol{\beta}\|$, 且等号仅当 $\boldsymbol{\alpha},\boldsymbol{\beta}$ 线性相关时成立.

性质 (3) 中公式称为**Cauchy-Schwarz 不等式**. 这是一个很有用的不等式.

例 4.20 在 $\mathbb{R}^n$ 中, 向量 $\boldsymbol{\alpha}=(a_1,a_2,\cdots,a_n),\boldsymbol{\beta}=(b_1,b_2,\cdots,b_n)$ 的 Cauchy-Schwarz 不等式为

$$|a_1b_1+a_2b_2+\cdots+a_nb_n|\leqslant\sqrt{a_1^2+a_2^2+\cdots+a_n^2}\sqrt{b_1^2+b_2^2+\cdots+b_n^2}.$$

例 4.21 在 $C([a,b])$ 中, 向量 $f(x),g(x)$ 的 Cauchy-Schwarz 不等式为

$$\left|\int_a^b f(x)g(x)\mathrm{d}x\right|\leqslant\sqrt{\int_a^b f^2(x)\mathrm{d}x}\sqrt{\int_a^b g^2(x)\mathrm{d}x}.$$

定义 4.5 对 Euclid 空间 V 中任意两个向量 $\boldsymbol{\alpha},\boldsymbol{\beta}$, 如果 $(\boldsymbol{\alpha},\boldsymbol{\beta})=0$, 则称它们**正交**, 记为 $\boldsymbol{\alpha}\perp\boldsymbol{\beta}$. 进一步, 如果 $\boldsymbol{\alpha},\boldsymbol{\beta}$ 非零, 其**夹角**θ 定义为

$$\theta=\arccos\frac{(\boldsymbol{\alpha},\boldsymbol{\beta})}{\|\boldsymbol{\alpha}\|\|\boldsymbol{\beta}\|}.$$

4.3.2 正交矩阵

定义 4.6 Euclid 空间中一组两两正交的非零向量称为**正交向量组**.

定理 4.8 Euclid 空间中正交向量组 $\boldsymbol{\alpha}_1,\boldsymbol{\alpha}_2,\cdots,\boldsymbol{\alpha}_m$ 线性无关.

证明 设

$$k_1\boldsymbol{\alpha}_1+k_2\boldsymbol{\alpha}_2+\cdots+k_m\boldsymbol{\alpha}_m=\mathbf{0},$$

其中 $k_1,k_2,\cdots,k_m$ 为实数. 该式两边同时与 $\boldsymbol{\alpha}_j$ 作内积运算, 得 $k_j(\boldsymbol{\alpha}_j,\boldsymbol{\alpha}_j)=0$. 由 $\boldsymbol{\alpha}_j\neq 0$, 即得 $k_j=0\ (j=1,2,\cdots,m)$. 故结论成立.

定义 4.7 设 $\boldsymbol{\alpha}_1,\boldsymbol{\alpha}_2,\cdots,\boldsymbol{\alpha}_n$ 是 n 维 Euclid 空间 V 中的一组基, 且它们两两正交, 则称 $\boldsymbol{\alpha}_1,\boldsymbol{\alpha}_2,\cdots,\boldsymbol{\alpha}_n$ 为 V 的一组**正交基**. 如果正交基 $\boldsymbol{\alpha}_1,\boldsymbol{\alpha}_2,\cdots,\boldsymbol{\alpha}_n$ 都是单位向量, 则称这组正交基为 V 的**标准正交基**.

下述重要定理断言, 在 Euclid 空间 V 中一定存在标准正交基. 本书不再叙述其证明.

定理 4.9 设 $\boldsymbol{\alpha}_1,\boldsymbol{\alpha}_2,\cdots,\boldsymbol{\alpha}_n$ 是 n 维 Euclid 空间 V 的一组基. 通过公式

$$\begin{cases}\boldsymbol{\gamma}_1=\boldsymbol{\alpha}_1,\\ \boldsymbol{\gamma}_j=\boldsymbol{\alpha}_j-\dfrac{(\boldsymbol{\gamma}_1,\boldsymbol{\alpha}_j)}{(\boldsymbol{\gamma}_1,\boldsymbol{\gamma}_1)}\boldsymbol{\gamma}_1-\dfrac{(\boldsymbol{\gamma}_2,\boldsymbol{\alpha}_j)}{(\boldsymbol{\gamma}_2,\boldsymbol{\gamma}_2)}\boldsymbol{\gamma}_2-\cdots-\dfrac{(\boldsymbol{\gamma}_{j-1},\boldsymbol{\alpha}_j)}{(\boldsymbol{\gamma}_{j-1},\boldsymbol{\gamma}_{j-1})}\boldsymbol{\gamma}_{j-1},\ j=2,3,\cdots,n\end{cases}\tag{4.6}$$

将它们化为 V 的正交基, 再通过单位化

$$\boldsymbol{\epsilon}_j=\frac{\boldsymbol{\gamma}_j}{\|\boldsymbol{\gamma}_j\|},\quad j=1,2,\cdots,n\tag{4.7}$$

将它们化为标准正交基.

定理 4.9 称为**Gram-Schimidt 标准正交化方法**.

例 4.22 将 $\mathbb{R}^3$ 中一组基 $\boldsymbol{\alpha}_1=\begin{pmatrix}1\\1\\0\end{pmatrix},\boldsymbol{\alpha}_2=\begin{pmatrix}1\\0\\1\end{pmatrix},\boldsymbol{\alpha}_3=\begin{pmatrix}-1\\0\\0\end{pmatrix}$ 化为标准正交基.

解 正交化：代入公式 (4.6), 经计算得

$$\boldsymbol{\gamma}_1=\begin{pmatrix}1\\1\\0\end{pmatrix},\boldsymbol{\gamma}_2=\begin{pmatrix}\frac{1}{2}\\-\frac{1}{2}\\1\end{pmatrix},\boldsymbol{\gamma}_3=\begin{pmatrix}-\frac{1}{3}\\\frac{1}{3}\\\frac{1}{3}\end{pmatrix}.$$

单位化：代入公式 (4.7), 计算得标准正交基为

$$\boldsymbol{\epsilon}_1=\begin{pmatrix}\frac{\sqrt{2}}{2}\\\frac{\sqrt{2}}{2}\\0\end{pmatrix},\boldsymbol{\epsilon}_2=\begin{pmatrix}\frac{\sqrt{6}}{6}\\-\frac{\sqrt{6}}{6}\\\frac{\sqrt{6}}{3}\end{pmatrix},\boldsymbol{\epsilon}_3=\begin{pmatrix}-\frac{\sqrt{3}}{3}\\\frac{\sqrt{3}}{3}\\\frac{\sqrt{3}}{3}\end{pmatrix}.$$

定义 4.8 若 n 阶实矩阵 $\boldsymbol{A}$ 满足 $\boldsymbol{A}\boldsymbol{A}^{\mathrm{T}}=\boldsymbol{E}$, 则称 $\boldsymbol{A}$ 为**正交矩阵**.

例如 $\begin{pmatrix}\cos\theta & -\sin\theta\\\sin\theta & \cos\theta\end{pmatrix}$, $\begin{pmatrix}1 & 0 & 0\\0 & \frac{1}{\sqrt{2}} & \frac{1}{\sqrt{2}}\\0 & \frac{1}{\sqrt{2}} & -\frac{1}{\sqrt{2}}\end{pmatrix}$ 等都是正交矩阵.

根据定义, 不难验证, 正交矩阵 $\boldsymbol{A}$ 具有下述性质.

(1) $|\boldsymbol{A}|^2=1$;

(2) $\boldsymbol{A}^{-1}=\boldsymbol{A}^{\mathrm{T}}$;

(3) $\boldsymbol{A}$ 正交的充分必要条件为 $\boldsymbol{A}$ 的行 (列) 向量组是 $\mathbb{R}^n$ 中两两正交的单位向量组;

(4) 若 $\boldsymbol{A},\boldsymbol{B}$ 是正交矩阵, 则 $\boldsymbol{AB}$ 也是正交矩阵.

4.4 实对称矩阵

我们知道, 并不是所有矩阵 $\boldsymbol{A}$ 都与对角矩阵相似, 那么什么样的矩阵一定相似于对角矩阵? 下面将看到, 实对称矩阵一定相似于对角矩阵, 而且, 存在正交矩阵 $\boldsymbol{Q}$, 使得 $\boldsymbol{Q}^{-1}\boldsymbol{AQ}=\boldsymbol{\Lambda}$, 其中 $\boldsymbol{\Lambda}$ 为对角矩阵.

4.4.1 实对称矩阵的特征值和特征向量

定理 4.10 实对称矩阵 $\boldsymbol{A}$ 的特征值为实数.

证明　将实对称矩阵 $\boldsymbol{A}$ 看成复数集 $\mathbb{C}$ 上的矩阵, 令 $\lambda \in \mathbb{C}$ 是 $\boldsymbol{A}$ 的任一特征值, 对应的特征向量为 $\boldsymbol{\alpha}$, 则有

$$\boldsymbol{A\alpha} = \lambda\boldsymbol{\alpha}.$$

在上式两端取共轭, 得

$$\bar{\boldsymbol{A}}\ \bar{\boldsymbol{\alpha}} = \bar{\lambda}\bar{\boldsymbol{\alpha}}.$$

由于 $\bar{\boldsymbol{A}} = \boldsymbol{A}, \boldsymbol{A}^{\mathrm{T}} = \boldsymbol{A}$, 所以

$$\bar{\boldsymbol{\alpha}}^{\mathrm{T}}(\boldsymbol{A\alpha}) = (\bar{\boldsymbol{\alpha}}^{\mathrm{T}}\bar{\boldsymbol{A}}^{\mathrm{T}})\boldsymbol{\alpha} = (\overline{\boldsymbol{A\alpha}})^{\mathrm{T}}\boldsymbol{\alpha} = \bar{\lambda}\bar{\boldsymbol{\alpha}}^{\mathrm{T}}\boldsymbol{\alpha}.$$

又

$$\bar{\boldsymbol{\alpha}}^{\mathrm{T}}(\boldsymbol{A\alpha}) = \bar{\boldsymbol{\alpha}}^{\mathrm{T}}\lambda\boldsymbol{\alpha} = \lambda\bar{\boldsymbol{\alpha}}^{\mathrm{T}}\boldsymbol{\alpha},$$

故

$$(\lambda - \bar{\lambda})\bar{\boldsymbol{\alpha}}^{\mathrm{T}}\boldsymbol{\alpha} = 0.$$

由 $\boldsymbol{\alpha} \neq \mathbf{0}$, 容易验证 $\bar{\boldsymbol{\alpha}}^{\mathrm{T}}\boldsymbol{\alpha} > 0$, 从而 $\lambda = \bar{\lambda}$. 因此, 结论成立.

定理 4.11　实对称矩阵 $\boldsymbol{A}$ 的对应于不同特征值的特征向量正交.

证明　设 λ_1, λ_2 为 $\boldsymbol{A}$ 的两个不同特征值, $\boldsymbol{\alpha}_1, \boldsymbol{\alpha}_2$ 分别为对应于 λ_1, λ_2 的特征向量, 即 $\boldsymbol{A\alpha}_1 = \lambda_1\boldsymbol{\alpha}_1$, $\boldsymbol{A\alpha}_2 = \lambda_2\boldsymbol{\alpha}_2$, 则有

$$\boldsymbol{\alpha}_2^{\mathrm{T}}(\lambda_1\boldsymbol{\alpha}_1) = \boldsymbol{\alpha}_2^{\mathrm{T}}(\boldsymbol{A\alpha}_1) = (\boldsymbol{A\alpha}_2)^{\mathrm{T}}\boldsymbol{\alpha}_1 = \lambda_2\boldsymbol{\alpha}_2^{\mathrm{T}}\boldsymbol{\alpha}_1,$$

即 $(\lambda_1 - \lambda_2)\boldsymbol{\alpha}_2^{\mathrm{T}}\boldsymbol{\alpha}_1 = 0$. 由于 $\lambda_1 \neq \lambda_2$, 因此, $\boldsymbol{\alpha}_2^{\mathrm{T}}\boldsymbol{\alpha}_1 = 0$. 故结论成立.

4.4.2　实对称矩阵的相似对角化

下面定理是关于实对称矩阵相似对角化的基本结论, 其证明并不困难, 本书不再叙述. 但从下面例子不难看出其证明思路, 请读者自行思考.

定理 4.12　设 $\boldsymbol{A}$ 为 n 阶实对称矩阵, 则一定存在正交矩阵 $\boldsymbol{Q}$, 使得

$$\boldsymbol{Q}^{-1}\boldsymbol{AQ} = \boldsymbol{Q}^{\mathrm{T}}\boldsymbol{AQ} = \boldsymbol{\Lambda} = \mathrm{diag}(\lambda_1, \lambda_2, \cdots, \lambda_n),$$

其中 $\lambda_1, \lambda_2, \cdots, \lambda_n$ 为矩阵 $\boldsymbol{A}$ 的特征值.

例 4.23　设 $\boldsymbol{A} = \begin{pmatrix} 1 & 2 & 2 \\ 2 & 1 & 2 \\ 2 & 2 & 1 \end{pmatrix}$, 求正交矩阵 $\boldsymbol{Q}$, 使 $\boldsymbol{Q}^{-1}\boldsymbol{AQ}$ 为对角阵.

解　首先求矩阵 $\boldsymbol{A}$ 的特征值及对应的特征向量. 利用本章 4.1 节中的方法, 可求得 $\boldsymbol{A}$ 的特征值 $\lambda_1 = \lambda_2 = -1, \lambda_3 = 5$, 以及相应的特征向量

$$\boldsymbol{\xi}_1 = (-1,1,0)^{\mathrm{T}}, \quad \boldsymbol{\xi}_2 = (-1,0,1)^{\mathrm{T}}, \quad \boldsymbol{\xi}_3 = (1,1,1)^{\mathrm{T}}.$$

由于对应于不同特征值的特征向量正交, 因此, 只需将 $\boldsymbol{\xi}_1,\boldsymbol{\xi}_2$ 正交化:

$$\boldsymbol{\beta}_1=\boldsymbol{\xi}_1,\quad \boldsymbol{\beta}_2=\boldsymbol{\xi}_2-\frac{(\boldsymbol{\xi}_2,\boldsymbol{\beta}_1)}{(\boldsymbol{\beta}_1,\boldsymbol{\beta}_1)}\boldsymbol{\beta}_1=\frac{1}{2}(-1,-1,2)^{\mathrm{T}},$$

可得正交向量组 $\boldsymbol{\beta}_1,\boldsymbol{\beta}_2,\boldsymbol{\xi}_3$. 对其单位化, 得

$$\boldsymbol{\eta}_1=\frac{1}{\sqrt{2}}(-1,1,0)^{\mathrm{T}},\quad \boldsymbol{\eta}_2=\frac{1}{\sqrt{6}}(-1,-1,2)^{\mathrm{T}},\quad \boldsymbol{\eta}_3=\frac{1}{\sqrt{3}}(1,1,1)^{\mathrm{T}}.$$

令 $\boldsymbol{Q}=(\boldsymbol{\eta}_1,\boldsymbol{\eta}_2,\boldsymbol{\eta}_3)$, 则 $\boldsymbol{Q}$ 为正交矩阵, 且 $\boldsymbol{Q}^{-1}\boldsymbol{A}\boldsymbol{Q}=\mathrm{diag}(-1,-1,5)$.

例 4.24 设 3 阶实对称矩阵 $\boldsymbol{A}$ 的特征值 $\lambda_1=-1,\lambda_2=\lambda_3=1$, 对应于 λ_1 的特征向量为 $\boldsymbol{\xi}_1=(0,1,1)^{\mathrm{T}}$. 求矩阵 $\boldsymbol{A}$.

解 设属于 $\lambda_2=\lambda_3=1$ 的特征向量为 $\boldsymbol{\xi}_2,\boldsymbol{\xi}_3$, 那么 $\boldsymbol{\xi}_2,\boldsymbol{\xi}_3$ 与 $\boldsymbol{\xi}_1$ 正交. 设与 $\boldsymbol{\xi}_1$ 正交的向量为 $\boldsymbol{\xi}=(x_1,x_2,x_3)^{\mathrm{T}}$, 则得

$$(\boldsymbol{\xi}_1,\boldsymbol{\xi})=(0,1,1)\begin{pmatrix}x_1\\x_2\\x_3\end{pmatrix}=0.$$

对其求解可知, 我们能够取 $\boldsymbol{\xi}_2=(1,0,0)^{\mathrm{T}},\boldsymbol{\xi}_3=(0,1,-1)^{\mathrm{T}}$. 令 $\boldsymbol{P}=(\boldsymbol{\xi}_1,\boldsymbol{\xi}_2,\boldsymbol{\xi}_3)$, 则

$$\boldsymbol{A}=\boldsymbol{P}\begin{pmatrix}-1&&\\&1&\\&&1\end{pmatrix}\boldsymbol{P}^{-1}=\begin{pmatrix}1&0&0\\0&0&-1\\0&-1&0\end{pmatrix}.$$

4.5 应用举例

例 4.25 假设某区域每年有比例为 p 的农村居民移居城镇, 同时有比例为 q 的城镇居民移居农村. 再设该区域总人口保持不变, 且上述人口迁移的规律也保持不变. 把 n 年后农村人口和城镇人口占总人口的比例分别记为 x_n,y_n.

(1) 求关系式 $\begin{pmatrix}x_n\\y_n\end{pmatrix}=\boldsymbol{A}\begin{pmatrix}x_{n-1}\\y_{n-1}\end{pmatrix}$ 中的矩阵 $\boldsymbol{A}$;

(2) 设目前农村人口和城镇人口比例各半, 即 $x_0=y_0=0.5$, 求 x_n,y_n.

解 (1) 由假设

$$\begin{cases}x_n=(1-p)x_{n-1}+qy_{n-1},\\y_n=px_{n-1}+(1-q)y_{n-1}.\end{cases}$$

再由矩阵的乘法, 即得 $\boldsymbol{A}=\begin{pmatrix}1-p & q\\ p & 1-q\end{pmatrix}$.

(2) 由 (1) 中的关系式得,

$$\begin{pmatrix}x_n\\ y_n\end{pmatrix}=\boldsymbol{A}\begin{pmatrix}x_{n-1}\\ y_{n-1}\end{pmatrix}=\cdots=\frac{1}{2}\boldsymbol{A}^n\begin{pmatrix}1\\ 1\end{pmatrix}.$$

易知 $\boldsymbol{A}$ 的特征值 $\lambda_1=1,\lambda_2=1-p-q$. 相应的特征向量分别是

$$\boldsymbol{\xi}_1=\begin{pmatrix}q\\ p\end{pmatrix},\quad \boldsymbol{\xi}_2=\begin{pmatrix}-1\\ 1\end{pmatrix}.$$

令 $\boldsymbol{P}=(\boldsymbol{\xi}_1,\boldsymbol{\xi}_2)$, 则 $\boldsymbol{P}$ 可逆, 且

$$\boldsymbol{A}=\boldsymbol{P}\begin{pmatrix}1 & 0\\ 0 & 1-p-q\end{pmatrix}\boldsymbol{P}^{-1}.$$

因此,

$$\begin{aligned}\boldsymbol{A}^n=&\boldsymbol{P}\begin{pmatrix}1 & 0\\ 0 & (1-p-q)^n\end{pmatrix}\boldsymbol{P}^{-1}\\ =&\frac{1}{p+q}\begin{pmatrix}q+p(1-p-q)^n & q-q(1-p-q)^n\\ p-p(1-p-q)^n & p+q(1-p-q)^n\end{pmatrix}.\end{aligned}$$

一个有趣的结果是: 如果 $p+q<1$, 则 $\lim\limits_{n\to\infty}(1-p-q)^n=0$. 因此,

$$\lim_{n\to\infty}\begin{pmatrix}x_n\\ y_n\end{pmatrix}=\begin{pmatrix}\dfrac{q}{p+q}\\ \dfrac{p}{p+q}\end{pmatrix}.$$

故最终有比例为 $\dfrac{q}{p+q}$ 的居民居住在农村, 有比例为 $\dfrac{p}{p+q}$ 的居民居住在城镇.

例 4.26　Fibonacci 曾提出这样一个问题: 如果 1 对兔子出生一个月后开始繁殖, 每个月产生 1 对后代. 现在有 1 对新生兔子, 假设兔子只繁殖, 没有死亡, 那么每月月初会有多少对兔子?

解　假设这对新生兔子出生时记为 0 月份, 这时只有 1 对兔子; 1 月初, 这对兔子还未繁殖, 所以依然是 1 对兔子; 2 月初, 它们生了 1 对兔子, 因此, 此时有 2

对兔子; 3 月初, 它们又生了 1 对兔子, 而在 1 月中生下的兔子还未繁殖, 故此时共有 3 对兔子. 如此继续, 便可得到一个代表某月兔子对数的数列:

$$1, 1, 2, 3, 5, 8, 13, 21, 34, 55, \cdots.$$

这一数列称为 Fibonacci 数列. 设第 n 月初有 x_n 对兔子, 则有 $x_n = x_{n-1} + x_{n-2}$, $x_0 = x_1 = 1$. 这是一个递推公式, 用矩阵表示为

$$\begin{pmatrix} x_n \\ x_{n+1} \end{pmatrix} = \begin{pmatrix} x_n \\ x_n + x_{n-1} \end{pmatrix} = \begin{pmatrix} 0 & 1 \\ 1 & 1 \end{pmatrix} \begin{pmatrix} x_{n-1} \\ x_n \end{pmatrix}.$$

设 $\boldsymbol{A} = \begin{pmatrix} 0 & 1 \\ 1 & 1 \end{pmatrix}$, 则

$$\begin{pmatrix} x_n \\ x_{n+1} \end{pmatrix} = \boldsymbol{A} \begin{pmatrix} x_{n-1} \\ x_n \end{pmatrix} = \cdots = \boldsymbol{A}^n \begin{pmatrix} x_0 \\ x_1 \end{pmatrix} = \boldsymbol{A}^n \begin{pmatrix} 1 \\ 1 \end{pmatrix}.$$

矩阵 $\boldsymbol{A}$ 的特征值为 $\lambda_1 = \dfrac{1+\sqrt{5}}{2}, \lambda_2 = \dfrac{1-\sqrt{5}}{2}$, 相应的特征向量分别为

$$\boldsymbol{\xi}_1 = \begin{pmatrix} 1 \\ \lambda_1 \end{pmatrix}, \quad \boldsymbol{\xi}_2 = \begin{pmatrix} 1 \\ \lambda_2 \end{pmatrix}.$$

令 $\boldsymbol{P} = (\boldsymbol{\xi}_1, \boldsymbol{\xi}_2)$, 那么

$$\begin{pmatrix} x_n \\ x_{n+1} \end{pmatrix} = \boldsymbol{P} \begin{pmatrix} \lambda_1^n & 0 \\ 0 & \lambda_2^n \end{pmatrix} \boldsymbol{P}^{-1} \begin{pmatrix} 1 \\ 1 \end{pmatrix} = \frac{1}{\lambda_1 - \lambda_2} \begin{pmatrix} \lambda_1^{n+1} - \lambda_2^{n+1} \\ \lambda_1^{n+2} - \lambda_2^{n+2} \end{pmatrix}.$$

因此,

$$x_n = \frac{1}{\sqrt{5}}(\lambda_1^{n+1} - \lambda_2^{n+1}) = \frac{1}{\sqrt{5}} \left[\left(\frac{1+\sqrt{5}}{2} \right)^{n+1} - \left(\frac{1-\sqrt{5}}{2} \right)^{n+1} \right].$$

这就是 Fibonacci 数列的 Binet 通项公式.

例 4.27 求解线性常微分方程组 $\begin{cases} \dfrac{\mathrm{d}x_1}{\mathrm{d}t} = 7x_1 + 4x_2 - x_3, \\ \dfrac{\mathrm{d}x_2}{\mathrm{d}t} = 4x_1 + 7x_2 - x_3, \\ \dfrac{\mathrm{d}x_3}{\mathrm{d}t} = 4x_1 - 4x_2 + 4x_3. \end{cases}$

解 记 $\boldsymbol{A}=\begin{pmatrix}7&4&-1\\4&7&-1\\4&-4&4\end{pmatrix}$, $\boldsymbol{x}=\begin{pmatrix}x_1\\x_2\\x_3\end{pmatrix}$, 则方程组化为 $\dfrac{\mathrm{d}\boldsymbol{x}}{\mathrm{d}t}=\boldsymbol{A}\boldsymbol{x}$. 计算矩阵 $\boldsymbol{A}$ 的特征值 $\lambda_{\boldsymbol{A}}$ 以及相应的特征向量得

$$\lambda_{\boldsymbol{A}}=3,4,11;\quad \boldsymbol{\alpha}_1=\begin{pmatrix}0\\1\\4\end{pmatrix},\boldsymbol{\alpha}_2=\begin{pmatrix}1\\1\\7\end{pmatrix},\boldsymbol{\alpha}_3=\begin{pmatrix}1\\1\\0\end{pmatrix}.$$

令 $\boldsymbol{P}=(\boldsymbol{\alpha}_1,\boldsymbol{\alpha}_2,\boldsymbol{\alpha}_3),\boldsymbol{\Lambda}=\mathrm{diag}(3,4,11),\boldsymbol{x}=\boldsymbol{P}\boldsymbol{y}$. 原方程组化为

$$\frac{\mathrm{d}\boldsymbol{y}}{\mathrm{d}t}=\boldsymbol{\Lambda}\boldsymbol{y}.$$

求解该方程组得 $y_1=c_1\mathrm{e}^{3t}$, $y_2=c_2\mathrm{e}^{4t}$, $y_3=c_3\mathrm{e}^{11t}$, 其中 c_1,c_2,c_3 为任意常数. 故原方程组的解为

$$\begin{cases}x_1=y_2+y_3=c_2\mathrm{e}^{4t}+c_3\mathrm{e}^{11t},\\x_2=y_1+y_2+y_3=c_1\mathrm{e}^{3t}+c_2\mathrm{e}^{4t}+c_3\mathrm{e}^{11t},\\x_3=4y_1+7y_2=4c_1\mathrm{e}^{3t}+7c_2\mathrm{e}^{4t}.\end{cases}$$

4.6 思考与拓展

问题 4.1 关于矩阵特征值和特征向量的概念性问题.

(1) 特征向量 $\boldsymbol{x}$ 一定是非零向量. 尽管对任意矩阵 $\boldsymbol{A}$ 和任意常数 a, 都有 $\boldsymbol{A}\boldsymbol{0}=a\boldsymbol{0}$, 但不能说零向量是矩阵 $\boldsymbol{A}$ 的特征向量.

(2) 特征向量和特征值是密切关联的. 从定义上看, 说到特征向量, 它一定是属于某一特征值的特征向量. 每一个特征向量只能属于一个特征值, 不可能属于不同的特征值. 但是, 反过来, 对于每一个特征值, 可以有不同的特征向量.

(3) 特征值与特征向量有几何上的意义. 比如, 设 $\boldsymbol{A}$ 是 2 阶实矩阵, λ 是实数, $\boldsymbol{\alpha}$ 是非零向量, 使式 (4.1) 成立. $\boldsymbol{A}$ 的特征向量 $\boldsymbol{\alpha}$ 就是在 $\boldsymbol{A}$“作用”下与自己“共线”的非零向量. 而特征值 λ 可以理解为 $\boldsymbol{A}\boldsymbol{\alpha}$ 将 $\boldsymbol{\alpha}$“放大”的倍数.

(4) 在讨论特征值和特征向量时应注意数域的变化. 本章一般是在实数域上讨论问题. 但在讨论矩阵的特征值与矩阵的行列式、矩阵的迹的关系, 以及考虑矩阵的 Jordan 标准形时, 必须使用复数集. 这是因为, 相关问题要涉及矩阵的全部特征值, 而它们作为一个实矩阵的特征多项式的根, 未必是实数.

(5) 对应于一个特征值 λ 的特征向量构成一个向量集合 V, 但这一集合不含零向量. 如果令 $V_\lambda = V\bigcup\{\mathbf{0}\}$, 则 V_λ 构成一线性空间, 其维数不超过特征值 λ 的重数.

(6) 关于重特征值 λ, 一般说来, 与它对应的线性无关特征向量的个数不超过 λ 的重数. 但是, 对于实对称矩阵 $\boldsymbol{A}$, 二者是相等的, 且此时 $\dim(V_\lambda)$ 等于特征值的重数.

(7) 设实对称矩阵 $\boldsymbol{A}$ 的对应于特征值 λ 的线性无关的特征向量为 $\boldsymbol{\alpha}_1,\boldsymbol{\alpha}_2$, 将其单位正交化后得到向量 $\boldsymbol{\xi}_1,\boldsymbol{\xi}_2$, 则 $\boldsymbol{\xi}_1,\boldsymbol{\xi}_2$ 仍是 $\boldsymbol{A}$ 的对应于特征值 λ 的线性无关的特征向量.

问题 4.2 关于矩阵相似对角化的一些基本问题.

(1) 如果矩阵 $\boldsymbol{A}$ 相似于对角矩阵 $\boldsymbol{\Lambda}$, 则对角矩阵 $\boldsymbol{\Lambda}$ 对角线上的元素一定为 $\boldsymbol{A}$ 的特征值. 但当 $\boldsymbol{A}$ 相似于非对角矩阵时, 该矩阵对角线上元素未必是矩阵 $\boldsymbol{A}$ 的特征值.

(2) 任意 n 阶矩阵 $\boldsymbol{A}$ 一定相似于 Jordan 矩阵, 而该 Jordan 矩阵对角线上的元素一定是矩阵 $\boldsymbol{A}$ 在复数集 $\mathbb{C}$ 上的全部特征值. 因此, 并不是所有方阵都可以相似对角化. 对于 n 阶矩阵 $\boldsymbol{A}$ 来说, 当且仅当具有 n 个线性无关的特征向量时, $\boldsymbol{A}$ 才可以对角化.

(3) 实对称矩阵一定可以相似对角化. 而且它和一般可对角化矩阵的不同之处是: 把实对称矩阵对角化的可逆矩阵 $\boldsymbol{P}$ 可以是正交矩阵. 这一结论在应用时会带来很多方便.

(4) 对于具体的矩阵 $\boldsymbol{A}$, 判断其是否可以对角化的方法是程序化的. 但若给出 n 阶矩阵 $\boldsymbol{A}$ 不是具体矩阵, 仅知道它所满足的一些条件, 比如 $\boldsymbol{A}^2+a\boldsymbol{A}+b\boldsymbol{E}=\boldsymbol{O}$, 则一般是通过考察其特征值来判断其是否可以对角化. 若其全部 n 个特征值互异, 则可以对角化. 若存在重特征值, 则当

$$\dim(V_{\lambda_1})+\dim(V_{\lambda_2})+\cdots+\dim(V_{\lambda_m})=n\ (m\leqslant n)$$

时可以对角化, 否则, 不可以对角化. 例如, 若矩阵 $\boldsymbol{A}$ 满足 $\boldsymbol{A}^2-5\boldsymbol{A}+6\boldsymbol{E}=\boldsymbol{O}$, 则 $(\boldsymbol{A}-2\boldsymbol{E})(\boldsymbol{A}-3\boldsymbol{E})=\boldsymbol{O}$, 且 $\boldsymbol{A}$ 的特征值为 $\lambda_1=2,\lambda_2=3$. 由矩阵秩的有关公式, 可以证明

$$R(\boldsymbol{A}-2\boldsymbol{E})+R(\boldsymbol{A}-3\boldsymbol{E})=n.$$

设 $R(\boldsymbol{A}-2\boldsymbol{E})=r$, 则 $R(\boldsymbol{A}-3\boldsymbol{E})=n-r$. 通过方程组 $(\boldsymbol{A}-2\boldsymbol{E})\boldsymbol{x}=\mathbf{0}$ 和 $(\boldsymbol{A}-3\boldsymbol{E})\boldsymbol{x}=\mathbf{0}$ 可以得到

$$\dim(V_2)=n-r,\quad \dim(V_3)=r.$$

因此 $\dim(V_2)+\dim(V_3)=n$. 所以矩阵 $\boldsymbol{A}$ 可对角化.

习 题 4

(A)

1. 填空题

(1) 已知 3 阶方阵 $\boldsymbol{A}$ 的特征值为 $1,-1,2$, 则 $3\boldsymbol{A}^2-2\boldsymbol{A}-2\boldsymbol{E}$ 的特征值为 ( ).

(2) 已知 3 阶方阵 $\boldsymbol{A}$ 的特征值为 $1,2,3$, 则 $|\boldsymbol{A}^3-5\boldsymbol{A}^2+7\boldsymbol{A}|=$ ( ).

(3) 若 $\boldsymbol{A}\sim\boldsymbol{\Lambda}=\begin{pmatrix}1&&\\&-2&\\&&0\end{pmatrix}$, 则 $\boldsymbol{A}$ 的特征值为 ( ), $|\boldsymbol{A}|=$ ( ), $R(\boldsymbol{A})=$ ( ), $\mathrm{tr}(\boldsymbol{A})=$ ( ).

(4) 若向量 $\boldsymbol{\alpha}=(1,s)$ 与 $\boldsymbol{\beta}=(t,2)$ 正交, 则 s,t 满足 ( ).

(5) 矩阵 $\boldsymbol{A}=\begin{pmatrix}a&b\\c&a+2\end{pmatrix}$ 是正交矩阵, 则 a,b,c 满足 ( ).

(6) 设 $\boldsymbol{A}$ 是 3 阶实对称矩阵, 若 $\boldsymbol{A}^2=\boldsymbol{A}$, 且 $R(\boldsymbol{A})=2$, 则 $\boldsymbol{A}$ 的特征值是 ( ).

(7) 若 $\boldsymbol{A}$ 是 3 阶方阵, 且 $\boldsymbol{A}$ 的每行元素的和都是 5, 则 $\boldsymbol{A}$ 必有特征向量 ( ), 且对应的特征值为 ( ).

2. 不经过计算, 求 $\boldsymbol{A}=\begin{pmatrix}1&2&3\\1&2&3\\1&2&3\end{pmatrix}$ 的一个特征值, 并验证其结果.

3. 求下列矩阵的特征值和特征向量:

(1) $\begin{pmatrix}3&1\\1&3\end{pmatrix}$; (2) $\begin{pmatrix}-2&1&1\\0&2&0\\-4&1&3\end{pmatrix}$; (3) $\begin{pmatrix}1&0&0\\2&3&0\\4&5&6\end{pmatrix}$.

4. 设向量 $\boldsymbol{\alpha}=(a_1,a_2,\cdots,a_n)^{\mathrm{T}},\boldsymbol{\beta}=(b_1,b_2,\cdots,b_n)^{\mathrm{T}}$ 满足 $\boldsymbol{\alpha}^{\mathrm{T}}\boldsymbol{\beta}=\boldsymbol{O}$, 且 $a_1b_1\neq 0$, 记 $\boldsymbol{A}=\boldsymbol{\alpha}\boldsymbol{\beta}^{\mathrm{T}}$. 求

(1) $\boldsymbol{A}^2$;

(2) 矩阵 $\boldsymbol{A}$ 的特征值和特征向量.

5. 设 $\boldsymbol{A}$ 为 3 阶矩阵, $\boldsymbol{\alpha}_1,\boldsymbol{\alpha}_2,\boldsymbol{\alpha}_3$ 是线性无关的 3 维列向量, 且满足

$$\boldsymbol{A}\boldsymbol{\alpha}_1=\boldsymbol{\alpha}_1+\boldsymbol{\alpha}_2+\boldsymbol{\alpha}_3,\quad \boldsymbol{A}\boldsymbol{\alpha}_2=2\boldsymbol{\alpha}_2+\boldsymbol{\alpha}_3,\quad \boldsymbol{A}\boldsymbol{\alpha}_3=2\boldsymbol{\alpha}_2+3\boldsymbol{\alpha}_3.$$

(1) 求矩阵 $\boldsymbol{B}$ 使得 $\boldsymbol{A}(\boldsymbol{\alpha}_1,\boldsymbol{\alpha}_2,\boldsymbol{\alpha}_3)=(\boldsymbol{\alpha}_1,\boldsymbol{\alpha}_2,\boldsymbol{\alpha}_3)\boldsymbol{B}$;

(2) 求矩阵 $\boldsymbol{A}$ 的特征值;

(3) 求可逆矩阵 $\boldsymbol{P}$, 使得 $\boldsymbol{P}^{-1}\boldsymbol{A}\boldsymbol{P}$ 为对角矩阵.

6. 设 n 阶矩阵 $\boldsymbol{A}=\begin{pmatrix} a & b & \cdots & b \\ b & a & \cdots & b \\ \vdots & \vdots & & \vdots \\ b & b & \cdots & a \end{pmatrix}$, 其中 $a\neq b, b\neq 0$.

(1) 求 $\boldsymbol{A}$ 的特征值和特征向量;

(2) 求可逆矩阵 $\boldsymbol{P}$, 使得 $\boldsymbol{P}^{-1}\boldsymbol{A}\boldsymbol{P}$ 为对角阵.

7. 设矩阵 $\boldsymbol{A}=\begin{pmatrix} 2 & 0 & 1 \\ 3 & 1 & x \\ 4 & 0 & 5 \end{pmatrix}$ 可相似对角化, 求 x.

8. 设数列 $\{u_n\},\{v_n\}$ 满足

$$\begin{cases} u_n = 2u_{n-1} - 3v_{n-1}, \\ v_n = \dfrac{1}{2}u_{n-1} - \dfrac{1}{2}v_{n-1}, \end{cases}$$

且 $u_0=1, v_0=0$. 求 $\{u_n\}$ 的通项 u_n 及 $\lim\limits_{n\to\infty} u_n$.

9. 用 Gram-Schimidt 正交规范化方法求下列向量组的标准正交向量组:

(1) $\boldsymbol{\alpha}_1=\begin{pmatrix} 1 \\ 1 \\ 1 \end{pmatrix}, \boldsymbol{\alpha}_2=\begin{pmatrix} 0 \\ 1 \\ -1 \end{pmatrix}, \boldsymbol{\alpha}_3=\begin{pmatrix} 1 \\ 2 \\ 1 \end{pmatrix}$;

(2) $\boldsymbol{\alpha}_1=\begin{pmatrix} 1 \\ 0 \\ 1 \\ -1 \end{pmatrix}, \boldsymbol{\alpha}_2=\begin{pmatrix} 1 \\ -1 \\ 1 \\ -1 \end{pmatrix}, \boldsymbol{\alpha}_3=\begin{pmatrix} 1 \\ 1 \\ 1 \\ 0 \end{pmatrix}$.

10. 验证矩阵 $\boldsymbol{A}=\begin{pmatrix} \frac{1}{2} & \frac{1}{\sqrt{2}} & \frac{1}{2} & 0 \\ -\frac{1}{2} & \frac{1}{\sqrt{2}} & -\frac{1}{2} & 0 \\ \frac{1}{2} & 0 & -\frac{1}{2} & \frac{1}{\sqrt{2}} \\ -\frac{1}{2} & 0 & \frac{1}{2} & \frac{1}{\sqrt{2}} \end{pmatrix}$ 是正交矩阵.

11. 设 $\boldsymbol{\alpha}$ 是 n 维列向量, 且其长度为 1. 证明: 矩阵 $\boldsymbol{H}=\boldsymbol{E}-2\boldsymbol{\alpha}\boldsymbol{\alpha}^{\mathrm{T}}$ 是正交矩阵.

12. 若 $\boldsymbol{A},\boldsymbol{B}$ 是 n 阶正交矩阵, 则 $\boldsymbol{A}^{\mathrm{T}}=\boldsymbol{A}^{-1}$, $\boldsymbol{AB}$ 都是正交矩阵, 且 $|\boldsymbol{A}|=\pm 1$. 进一步, 若 $|\boldsymbol{A}|=-1$, 则 $|\boldsymbol{E}+\boldsymbol{A}|=0$.

13. 设矩阵 $\boldsymbol{A}=\begin{pmatrix}1 & -2 & -4\\ -2 & x & -2\\ -4 & -2 & 1\end{pmatrix}$ 与 $\boldsymbol{\Lambda}=\begin{pmatrix}5 & & \\ & -4 & \\ & & y\end{pmatrix}$ 相似.

(1) 求 x,y;

(2) 求一个正交矩阵 $\boldsymbol{P}$, 使得 $\boldsymbol{P}^{-1}\boldsymbol{A}\boldsymbol{P}=\boldsymbol{\Lambda}$.

14. 设 3 阶矩阵 $\boldsymbol{A}$ 满足 $\boldsymbol{A}\boldsymbol{\alpha}_i=i\boldsymbol{\alpha}_i\ (i=1,2,3)$, 其中列向量

$$\boldsymbol{\alpha}_1=(1,2,2)^{\mathrm{T}},\boldsymbol{\alpha}_2=(2,-2,1)^{\mathrm{T}},\boldsymbol{\alpha}_3=(-2,-1,2)^{\mathrm{T}}.$$

试求矩阵 $\boldsymbol{A}$.

15. 设 3 阶实对称矩阵 $\boldsymbol{A}$ 的特征值为 $\lambda_1=1,\lambda_2=-1,\lambda_3=0$, 对应 λ_1,λ_2 的特征向量依次为 $\boldsymbol{p}_1=\begin{pmatrix}1\\2\\2\end{pmatrix},\boldsymbol{p}_2=\begin{pmatrix}2\\1\\-2\end{pmatrix}$. 求 $\boldsymbol{A}$.

16. 设矩阵 $\boldsymbol{A}=\begin{pmatrix}3 & 2 & 2\\ 2 & 3 & 2\\ 2 & 2 & 3\end{pmatrix},\boldsymbol{P}=\begin{pmatrix}0 & 1 & 0\\ 1 & 0 & 1\\ 0 & 0 & 1\end{pmatrix},\boldsymbol{B}=\boldsymbol{P}^{-1}\boldsymbol{A}^*\boldsymbol{P}$. 求 $\boldsymbol{B}+2\boldsymbol{E}$ 的特征值与特征向量.

(B)

17. 设 $\boldsymbol{A}$ 为 3 阶实对称矩阵, $\boldsymbol{A}$ 的秩为 2, 且

$$\boldsymbol{A}\begin{pmatrix}1 & 1\\ 0 & 0\\ -1 & 1\end{pmatrix}=\begin{pmatrix}-1 & 1\\ 0 & 0\\ 1 & 1\end{pmatrix}.$$

求矩阵 $\boldsymbol{A}$ 的特征值与特征向量及矩阵 $\boldsymbol{A}$.

18. 设 3 阶实对称矩阵 $\boldsymbol{A}$ 的特征值 $\lambda_1=1,\lambda_2=2,\lambda_3=-2$, $\boldsymbol{\alpha}_1=(1,-1,1)^{\mathrm{T}}$ 是矩阵 $\boldsymbol{A}$ 的属于 $\lambda_1=1$ 的一个特征向量, 记 $\boldsymbol{B}=\boldsymbol{A}^5-4\boldsymbol{A}^3+\boldsymbol{E}$, 其中 $\boldsymbol{E}$ 为 3 阶单位阵.

(1) 验证 $\boldsymbol{\alpha}_1$ 是矩阵 $\boldsymbol{B}$ 的特征向量, 并求 $\boldsymbol{B}$ 的全部特征值和特征向量;

(2) 求矩阵 $\boldsymbol{B}$.

19. 已知 $\boldsymbol{p}=\begin{pmatrix}1\\1\\-1\end{pmatrix}$ 是矩阵 $\boldsymbol{A}=\begin{pmatrix}2 & -1 & 2\\ 5 & a & 3\\ -1 & b & -2\end{pmatrix}$ 的一个特征向量.

(1) 求参数 a,b 的值及特征向量 $\boldsymbol{p}$ 所对应的特征值;

(2) 讨论 $\boldsymbol{A}$ 是否能相似对角化? 并说明理由.

20. 某实验性生产线每年一月份进行熟练工与非熟练工的人数统计, 然后将 $\frac{1}{6}$ 熟练工支援其他部门, 其缺额由招收新的非熟练工补齐. 新、老非熟练工经过培训及实践至年终考核有 $\frac{2}{5}$ 成为熟练工. 设第 n 年一月份统计的熟练工和非熟练工所占百分比分别为 x_n 和 y_n, 记成向量 $\begin{pmatrix}x_n\\y_n\end{pmatrix}$.

(1) 求 $\begin{pmatrix} x_{n+1} \\ y_{n+1} \end{pmatrix}$ 与 $\begin{pmatrix} x_n \\ y_n \end{pmatrix}$ 的关系式, 并写成矩阵形式 $\begin{pmatrix} x_{n+1} \\ y_{n+1} \end{pmatrix} = \boldsymbol{A} \begin{pmatrix} x_n \\ y_n \end{pmatrix}$;

(2) 验证 $\boldsymbol{\eta_1} = \begin{pmatrix} 4 \\ 1 \end{pmatrix}$, $\boldsymbol{\eta_2} = \begin{pmatrix} -1 \\ 1 \end{pmatrix}$ 是 $\boldsymbol{A}$ 的两个线性无关的特征向量, 并求出相应的特征值;

(3) 当 $\begin{pmatrix} x_1 \\ y_1 \end{pmatrix} = \begin{pmatrix} \frac{1}{2} \\ \frac{1}{2} \end{pmatrix}$ 时, 求 $\begin{pmatrix} x_{n+1} \\ y_{n+1} \end{pmatrix}$.

21. 设 3 阶实对称矩阵 $\boldsymbol{A}$ 的各行元素之和均为 3, 向量 $\boldsymbol{\alpha}_1 = (-1,2,-1)^{\mathrm{T}}$, $\boldsymbol{\alpha}_2 = (0,-1,1)^{\mathrm{T}}$ 是线性方程组 $\boldsymbol{Ax} = \boldsymbol{0}$ 的两个解.

(1) 求 $\boldsymbol{A}$ 的特征值和特征向量;

(2) 求正交阵 $\boldsymbol{Q}$ 和对角阵 $\boldsymbol{\Lambda}$, 使得 $\boldsymbol{Q}^{\mathrm{T}}\boldsymbol{AQ} = \boldsymbol{\Lambda}$.

22. 设 $\boldsymbol{A}, \boldsymbol{B}$ 是 n 阶正交矩阵, 且 $|\boldsymbol{AB}| = -1$. 证明: $|\boldsymbol{A} + \boldsymbol{B}| = 0$.

23. 设 $\boldsymbol{A}, \boldsymbol{B}$ 均为 n 阶方阵, 证明: $\boldsymbol{AB}$ 与 $\boldsymbol{BA}$ 有相同的特征值.

24. 已知 $\boldsymbol{A}_n$ 的每行元素绝对值的和小于 1. 证明: $\boldsymbol{A}$ 的特征值 $\lambda_{\boldsymbol{A}}$ 满足 $|\lambda_{\boldsymbol{A}}| < 1$.

25. 设 n 阶实对称矩阵 $\boldsymbol{A}$ 的特征值非负, 证明: 存在特征值为非负的实对称矩阵 $\boldsymbol{B}$, 使得 $\boldsymbol{A} = \boldsymbol{B}^2$.

26. 已知矩阵 $\boldsymbol{A} = \begin{pmatrix} 1 & -2 & 3 \\ a_{21} & a_{22} & a_{23} \\ a_{31} & a_{32} & a_{33} \end{pmatrix}$ 有特征向量 $\boldsymbol{\alpha}_1 = (1,2,1)^{\mathrm{T}}$, $\boldsymbol{\alpha}_2 = (-1,1,1)^{\mathrm{T}}$, $\boldsymbol{\alpha}_3 = (-1,2,2)^{\mathrm{T}}$. 求线性方程组 $\begin{cases} x_1 - 2x_2 + 3x_3 = -1 \\ a_{21}x_1 + a_{22}x_2 + a_{23}x_3 = 2 \\ a_{31}x_1 + a_{32}x_2 + a_{33}x_3 = 2 \end{cases}$ 的通解.

27. 设 $\boldsymbol{\alpha}, \boldsymbol{\beta}$ 为 3 维单位正交列向量, $\boldsymbol{A} = \boldsymbol{\alpha}\boldsymbol{\beta}^{\mathrm{T}} + \boldsymbol{\beta}\boldsymbol{\alpha}^{\mathrm{T}}$. 证明:

(1) $|\boldsymbol{A}| = 0$;

(2) $\boldsymbol{\alpha} + \boldsymbol{\beta}$, $\boldsymbol{\alpha} - \boldsymbol{\beta}$ 是 $\boldsymbol{A}$ 的特征向量;

(3) $\boldsymbol{A}$ 与对角矩阵 $\boldsymbol{\Lambda}$ 相似, 并求 $\boldsymbol{\Lambda}$.

28. 设 3 阶矩阵 $\boldsymbol{A}$ 的特征值 $\lambda_i (i = 1,2,3)$ 互异, 对应特征向量 $\boldsymbol{\alpha}_i (i = 1,2,3)$, $\boldsymbol{\beta} = \boldsymbol{\alpha}_1 + \boldsymbol{\alpha}_2$.

(1) 证明: $\boldsymbol{\beta}$ 不是 $\boldsymbol{A}$ 的特征向量;

(2) 证明: $\boldsymbol{\beta}$, $\boldsymbol{A\beta}$, $\boldsymbol{A}^2\boldsymbol{\beta}$ 线性无关;

(3) 若 $\boldsymbol{A\beta} = \boldsymbol{A}^3\boldsymbol{\beta}$, 计算 $|2\boldsymbol{A} + 3\boldsymbol{E}|$.

29. 设 n 阶矩阵 $\boldsymbol{A}, \boldsymbol{B}$ 可交换, $\boldsymbol{A}$ 有 n 个互异特征值. 证明:

(1) $\boldsymbol{A}$ 与 $\boldsymbol{B}$ 有相同的特征向量;

(2) $\boldsymbol{B}$ 相似于对角矩阵.

第 5 章 二 次 型

二次型理论源于二次曲线和曲面方程的化简问题，是体现代数和几何有机联系的典型例子，在力学、物理学以及数学的其他分支有广泛应用. 本章主要介绍二次型的概念及其化简、合同矩阵及其性质、惯性定理、正定二次型和对应的正定矩阵.

5.1 二次型的基本概念

5.1.1 二次型的定义

在平面解析几何中我们知道，以直角坐标系的原点为中心的有心二次曲线的一般方程是

$$f(x,\ y)=ax^2+2bxy+cy^2=d. \tag{5.1}$$

其左边表达式 $f(x,\ y)$ 是一个具有 2 个变元 x,y 的二次齐次多项式，因此称为 2 元二次型. 在空间解析几何中，我们使用过具有 3 个变元 x,y,z 的二次齐次多项式，它们可以称为 3 元二次型. 一般地，我们自然可以考虑具有 n 个变元 $x_1,x_2,\cdots,x_n$ 的二次齐次多项式. 这就是 n 元二次型的概念.

定义 5.1 n 个变元 $x_1,x_2,\cdots,x_n$ 的二次齐次多项式

$$\begin{aligned}f(x_1,x_2,\cdots,x_n)=&a_{11}x_1^2+2a_{12}x_1x_2+\cdots+2a_{1n}x_1x_n\\&+a_{22}x_2^2+\cdots+2a_{2n}x_2x_n\\&+\cdots\\&+a_{nn}x_n^2\end{aligned} \tag{5.2}$$

称为一个 **n 元二次型**.

记 $\boldsymbol{x}=(x_1,x_2,\cdots,x_n)^{\mathrm{T}}$，则可以将二次型 $f(x_1,x_2,\cdots,x_n)$ 改写为

$$\begin{aligned}f(\boldsymbol{x})=f(x_1,x_2,\cdots,x_n)=&a_{11}x_1^2+a_{12}x_1x_2+a_{13}x_1x_3+\cdots+a_{1n}x_1x_n\\&+a_{21}x_2x_1+a_{22}x_2^2+a_{23}x_2x_3+\cdots+a_{2n}x_2x_n\\&+\cdots\\&+a_{n1}x_nx_1+a_{n2}x_nx_2+a_{n3}x_nx_3+\cdots+a_{nn}x_n^2\\=&\boldsymbol{x}^{\mathrm{T}}\boldsymbol{A}\boldsymbol{x},\end{aligned}$$

其中矩阵 $\boldsymbol{A}=(a_{ij})\ (a_{ij}=a_{ji})$ 称为**二次型的矩阵**. 注意它是一个对称矩阵.

例如, 二次型 $f(x_1,x_2,x_3)=x_1^2+4x_2^2+x_3^2-4x_1x_2-4x_1x_3-4x_2x_3$ 的矩阵为

$$\boldsymbol{A}=\begin{pmatrix}1&-2&-2\\-2&4&-2\\-2&-2&1\end{pmatrix}.$$

又如, 矩阵 $\boldsymbol{A}=\begin{pmatrix}1&-1\\-1&2\end{pmatrix}$ 对应的二次型为 $f(x_1,x_2)=x_1^2+2x_2^2-2x_1x_2$.

显然, 二次型的矩阵是唯一的, 且是对称矩阵. 因此, 给定二次型 $f(\boldsymbol{x})$, 自然存在一个对称矩阵 $\boldsymbol{A}$; 反过来, 给定对称矩阵 $\boldsymbol{A}$, 我们同样可以得到一个二次型 $f(\boldsymbol{x})$, 也就是说 n 元二次型 $f(\boldsymbol{x})$ 与 n 阶对称矩阵 $\boldsymbol{A}$ 是一一对应的. 于是, 对称矩阵 $\boldsymbol{A}$ 的秩称为**二次型 $f(\boldsymbol{x})$ 的秩**, 记为 $R(f)=R(\boldsymbol{A})$.

如果 $a_{ij}\in\mathbb{C}$, 则称该二次型 $f(\boldsymbol{x})$ 为**复二次型**, 此时对应的矩阵 $\boldsymbol{A}$ 为复对称矩阵; 如果 $a_{ij}\in\mathbb{R}$, 则称该二次型 $f(\boldsymbol{x})$ 为**实二次型**, 此时对应的矩阵 $\boldsymbol{A}$ 为实对称矩阵. 除非特别声明, 本书中出现的二次型均指实二次型.

如前所述, 在几何上, 2 元二次型 $f(\boldsymbol{x})$ 满足的方程 $f(\boldsymbol{x})=d$ 代表二次曲线, 3 元二次型 $f(\boldsymbol{x})$ 满足的方程 $f(\boldsymbol{x})=d$ 代表二次曲面.

例 5.1 求二次型 $f(\boldsymbol{x})=(x_1+x_2)^2+(x_2-x_3)^2+(x_3-x_1)^2$ 的秩.

解 因为该二次型 $f(\boldsymbol{x})=2x_1^2+2x_2^2+2x_3^2+2x_1x_2-2x_2x_3+2x_3x_1$, 其对应的矩阵 $\boldsymbol{A}=\begin{pmatrix}2&1&1\\1&2&-1\\1&-1&2\end{pmatrix}$. 易见,$R(\boldsymbol{A})=2$, 因此,$R(f)=2$.

5.1.2 标准二次型

对有心二次曲线的一般方程 (5.1), 可以选择适当的可逆坐标变换

$$\begin{pmatrix}x\\y\end{pmatrix}=\begin{pmatrix}\cos\theta&-\sin\theta\\\sin\theta&\cos\theta\end{pmatrix}\begin{pmatrix}x'\\y'\end{pmatrix},$$

将式 (5.1) 化为标准形式

$$a'x'^2+b'y'^2=d. \tag{5.3}$$

这样, 就可以很容易地识别二次曲线 (5.1) 的形状和类型, 从而帮助我们研究该曲线的性质. 式 (5.3) 的左边 $f(x',y')=a'x'^2+b'y'^2$ 称为 **$f(x,y)$ 的标准形**. 这种概念同样可以推广到 n 元二次型.

例 5.2 已知二次型 $f(x,y)=x^2+4xy+y^2$, 问方程 $f(x,y)=1$ 表示何种曲线?

解 作线性变换

$$\begin{cases} x = \dfrac{1}{\sqrt{2}}(u-v), \\ y = \dfrac{1}{\sqrt{2}}(u+v), \end{cases} \tag{5.4}$$

则 $f(x,y)=3u^2-v^2$. 因此, $f(x,y)=1$ 化为 $3u^2-v^2=1$. 注意到 $\|(x,y)\|=\|(u,v)\|$, 所以变换 (5.4) 保证曲线的形状没有发生改变. 因此方程 $f(x,y)=1$ 表示双曲线.

定义 5.2 只含平方项而不含交叉项的二次型

$$f(\boldsymbol{x})=a_1x_1^2+a_2x_2^2+\cdots+a_nx_n^2,$$

称为**标准二次型**, 简称**标准形**.

显然, $f(\boldsymbol{x})=\boldsymbol{x}^{\mathrm{T}}\boldsymbol{A}\boldsymbol{x}$ 为标准形当且仅当 $\boldsymbol{A}$ 为对角阵. 假设

$$\boldsymbol{x}=\boldsymbol{P}\boldsymbol{y} \tag{5.5}$$

是可逆的线性变换 (即矩阵 $\boldsymbol{P}$ 可逆), 代入二次型 $f(\boldsymbol{x})=\boldsymbol{x}^{\mathrm{T}}\boldsymbol{A}\boldsymbol{x}$, 得

$$f(\boldsymbol{x})=\boldsymbol{x}^{\mathrm{T}}\boldsymbol{A}\boldsymbol{x}=(\boldsymbol{P}\boldsymbol{y})^{\mathrm{T}}\boldsymbol{A}(\boldsymbol{P}\boldsymbol{y})=\boldsymbol{y}^{\mathrm{T}}(\boldsymbol{P}^{\mathrm{T}}\boldsymbol{A}\boldsymbol{P})\boldsymbol{y}=\boldsymbol{y}^{\mathrm{T}}\boldsymbol{B}\boldsymbol{y},\quad \boldsymbol{B}=\boldsymbol{P}^{\mathrm{T}}\boldsymbol{A}\boldsymbol{P}.$$

容易验证 $\boldsymbol{B}^{\mathrm{T}}=\boldsymbol{B}$. 因此, 二次型 $f(\boldsymbol{x})$ 在可逆线性变换 (5.5) 之下仍保持为二次型且其秩不变. 进一步, 如果矩阵 $\boldsymbol{B}$ 是一对角矩阵, 那么我们就将二次型 $f(\boldsymbol{x})$ 化为标准形了. 因此, 接下来将着重讨论能够使 $\boldsymbol{B}$ 为对角矩阵的变换 (5.5) 中矩阵 $\boldsymbol{P}$ 的存在性问题.

定义 5.3 对于 n 阶矩阵 $\boldsymbol{A},\boldsymbol{B}$, 如果存在可逆矩阵 $\boldsymbol{P}$, 使得 $\boldsymbol{P}^{\mathrm{T}}\boldsymbol{A}\boldsymbol{P}=\boldsymbol{B}$, 那么称矩阵 $\boldsymbol{A}$ 与 $\boldsymbol{B}$**合同**.

容易验证, 矩阵的合同是一个等价关系, 即矩阵合同具有反身性、对称性和传递性. 同时, 由上一章实对称矩阵的知识知, 实对称矩阵一定与对角矩阵合同.

5.2 化二次型为标准形

5.2.1 配方法

下面讨论如何寻求一个可逆线性变换 (5.5), 将一般二次型 $f(\boldsymbol{x})$ 化为标准形. 先看两个例子.

例 5.3 化简二次型 $f(\boldsymbol{x})=x_1^2+2x_1x_2+2x_2^2-2x_2x_3-3x_3^2$ 为标准形.

解 这是一个含平方项的二次型. 利用中学学习的配方法, 容易得到

$$f(\boldsymbol{x})=(x_1+x_2)^2+(x_2-x_3)^2-4x_3^2.$$

因此, 令

$$\begin{cases} y_1 = x_1 + x_2, \\ y_2 = x_2 - x_3, \\ y_3 = x_3, \end{cases}$$

则 $f(\boldsymbol{x})$ 的标准形为 $f(\boldsymbol{x}) = y_1^2 + y_2^2 - 4y_3^2$.

注意到 $\begin{pmatrix} y_1 \\ y_2 \\ y_3 \end{pmatrix} = \begin{pmatrix} 1 & 1 & 0 \\ 0 & 1 & -1 \\ 0 & 0 & 1 \end{pmatrix} \begin{pmatrix} x_1 \\ x_2 \\ x_3 \end{pmatrix}$, 且 $\begin{vmatrix} 1 & 1 & 0 \\ 0 & 1 & -1 \\ 0 & 0 & 1 \end{vmatrix} \neq 0$. 因此, 我们找到一个可逆变换 $\boldsymbol{x} = \boldsymbol{P}\boldsymbol{y}$ 将二次型化为标准形, 这里 $\boldsymbol{P} = \begin{pmatrix} 1 & 1 & 0 \\ 0 & 1 & -1 \\ 0 & 0 & 1 \end{pmatrix}^{-1}$.

如果再令 $\begin{cases} z_1 = x_1 + x_2, \\ z_2 = x_2 - x_3, \\ z_3 = 2x_3, \end{cases}$ 容易验证, 变换矩阵 $\boldsymbol{Q} = \begin{pmatrix} 1 & 1 & 0 \\ 0 & 1 & -1 \\ 0 & 0 & 2 \end{pmatrix}$ 也可逆. 因此, 在可逆变换 $\boldsymbol{x} = \boldsymbol{Q}^{-1}\boldsymbol{z}$ 之下, 二次型又可化为

$$f(\boldsymbol{x}) = z_1^2 + z_2^2 - z_3^2.$$

这说明, 二次型的标准形是不唯一的.

例 5.4 化二次型 $f(\boldsymbol{x}) = x_1^2 - 3x_2^2 - 2x_1x_2 + 2x_1x_3 - 6x_2x_3$ 为标准形.

解 这是一个含平方项的二次型. 利用配方法, 可以得到

$$f(\boldsymbol{x}) = (x_1 - x_2 + x_3)^2 - (2x_2 + x_3)^2.$$

引入可逆变换 $\begin{cases} y_1 = x_1 - x_2 + x_3, \\ y_2 = 2x_2 + x_3, \\ y_3 = x_3, \end{cases}$ 则二次型 $f(\boldsymbol{x}) = y_1^2 - y_2^2$. 这里的可逆线性变换 $\boldsymbol{x} = \boldsymbol{P}\boldsymbol{y}$, 其中 $\boldsymbol{P} = \begin{pmatrix} 1 & -1 & 1 \\ 0 & 2 & 1 \\ 0 & 0 & 1 \end{pmatrix}^{-1}$.

例 5.5 化二次型 $f(\boldsymbol{x}) = x_1x_2 + x_1x_3 - 3x_2x_3$ 为标准形.

注意到该例不同于例 5.3 和例 5.4 的地方是 $f(\boldsymbol{x})$ 不含平方项, 不能直接配方, 因此, 需引入可逆线性变换化为含有平方项的情形.

解 作变换 $\begin{cases} x_1 = y_1 + y_2, \\ x_2 = y_1 - y_2, \\ x_3 = y_3, \end{cases}$ 则 $f(\boldsymbol{x})$ 化为含有平方项的二次型

$$f(\boldsymbol{x}) = y_1^2 - 2y_1y_3 - y_2^2 + 4y_2y_3.$$

用配方法得到 $f(\boldsymbol{x}) = (y_1 - y_3)^2 - (y_2 - 2y_3)^2 + 3y_3^2$. 由此, 令 $\boldsymbol{z} = \boldsymbol{Q}\boldsymbol{y}$, 其中 $\boldsymbol{Q} = \begin{pmatrix} 1 & 0 & -1 \\ 0 & 1 & -2 \\ 0 & 0 & 1 \end{pmatrix}$. 从而, $f(\boldsymbol{x}) = z_1^2 - z_2^2 + 3z_3^2$. 这里可逆线性变换 $\boldsymbol{x} = \boldsymbol{P}\boldsymbol{z}$, 其中

$$\boldsymbol{P} = \begin{pmatrix} 1 & 1 & 0 \\ 1 & -1 & 0 \\ 0 & 0 & 1 \end{pmatrix} \boldsymbol{Q}^{-1}.$$

上述三个例子所采用的方法称为**配方法**.

5.2.2 主轴定理

在例 5.3 中, 如果令 $y_3 = 2x_3$, 则二次型 $f(\boldsymbol{x})$ 化为 $y_1^2 + y_2^2 - y_3^2$. 在例 5.4 中, 引入可逆线性变换 $\begin{cases} x_1 = y_1, \\ x_2 = y_2 + y_3, \\ x_3 = y_2 - y_3, \end{cases}$ 同样可以将二次型 $f(\boldsymbol{x})$ 化为含有平方项的情形, 这样得到的是另外一个标准形. 读者还可以验证, 对以上三个例子, 经变换后, 方程 $f(\boldsymbol{x}) = d$ 所表示的曲面的形状发生了变化, 这是因为 $\|\boldsymbol{x}\| \neq \|\boldsymbol{y}\|$. 那么, 自然要问, 是否存在一个可逆线性变换, 能够在保持曲面或曲线形状不变的情况下, 将二次型 $f(\boldsymbol{x})$ 化为标准形? 下面来回答这一问题.

如果 $\boldsymbol{x} = \boldsymbol{P}\boldsymbol{y}$, $\boldsymbol{P}$ 是正交矩阵, 即该变换为正交变换, 则根据正交矩阵的性质, 容易验证 $\|\boldsymbol{x}\| = \|\boldsymbol{y}\|$, 即正交变换保持向量的长度不变. 因此, 二次型在正交变换下, 保持曲面或曲线的形状不变, 即利用正交变换可以在保持曲面或曲线形状不变的情况下化二次型为标准形.

我们知道, 对于实对称矩阵 $\boldsymbol{A}$, 存在正交矩阵 $\boldsymbol{Q}$ 和对角矩阵 $\boldsymbol{\Lambda}$, 使得

$$\boldsymbol{Q}^{-1}\boldsymbol{A}\boldsymbol{Q} = \boldsymbol{Q}^{\mathrm{T}}\boldsymbol{A}\boldsymbol{Q} = \boldsymbol{\Lambda}.$$

因此, 若作变换 $\boldsymbol{x} = \boldsymbol{Q}\boldsymbol{y}$, 则

$$f(\boldsymbol{x}) = \boldsymbol{x}^{\mathrm{T}}\boldsymbol{A}\boldsymbol{x} = (\boldsymbol{Q}\boldsymbol{y})^{\mathrm{T}}\boldsymbol{A}(\boldsymbol{Q}\boldsymbol{y}) = \boldsymbol{y}^{\mathrm{T}}(\boldsymbol{Q}^{\mathrm{T}}\boldsymbol{A}\boldsymbol{Q})\boldsymbol{y} = \boldsymbol{y}^{\mathrm{T}}\boldsymbol{\Lambda}\boldsymbol{y}.$$

于是有下面定理.

定理 5.1(主轴定理) 二次型 $f(\boldsymbol{x})=\boldsymbol{x}^{\mathrm{T}}\boldsymbol{A}\boldsymbol{x}$ 可经正交变换 $\boldsymbol{x}=\boldsymbol{Q}\boldsymbol{y}$ 化为标准形

$$f(\boldsymbol{x})=\lambda_1 y_1^2+\lambda_2 y_2^2+\cdots+\lambda_n y_n^2,$$

其中 $\lambda_1,\lambda_2,\cdots,\lambda_n$ 是实对称矩阵 $\boldsymbol{A}$ 的特征值.

例 5.6 设二次型 $f(\boldsymbol{x})=x_1^2+x_2^2+x_3^2+4x_1x_2+4x_1x_3+4x_2x_3$, 用正交变换化二次型为标准形.

解 二次型对应的矩阵 $\boldsymbol{A}=\begin{pmatrix}1&2&2\\2&1&2\\2&2&1\end{pmatrix}$. 由第 4 章例 4.23, 令

$$\boldsymbol{Q}=\frac{1}{\sqrt{6}}\begin{pmatrix}-\sqrt{3}&-1&\sqrt{2}\\\sqrt{3}&-1&\sqrt{2}\\0&2&\sqrt{2}\end{pmatrix},$$

则 $\boldsymbol{Q}$ 为正交矩阵, 且 $\boldsymbol{Q}^{-1}\boldsymbol{A}\boldsymbol{Q}=\boldsymbol{Q}^{\mathrm{T}}\boldsymbol{A}\boldsymbol{Q}=\begin{pmatrix}-1&&\\&-1&\\&&5\end{pmatrix}$. 于是, 令 $\boldsymbol{x}=\boldsymbol{Q}\boldsymbol{y}$, 则

$$f(\boldsymbol{x})=-y_1^2-y_2^2+5y_3^2.$$

例 5.7 设二次型

$$f(\boldsymbol{x})=x_1^2+ax_2^2+x_3^2+2bx_1x_2+2x_1x_3+2x_2x_3$$

经正交变换 $\boldsymbol{x}=\boldsymbol{Q}\boldsymbol{y}$ 化为 $y_2^2+4y_3^2$. 求 a,b 的值及正交矩阵 $\boldsymbol{Q}$.

解 二次型矩阵 $\boldsymbol{A}=\begin{pmatrix}1&b&1\\b&a&1\\1&1&1\end{pmatrix}$, 而标准形对应的矩阵 $\boldsymbol{\Lambda}=\begin{pmatrix}0&&\\&1&\\&&4\end{pmatrix}$. 于是 $\boldsymbol{A}$ 与 $\boldsymbol{\Lambda}$ 相似. 由此 $|\boldsymbol{A}|=|\boldsymbol{\Lambda}|$, $\mathrm{tr}(\boldsymbol{A})=\mathrm{tr}(\boldsymbol{\Lambda})$. 从而得到 $a=3,b=1$. 矩阵 $\boldsymbol{A}$ 的特征值 $\lambda_1=0,\lambda_2=1,\lambda_3=4$, 对应的单位特征向量分别为

$$\boldsymbol{\xi}_1=\frac{1}{\sqrt{2}}\begin{pmatrix}1\\0\\-1\end{pmatrix},\ \boldsymbol{\xi}_2=\frac{1}{\sqrt{3}}\begin{pmatrix}1\\-1\\1\end{pmatrix},\ \boldsymbol{\xi}_3=\frac{1}{\sqrt{6}}\begin{pmatrix}1\\2\\1\end{pmatrix}.$$

于是, 所求的正交矩阵 $\boldsymbol{Q}=(\boldsymbol{\xi}_1,\boldsymbol{\xi}_2,\boldsymbol{\xi}_3)$.

例 5.8 已知二次型 $f(\boldsymbol{x})=(1-a)x_1^2+(1-a)x_2^2+2x_3^2+2(1+a)x_1x_2$ 的秩为 2.

(1) 求 a 的值;

(2) 求正交变换 $\boldsymbol{x}=\boldsymbol{Q}\boldsymbol{y}$, 化二次型 $f(\boldsymbol{x})$ 为标准形;

(3) 求方程 $f(\boldsymbol{x})=0$ 的解.

解 (1) 二次型的矩阵 $\boldsymbol{A}=\begin{pmatrix}1-a & 1+a & 0\\ 1+a & 1-a & 0\\ 0 & 0 & 2\end{pmatrix}$, 由 $R(\boldsymbol{A})=2$ 求得 $a=0$.

(2) 由 $|\lambda\boldsymbol{E}-\boldsymbol{A}|=\lambda(\lambda-2)^2=0$ 求得特征值为 $\lambda_1=\lambda_2=2,\lambda_3=0$.

利用 $(\boldsymbol{A}-\lambda\boldsymbol{E})\boldsymbol{x}=\boldsymbol{0}$ 求得相应的特征向量分别为

$$\boldsymbol{\alpha}_1=(1,1,0)^{\mathrm{T}},\boldsymbol{\alpha}_2=(0,0,1)^{\mathrm{T}},\boldsymbol{\alpha}_3=(1,-1,0)^{\mathrm{T}}.$$

由于特征向量已两两正交, 只需单位化, 于是有

$$\boldsymbol{\eta}_1=\frac{1}{\sqrt{2}}(1,1,0)^{\mathrm{T}},\boldsymbol{\eta}_2=(0,0,1)^{\mathrm{T}},\boldsymbol{\eta}_3=\frac{1}{\sqrt{2}}(1,-1,0)^{\mathrm{T}}.$$

令 $\boldsymbol{Q}=(\boldsymbol{\eta}_1,\boldsymbol{\eta}_2,\boldsymbol{\eta}_3)$, 则经正交变换 $\boldsymbol{x}=\boldsymbol{Q}\boldsymbol{y}$, 二次型可化为

$$f(\boldsymbol{x})=2y_1^2+2y_2^2.$$

(3) 由方程

$$f(\boldsymbol{x})=x_1^2+x_2^2+2x_3^2+2x_1x_2=(x_1+x_2)^2+2x_3^2=0,$$

得到 $x_1+x_2=0,2x_3=0$. 解得 $(x_1,x_2,x_3)^{\mathrm{T}}=k(1,-1,0)^{\mathrm{T}},k$ 为任意常数.

5.3 惯性定理与正定二次型

5.3.1 惯性定理

在上一节我们知道, 二次型 $f(\boldsymbol{x})$ 的秩在可逆线性变换下保持不变, 也就是二次型的标准形中非零项的个数是固定的, 它等于二次型的秩 $R(f)=R(\boldsymbol{A})$. 这一节将会看到, 在二次型的标准形中, 正项的个数或负项的个数在可逆线性变换下也保持不变.

假设两个不同的可逆线性变换 $\boldsymbol{x}=\boldsymbol{B}\boldsymbol{y}$ 和 $\boldsymbol{x}=\boldsymbol{C}\boldsymbol{z}$, 分别把 $f(\boldsymbol{x})$ 化为标准形

$$f(\boldsymbol{x})=d_1y_1^2+\cdots+d_py_p^2-d_{p+1}y_{p+1}^2-\cdots-d_ry_r^2,$$

和

$$f(\boldsymbol{x}) = e_1 z_1^2 + \cdots + e_q z_q^2 - e_{q+1} z_{q+1}^2 - \cdots - e_r z_r^2,$$

其中 $r = R(f)$, 而 $d_1, \cdots, d_r$, $e_1, \cdots, e_r$ 都是正数. 于是在变换 $\boldsymbol{z} = \boldsymbol{C}^{-1}\boldsymbol{B}\boldsymbol{y}$ 下,

$$d_1 y_1^2 + \cdots + d_p y_p^2 - d_{p+1} y_{p+1}^2 - \cdots - d_r y_r^2 = e_1 z_1^2 + \cdots + e_q z_q^2 - e_{q+1} z_{q+1}^2 - \cdots - e_r z_r^2. \quad (5.6)$$

记 $\boldsymbol{T} = \boldsymbol{C}^{-1}\boldsymbol{B} = (t_{ij})$, 则 $\boldsymbol{T}\boldsymbol{y} = \boldsymbol{z}$. 若 $p > q$, 考虑齐次线性方程组

$$\begin{cases} t_{11} y_1 + t_{12} y_2 + \cdots + t_{1n} y_n = 0, \\ \cdots\cdots \\ t_{q1} y_1 + t_{q2} y_2 + \cdots + t_{qn} y_n = 0, \\ y_{p+1} = 0, \\ \cdots\cdots \\ y_n = 0. \end{cases}$$

易见该方程组中方程个数 $q+n-p$ 小于未知元个数 n, 故它有非零解 $(y_1, y_2, \cdots, y_n)$. 注意到 $y_{p+1} = y_{p+2} = \cdots = y_n = 0$, 可知 $y_1, y_2, \cdots, y_p$ 不全为 0. 将此解代入 (5.6) 可得

$$d_1 y_1^2 + \cdots + d_p y_p^2 = -e_{q+1} z_{q+1}^2 - \cdots - e_r z_r^2,$$

该式左边大于 0, 右边不大于 0. 这是一个矛盾. 因此, $p \leqslant q$. 同理可证 $q \leqslant p$. 因此, $p = q$. 这就证明了下面定理.

定理 5.2(惯性定理) 二次型 $f(\boldsymbol{x}) = \boldsymbol{x}^{\mathrm{T}}\boldsymbol{A}\boldsymbol{x}$ 可以通过可逆线性变换 $\boldsymbol{x} = \boldsymbol{P}\boldsymbol{y}$ 化为标准形

$$f(\boldsymbol{x}) = d_1 y_1^2 + d_2 y_2^2 + \cdots + d_n y_n^2,$$

其中 $d_1, d_2, \cdots, d_n$ 中非零的个数 $r = R(f) = R(\boldsymbol{A})$, 标准形中系数为正的项的个数 p 与系数为负的项的个数 $q(p + q = r)$ 都是可逆线性变换下的不变量. 这里 p 称为**正惯性指数**, q 称为**负惯性指数**, $p - q$ 称为**符号差**.

不难看出, 二次型的秩等于它的矩阵的非零特征值的个数, 正惯性指数 p 等于二次型矩阵 $\boldsymbol{A}$ 的非零特征值中正特征值的个数, q 等于二次型矩阵 $\boldsymbol{A}$ 的非零特征值中负特征值的个数.

例 5.9 求二次型 $f(\boldsymbol{x}) = x_1 x_2 + x_1 x_3 - 3x_2 x_3$ 的秩、正惯性指数和负惯性指数.

解 由例 5.5, $f(\boldsymbol{x})$ 的标准形为 $f(\boldsymbol{x}) = z_1^2 + z_2^2 - z_3^2$. 于是 $R(f) = 3$, $p = 2$, $q = 1$.

一般地, 根据惯性定理, 二次型 $f(\boldsymbol{x})$ 经可逆线性变换可化为

$$f(\boldsymbol{x}) = d_1 y_1^2 + d_2 y_2^2 + \cdots + d_p y_p^2 - d_{p+1} y_{p+1}^2 - \cdots - d_r y_r^2, \quad d_j > 0\ (j = 1, 2, \cdots, r).$$

令

$$\begin{cases} y_1 = \dfrac{1}{\sqrt{d_1}} z_1, \\ y_2 = \dfrac{1}{\sqrt{d_2}} z_2, \\ \cdots\cdots \\ y_r = \dfrac{1}{\sqrt{d_r}} y_r, \\ y_{r+1} = z_{r+1}, \\ \cdots\cdots \\ y_n = z_n, \end{cases}$$

则 $f(\boldsymbol{x})$ 可化为

$$f(\boldsymbol{x}) = z_1^2 + z_2^2 + \cdots + z_p^2 - z_{p+1}^2 - \cdots - z_r^2. \tag{5.7}$$

于是可得如下推论.

推论 5.1　二次型 $f(\boldsymbol{x})$ 通过可逆线性变换可化为式 (5.7).

显然, 式 (5.7) 是唯一的, 它称为二次型 $f(\boldsymbol{x})$ 的**规范形**, 即规范形唯一.

根据推论 1 和二次型与实对称矩阵之间的关系, 即得如下推论.

推论 5.2　设 $\boldsymbol{A}$ 为 n 阶实对称矩阵, 则存在可逆矩阵 $\boldsymbol{P}$, 使得

$$\boldsymbol{P}^{\mathrm{T}}\boldsymbol{A}\boldsymbol{P} = \begin{pmatrix} \boldsymbol{E}_p & & \\ & -\boldsymbol{E}_q & \\ & & \boldsymbol{O} \end{pmatrix},$$

其中 $p + q = r = R(f)$.

推论 5.3　n 阶实对称矩阵 $\boldsymbol{A}$ 与 $\boldsymbol{B}$ 合同的充分必要条件是 $R(\boldsymbol{A}) = R(\boldsymbol{B})$, 且正惯性指数相等.

例 5.10　二次型 $f(\boldsymbol{x}) = x_1^2 + ax_2^2 + x_3^2 + 2x_1x_2 - 2x_2x_3 - 2ax_1x_3$ 的正、负惯性指数均为 1, 求参数 a 及 $f(\boldsymbol{x}) = 1$ 表示的曲面类型.

解　由题意知二次型矩阵 $\boldsymbol{A} = \begin{pmatrix} 1 & 1 & -a \\ 1 & a & -1 \\ -a & -1 & 1 \end{pmatrix}$ 的秩等于 2, 因此 $|\boldsymbol{A}| = 0$. 由此求得 $a = 1$ 或 $a = -2$.

当 $a = 1$ 时, $R(\boldsymbol{A}) = 1$ 不合题意. 当 $a = -2$ 时, 求得 $\boldsymbol{A}$ 的特征值 $\lambda_1 = 3, \lambda_2 = -3, \lambda_3 = 0$. 于是存在正交变换 $\boldsymbol{x} = \boldsymbol{P}\boldsymbol{y}$ 可以将 $f(\boldsymbol{x})$ 化为 $3y_1^2 - 3y_2^2$. 此时, 方程 $f(\boldsymbol{x}) = 1$ 表示一个双曲柱面.

例 5.11 矩阵 $\boldsymbol{A}$ 是 n 阶实对称可逆矩阵, 其特征值分别为 $\lambda_1, \lambda_2, \cdots, \lambda_n$, 求二次型

$$f(\boldsymbol{x}) = \boldsymbol{x}^{\mathrm{T}}\boldsymbol{B}\boldsymbol{x}, \quad \boldsymbol{B} = \begin{pmatrix} \boldsymbol{O} & \boldsymbol{A} \\ \boldsymbol{A} & \boldsymbol{O} \end{pmatrix}$$

的标准形与正惯性指数.

解 由于矩阵 $\boldsymbol{A}$ 可逆实对称, 因此 $\lambda_j \neq 0\ (j = 1, 2, \cdots, n)$, 且存在正交矩阵 $\boldsymbol{Q}$ 使得

$$\boldsymbol{Q}^{-1}\boldsymbol{A}\boldsymbol{Q} = \boldsymbol{\Lambda} = \mathrm{diag}(\lambda_1, \lambda_2, \cdots, \lambda_n).$$

于是

$$\begin{pmatrix} \boldsymbol{O} & \boldsymbol{Q} \\ \boldsymbol{Q} & \boldsymbol{O} \end{pmatrix}^{-1} \boldsymbol{B} \begin{pmatrix} \boldsymbol{O} & \boldsymbol{Q} \\ \boldsymbol{Q} & \boldsymbol{O} \end{pmatrix} = \begin{pmatrix} \boldsymbol{O} & \boldsymbol{\Lambda} \\ \boldsymbol{\Lambda} & \boldsymbol{O} \end{pmatrix}.$$

所以矩阵 $\boldsymbol{B}$ 的特征值为 $\lambda_{\boldsymbol{B}} = \pm\lambda_j (j = 1, 2, \cdots, n)$. 故二次型 $f(\boldsymbol{x})$ 的标准形为

$$f(\boldsymbol{x}) = \lambda_1 y_1^2 + \lambda_2 y_2^2 + \cdots + \lambda_n y_n^2 - \lambda_1 y_{n+1}^2 - \lambda_2 y_{n+2}^2 - \cdots - \lambda_n y_{2n}^2,$$

正惯性指数 $p = n$.

例 5.12 设 n 阶实对称矩阵 $\boldsymbol{A}$ 满足 $|\boldsymbol{A}| < 0$. 证明: 存在非零向量 $\boldsymbol{x}_0$, 使得二次型 $f(\boldsymbol{x}) = \boldsymbol{x}^{\mathrm{T}}\boldsymbol{A}\boldsymbol{x}$ 满足 $f(\boldsymbol{x}_0) < 0$.

证明 由 $|\boldsymbol{A}| < 0$ 即知二次型 $f(\boldsymbol{x})$ 的负惯性指数 $q > 0$. 因此, 存在可逆变换 $\boldsymbol{x} = \boldsymbol{P}\boldsymbol{y}$ 将 $f(\boldsymbol{x})$ 化为

$$f(\boldsymbol{x}) = y_1^2 + y_2^2 + \cdots + y_p^2 - y_{p+1}^2 - \cdots - y_n^2, \quad q = n - p > 0.$$

令 $\boldsymbol{y}_0^{\mathrm{T}} = (0,\ 0,\ \cdots,\ 0,\ 1)$, $\boldsymbol{x}_0 = \boldsymbol{P}\boldsymbol{y}_0$, 则 $\boldsymbol{x}_0 \neq \boldsymbol{0}$, $f(\boldsymbol{x}_0) = -1 < 0$.

5.3.2 正定二次型

正定二次型是二次型中一类特殊且重要的二次型.

定义 5.4 若对任意的非零实向量 $\boldsymbol{x} = (x_1, x_2, \cdots, x_n)^{\mathrm{T}}$, 都有

$$f(\boldsymbol{x}) = \boldsymbol{x}^{\mathrm{T}}\boldsymbol{A}\boldsymbol{x} > 0 (< 0),$$

则称二次型 $f(\boldsymbol{x})$ 是**正定二次型 (负定二次型)**. 对应的矩阵 $\boldsymbol{A}$ 称为**正定矩阵 (负定矩阵)**.

需要指出的是, 如果二次型 $f(\boldsymbol{x})$ 不是正定的, 也未必是负定的. 例如, 3 元二次型 $f(\boldsymbol{x}) = x_1^2 + x_2^2 + x_3^2$ 是正定二次型, $f(\boldsymbol{x}) = -x_1^2 - x_2^2 - x_3^2$ 是负定二次型, 但 $f(\boldsymbol{x}) = x_1^2 + x_2^2 - x_3^2$ 既不是正定二次型, 也不是负定二次型.

根据定义 5.4, 显然有如下结论.

定理 5.3　二次型

$$f(\boldsymbol{x}) = d_1x_1^2 + d_2x_2^2 + \cdots + d_ny_n^2$$

正定的充分必要条件是 $d_j > 0(j = 1, 2, \cdots, n)$.

因此, 如果二次型是标准二次型, 其正定性很容易判定. 那么, 对于一般的二次型, 如何判定正定性? 由于对任何二次型 $f(\boldsymbol{x}) = \boldsymbol{x}^{\mathrm{T}}\boldsymbol{A}\boldsymbol{x}$, 都存在可逆变换 $\boldsymbol{x} = \boldsymbol{P}\boldsymbol{y}$ 使它化为规范形, 以及正交变换 $\boldsymbol{x} = \boldsymbol{Q}\boldsymbol{y}$ 使它化为标准形, 所以, 不难得到如下定理.

定理 5.4　设 $\boldsymbol{A}$ 为 n 阶实对称矩阵, 则以下条件等价:

(1) $\boldsymbol{A}$ 是正定矩阵;

(2) $f(\boldsymbol{x}) = \boldsymbol{x}^{\mathrm{T}}\boldsymbol{A}\boldsymbol{x}$ 是正定二次型;

(3) 二次型 $f(\boldsymbol{x}) = \boldsymbol{x}^{\mathrm{T}}\boldsymbol{A}\boldsymbol{x}$ 的正惯性指数 $p = n$;

(4) $\boldsymbol{A}$ 的特征值全为正;

(5) $\boldsymbol{A}$ 与 $\boldsymbol{E}$ 合同;

(6) 存在可逆矩阵 $\boldsymbol{P}$, 使 $\boldsymbol{A} = \boldsymbol{P}^{\mathrm{T}}\boldsymbol{P}$.

此定理中的等价条件均可判定对称矩阵的正定性. 必须注意的是, 提到矩阵 $\boldsymbol{A}$ 正定, 特指实对称矩阵. 对于一般矩阵 $\boldsymbol{A}$, 没有正定的概念.

推论 5.4　若实对称矩阵 $\boldsymbol{A}$ 正定, 则 $|\boldsymbol{A}| > 0$.

我们还可以利用下面定理判断二次型的正定性.

定理 5.5(Sylvester 定理)　二次型 $f(\boldsymbol{x}) = \boldsymbol{x}^{\mathrm{T}}\boldsymbol{A}\boldsymbol{x}$, $\boldsymbol{A} = (a_{ij})(a_{ij} = a_{ji})$ 正定的充分必要条件是

$$D_1 = a_{11},\ D_2 = \begin{vmatrix} a_{11} & a_{12} \\ a_{21} & a_{22} \end{vmatrix}, \cdots,\ D_n = |\boldsymbol{A}| \tag{5.8}$$

均大于 0.

由式 (5.8) 定义的 $D_k = \begin{vmatrix} a_{11} & a_{12} & \cdots & a_{1k} \\ a_{21} & a_{22} & \cdots & a_{2k} \\ \vdots & \vdots & & \vdots \\ a_{k1} & a_{k2} & \cdots & a_{kk} \end{vmatrix} (k = 1, 2, \cdots, n)$ 称为矩阵 $\boldsymbol{A}$ 的**顺序主子式**. 实际上, 当 $\boldsymbol{A} = (a_{ij})$ 为正定矩阵时, $\boldsymbol{A}$ 的所有主子式都大于 0. 所谓主子式就是行指标与列指标相同的子式.

证明　当 $f(x_1, x_2, \cdots, x_n)$ 正定时, 令

$$f_k(x_1, x_2, \cdots, x_k) = f(x_1, x_2, \cdots, x_k, 0, \cdots, 0),$$

则 f_k 为正定二次型. 由定理 5.4 的推论 1 可知 $D_k > 0$. 反过来, 当 $D_k > 0(k = 1, 2, \cdots, n)$ 时, 可用数学归纳法证明 $f(x_1, x_2, \cdots, x_n)$ 是正定的 (此证明过程留给读者思考).

对于负定二次型 $f(\boldsymbol{x})$, 我们有以下结论.

定理 5.6 对于二次型 $f(\boldsymbol{x}) = \boldsymbol{x}^{\mathrm{T}}\boldsymbol{A}\boldsymbol{x}$, 下列条件等价:

(1) 实对称矩阵 $\boldsymbol{A}$ 为负定矩阵;

(2) $f(\boldsymbol{x}) = \boldsymbol{x}^{\mathrm{T}}\boldsymbol{A}\boldsymbol{x}$ 是负定二次型;

(3) 负惯性指数 $q = n$;

(4) 实对称矩阵 $\boldsymbol{A}$ 的特征值全为负;

(5) 实对称矩阵 $\boldsymbol{A}$ 的奇顺序主子式全为负, 偶顺序主子式全为正;

(6) 实对称矩阵 $\boldsymbol{A}$ 与 $-\boldsymbol{E}$ 合同.

例 5.13 判断二次型 $f(\boldsymbol{x}) = 3x_1^2 - 4x_1x_2 + 2x_2^2 + 2x_2^2 - 4x_2x_3 + 7x_3^2$ 是否为正定二次型?

解法一 二次型的矩阵 $\boldsymbol{A} = \begin{pmatrix} 3 & -2 & 0 \\ -2 & 2 & -2 \\ 0 & -2 & 7 \end{pmatrix}$. 它的各阶顺序主子式分别为

$$D_1 = 3 > 0, \quad D_2 = 2 > 0, \quad D_3 = |\boldsymbol{A}| = 2 > 0,$$

因此二次型 $f(\boldsymbol{x})$ 正定.

解法二 利用配方法得到 $f(\boldsymbol{x}) = 3\left(x_1 - \dfrac{2}{3}x_2\right)^2 + \dfrac{2}{3}(x_2 - 3x_3)^2 + x_3^2$, 由此得 $f(\boldsymbol{x})$ 的正惯性指数 $p = 3$, 因此 $f(\boldsymbol{x})$ 正定.

解法三 通过计算 $\boldsymbol{A}$ 的特征值判定, 这里略去.

例 5.14 判断二次型 $f(\boldsymbol{x}) = \sum\limits_{i=1}^{n} x_i^2 + \sum\limits_{1 \leqslant i < j \leqslant n} x_i x_j$ 的正定性.

解 二次型矩阵 $\boldsymbol{A} = \dfrac{1}{2}\begin{pmatrix} 2 & 1 & \cdots & 1 \\ 1 & 2 & \cdots & 1 \\ \vdots & \vdots & & \vdots \\ 1 & 1 & \cdots & 2 \end{pmatrix}$. $\boldsymbol{A}$ 的顺序主子式为

$$D_k = \frac{1}{2^k}\begin{vmatrix} 2 & 1 & \cdots & 1 \\ 1 & 2 & \cdots & 1 \\ \vdots & \vdots & & \vdots \\ 1 & 1 & \cdots & 2 \end{vmatrix}_{k \times k} = \frac{k+1}{2^k} > 0, \quad k = 1, 2, \cdots .n.$$

因此, $f(\boldsymbol{x})$ 正定.

例 5.15　问 a 为何值时, 二次型 $f(\boldsymbol{x})=x_1^2+x_2^2+5x_3^2+2ax_1x_2-2x_1x_3+4x_2x_3$ 是正定二次型.

解　二次型的矩阵 $\boldsymbol{A}=\begin{pmatrix}1 & a & -1\\ a & 1 & 2\\ -1 & 2 & 5\end{pmatrix}$. 计算 $\boldsymbol{A}$ 的顺序主子式得

$$D_1=1,\quad D_2=1-a^2,\quad D_3=|\boldsymbol{A}|=-a(5a+4).$$

注意到 $f(\boldsymbol{x})$ 正定当且仅当其顺序主子式全大于 0. 由此解得, $\boldsymbol{A}$ 正定的充分必要条件是 $-\dfrac{4}{5}<a<0$.

例 5.16　设 $\boldsymbol{A}$ 为 3 阶实对称矩阵, 且满足 $\boldsymbol{A}^4-4\boldsymbol{A}^3+7\boldsymbol{A}^2-16\boldsymbol{A}+12\boldsymbol{E}=\boldsymbol{O}$, 证明 $\boldsymbol{A}$ 正定.

证明　设矩阵 $\boldsymbol{A}$ 的特征值为 λ, 则 λ 满足

$$\lambda^4-4\lambda^3+7\lambda^2-16\lambda+12=0.$$

解之, 得

$$\lambda_1=1,\lambda_2=3,\lambda_3=\pm 2\mathrm{i}.$$

由于实对称矩阵特征值全是实数, 因此 $\boldsymbol{A}$ 的特征值为 1 或 3(其重数无法确定), 即 $\boldsymbol{A}$ 的特征值全大于零, 故 $\boldsymbol{A}$ 正定.

例 5.17　设 n 阶实对称矩阵 $\boldsymbol{A}$ 正定, 则 $|\boldsymbol{A}+\boldsymbol{E}|>1$.

证明　由于 $\boldsymbol{A}$ 正定, 因此 $\boldsymbol{A}$ 的所有特征值 $\lambda_i>0(i=1,2,\cdots,n)$, 故 $\boldsymbol{A}+\boldsymbol{E}$ 的特征值 $\lambda_{\boldsymbol{A}+\boldsymbol{E}}>1$. 于是利用矩阵行列式与特征值之间的关系, 可得 $|\boldsymbol{A}+\boldsymbol{E}|>1$.

例 5.18　设 $\boldsymbol{B}$ 为 $m\times n$ 实矩阵. 证明: $\boldsymbol{Bx}=\boldsymbol{0}$ 只有零解的充分必要条件是 $\boldsymbol{B}^{\mathrm{T}}\boldsymbol{B}$ 为正定矩阵.

证明　由于 $\boldsymbol{Bx}=\boldsymbol{0}$ 只有零解当且仅当对任意 $\boldsymbol{x}\neq\boldsymbol{0}$, $\boldsymbol{Bx}\neq\boldsymbol{0}$. 此即

$$\boldsymbol{x}^{\mathrm{T}}(\boldsymbol{B}^{\mathrm{T}}\boldsymbol{B})\boldsymbol{x}=(\boldsymbol{Bx})^{\mathrm{T}}\boldsymbol{Bx}>0.$$

于是结论成立.

*5.4　双线性函数

5.4.1　线性函数

定义 5.5　线性空间 $\mathbb{R}^n$ 到 $\mathbb{R}$ 的一个映射 f 称为 $\mathbb{R}^n$ 上的一个**线性函数**, 如果 f 满足

(1) 对任意的 $\boldsymbol{\alpha}, \boldsymbol{\beta} \in \mathbb{R}^n$, $f(\boldsymbol{\alpha}+\boldsymbol{\beta}) = f(\boldsymbol{\alpha}) + f(\boldsymbol{\beta})$;

(2) 对任意的 $\boldsymbol{\alpha} \in \mathbb{R}^n$, $k \in \mathbb{R}$, $f(k\boldsymbol{\alpha}) = kf(\boldsymbol{\alpha})$.

从定义不难推出 $\mathbb{R}^n$ 的线性函数 f 具有下列简单性质:

(1) $f(\mathbf{0}) = 0$, $f(-\boldsymbol{\alpha}) = -f(\boldsymbol{\alpha})$;

(2) 设 $\boldsymbol{\beta} = k_1\boldsymbol{\alpha}_1 + k_2\boldsymbol{\alpha}_2 + \cdots + k_s\boldsymbol{\alpha}_s$, 则

$$f(\boldsymbol{\beta}) = k_1 f(\boldsymbol{\alpha}_1) + k_2 f(\boldsymbol{\alpha}_2) + \cdots + k_s f(\boldsymbol{\alpha}_s).$$

例 5.19 设 $a_1, a_2, \cdots, a_n$ 是 n 个实数, $\boldsymbol{x} = (x_1, x_2, \cdots, x_n)^{\mathrm{T}} \in \mathbb{R}^n$, 则函数

$$f(\boldsymbol{x}) = a_1x_1 + a_2x_2 + \cdots + a_nx_n$$

是 $\mathbb{R}^n$ 上的一个线性函数. 当 $a_1 = a_2 = \cdots = a_n = 0$ 时, $f(\boldsymbol{x}) = 0$, 这时称 f 为 $\mathbb{R}^n$ 上的**零函数**.

实际上, $\mathbb{R}^n$ 上的任一个线性函数都可以表成例 5.19 中的形式. 设 $\boldsymbol{\varepsilon}_1, \boldsymbol{\varepsilon}_2, \cdots, \boldsymbol{\varepsilon}_n$ 为 $\mathbb{R}^n$ 的自然基, 则对任意 $\boldsymbol{x} = (x_1, x_2, \cdots, x_n) \in \mathbb{R}^n$, 有

$$\boldsymbol{x} = x_1\boldsymbol{\varepsilon}_1 + x_2\boldsymbol{\varepsilon}_2 + \cdots + x_n\boldsymbol{\varepsilon}_n.$$

设 f 为 $\mathbb{R}^n$ 上的一个线性函数, 则

$$f(\boldsymbol{x}) = x_1 f(\boldsymbol{\varepsilon}_1) + x_2 f(\boldsymbol{\varepsilon}_2) + \cdots + x_n f(\boldsymbol{\varepsilon}_n).$$

令 $a_i = f(\boldsymbol{\varepsilon}_i)$, $i = 1, 2, \cdots, n$, 则

$$f(\boldsymbol{x}) = a_1x_1 + a_2x_2 + \cdots + a_nx_n.$$

5.4.2 双线性函数

定义 5.6 线性空间 $\mathbb{R}^n$ 上的一个二元函数 $f(\boldsymbol{\alpha}, \boldsymbol{\beta})$ 称为 $\mathbb{R}^n$ 上的**双线性函数**, 如果对于 $\mathbb{R}^n$ 中任意向量 $\boldsymbol{\alpha}, \boldsymbol{\beta}, \boldsymbol{\alpha_1}, \boldsymbol{\alpha_2}, \boldsymbol{\beta_1}, \boldsymbol{\beta_2}$ 和任意实数 k_1, k_2, 都有

(1) $f(k_1\boldsymbol{\alpha_1} + k_2\boldsymbol{\alpha_2}, \boldsymbol{\beta}) = k_1 f(\boldsymbol{\alpha_1}, \boldsymbol{\beta}) + k_2 f(\boldsymbol{\alpha_2}, \boldsymbol{\beta})$;

(2) $f(\boldsymbol{\alpha}, k_1\boldsymbol{\beta_1} + k_2\boldsymbol{\beta_2}) = k_1 f(\boldsymbol{\alpha}, \boldsymbol{\beta_1}) + k_2 f(\boldsymbol{\alpha}, \boldsymbol{\beta_2})$.

易知, Euclid 空间的内积是双线性函数. 但双线性函数未必满足内积的条件.

例 5.20 设 $\boldsymbol{A}$ 为实数域 $\mathbf{R}$ 上的一个 n 阶方阵, $\boldsymbol{x}, \boldsymbol{y} \in \mathbb{R}^n$, 则

$$f(\boldsymbol{x}, \boldsymbol{y}) = \boldsymbol{x}^{\mathrm{T}}\boldsymbol{A}\boldsymbol{y} \tag{5.9}$$

是 $\mathbb{R}^n$ 上的一个双线性函数. 当 $\boldsymbol{x} \neq \mathbf{0}$ 时, $f(\boldsymbol{x}, \boldsymbol{x}) = \boldsymbol{x}^{\mathrm{T}}\boldsymbol{A}\boldsymbol{x}$ 未必大于零, 它不满足内积的条件.

如果设 $\boldsymbol{x}^{\mathrm{T}}=(x_1,\ x_2,\ \ldots,\ x_n)$, $\boldsymbol{y}^{\mathrm{T}}=(y_1,\ y_2,\ \ldots,\ y_n)$, 并设

$$\boldsymbol{A}=\begin{pmatrix} a_{11} & a_{12} & \ldots & a_{1n} \\ a_{21} & a_{22} & \ldots & a_{2n} \\ \vdots & \vdots & & \vdots \\ a_{n1} & a_{n2} & \ldots & a_{nn} \end{pmatrix},$$

则

$$f(\boldsymbol{x},\boldsymbol{y})=\sum_{i=1}^{n}\sum_{j=1}^{n}a_{ij}x_iy_j. \tag{5.10}$$

式 (5.9) 或式 (5.10) 实际上是 $\mathbb{R}^n$ 上的双线性函数 $f(\boldsymbol{x},\boldsymbol{y})$ 的一般形式. 设 $\boldsymbol{\varepsilon}_1, \boldsymbol{\varepsilon}_2, \cdots, \boldsymbol{\varepsilon}_n$ 为 $\mathbb{R}^n$ 的自然基, 则对任意 $\boldsymbol{x}=(x_1,\ x_2,\ \ldots,\ x_n)$, $\boldsymbol{y}=(y_1,\ y_2,\ \ldots,\ y_n)\in\mathbb{R}^n$, 有

$$\boldsymbol{x}=x_1\boldsymbol{\varepsilon}_1+x_2\boldsymbol{\varepsilon}_2+\cdots+x_n\boldsymbol{\varepsilon}_n,\quad \boldsymbol{y}=y_1\boldsymbol{\varepsilon}_1+y_2\boldsymbol{\varepsilon}_2+\cdots+y_n\boldsymbol{\varepsilon}_n.$$

于是

$$f(\boldsymbol{x},\boldsymbol{y})=f\left(\sum_{i=1}^{n}x_i\boldsymbol{\varepsilon}_i,\ \sum_{j=1}^{n}y_j\boldsymbol{\varepsilon}_j\right)=\sum_{i=1}^{n}\sum_{j=1}^{n}f(\boldsymbol{\varepsilon}_i,\ \boldsymbol{\varepsilon}_j)x_iy_j. \tag{5.11}$$

令 $a_{ij}=f(\boldsymbol{\varepsilon}_i,\ \boldsymbol{\varepsilon}_j)$, $i,j=1,\ 2,\ \ldots,\ n$,

$$\boldsymbol{A}=\begin{pmatrix} a_{11} & a_{12} & \ldots & a_{1n} \\ a_{21} & a_{22} & \cdots & a_{2n} \\ \vdots & \vdots & & \vdots \\ a_{n1} & a_{n2} & \cdots & a_{nn} \end{pmatrix},$$

则式 (5.11) 就成为式 (5.9) 或式 (5.10) 的形式.

易知, $f(\boldsymbol{x},\boldsymbol{y})$ 为 $\mathbb{R}^n$ 上的双线性函数, 则

$$f(\boldsymbol{x},\ \boldsymbol{x})=\sum_{i=1}^{n}\sum_{j=1}^{n}a_{ij}x_ix_j=\boldsymbol{x}^{\mathrm{T}}\boldsymbol{A}\boldsymbol{x}$$

为一个二次型. 当 $\boldsymbol{A}=(a_{ij})$ 为一个对称矩阵时, 二次型的矩阵就是 $\boldsymbol{A}$. 当 $\boldsymbol{A}$ 不是对称矩阵时, 该二次型的矩阵为 $\dfrac{\boldsymbol{A}+\boldsymbol{A}^{\mathrm{T}}}{2}$. 当 $\boldsymbol{A}$ 为正定矩阵时, $f(\boldsymbol{x},\boldsymbol{y})=\boldsymbol{x}^{\mathrm{T}}\boldsymbol{A}\boldsymbol{y}$ 作成一个内积, 从而线性空间 $\mathbb{R}^n$ 关于这个内积作成一个 Euclid 空间.

5.5 思考与拓展

问题 5.1 关于二次型 $f(\boldsymbol{x})$ 的矩阵表示问题.

一个二次型可以有不同的表示法, 例如 3 元二次型 $(\boldsymbol{x}=(x_1,x_2,x_3)^{\mathrm{T}})$

$$f(\boldsymbol{x})=x_1^2+x_2^2+x_3^2+4x_1x_2=\boldsymbol{x}^{\mathrm{T}}\boldsymbol{A}_1\boldsymbol{x},\quad \boldsymbol{A}_1=\begin{pmatrix}1&4&0\\0&1&0\\0&0&1\end{pmatrix};$$

$$f(\boldsymbol{x})=x_1^2+x_2^2+x_3^2+x_1x_2+3x_1x_2=\boldsymbol{x}^{\mathrm{T}}\boldsymbol{A}_2\boldsymbol{x},\quad \boldsymbol{A}_2=\begin{pmatrix}1&1&0\\3&1&0\\0&0&1\end{pmatrix};$$

$$f(\boldsymbol{x})=x_1^2+x_2^2+x_3^2+2x_1x_2+2x_2x_1=\boldsymbol{x}^{\mathrm{T}}\boldsymbol{A}_3\boldsymbol{x},\quad \boldsymbol{A}_3=\begin{pmatrix}1&2&0\\2&1&0\\0&0&1\end{pmatrix}.$$

这样, 代表二次型的矩阵就不唯一了, 这不利于问题的研究. 因此, 规定二次型矩阵必须是对称矩阵, 这样保证了二次型矩阵的唯一性, 便于讨论. 所以提到二次型矩阵, 就意味着它是对称矩阵. 反过来, 一个对称矩阵对应一个二次型.

问题 5.2 关于二次型 $f(\boldsymbol{x})$ 在可逆线性变换下的不变量问题.

对于二次型 $f(\boldsymbol{x})$, 在可逆线性变换 $\boldsymbol{x}=\boldsymbol{P}\boldsymbol{y}$ 下, 它的不变量包括二次型的秩 $r=R(f)$、正惯性指数 p 和负惯性指数 q. 在二次型中, 秩 r 和正惯性指数 p 是两个重要的不变量. 秩 r 表示二次型通过可逆线性变换化成的标准形中非零平方项的个数, 它就是对应矩阵 $\boldsymbol{A}$ 的非零特征值的个数. 正惯性指数 p 表示在这些非零项中正项的个数, 对应矩阵 $\boldsymbol{A}$ 的正特征值的个数. 二次型的标准形不是唯一的, 但其中非零平方项的个数和正项的个数 (或负项的个数) 是唯一确定的. 由此, 二次型的规范形是唯一的. 作为特殊情况, 二次型的正定性也是一个不变量. 因此, 判断二次型的正定性可以通过二次型的标准形来确定.

问题 5.3 矩阵的等价、相似与合同的区别与联系.

矩阵的等价、相似与合同是同型矩阵的三种不同的关系, 它们既有区别又有联系.

从定义上看, 矩阵 $\boldsymbol{A}$ 与 $\boldsymbol{B}$ 等价是指, 存在可逆矩阵 $\boldsymbol{P},\boldsymbol{Q}$, 使

$$\boldsymbol{A}=\boldsymbol{P}\boldsymbol{B}\boldsymbol{Q};$$

矩阵 $\boldsymbol{A}$ 与 $\boldsymbol{B}$ 相似是指, 存在可逆矩阵 $\boldsymbol{P}$, 使

$$\boldsymbol{A}=\boldsymbol{P}\boldsymbol{B}\boldsymbol{P}^{-1};$$

矩阵 $\boldsymbol{A}$ 与 $\boldsymbol{B}$ 合同是指, 存在可逆矩阵 $\boldsymbol{P}$, 使

$$\boldsymbol{A}=\boldsymbol{P}\boldsymbol{B}\boldsymbol{P}^{\mathrm{T}}.$$

由此容易看出, 矩阵相似、合同一定等价, 但等价矩阵未必相似, 也未必合同. 同时, 相似矩阵与合同矩阵不具有从属关系, 也就是合同未必相似, 相似未必合同. 但如果矩阵 $\boldsymbol{P}$ 是正交矩阵, 相似矩阵等价于合同矩阵, 因为此时 $\boldsymbol{P}^{-1}=\boldsymbol{P}^{\mathrm{T}}$.

等价矩阵一定可通过初等变换互化, 其本质特征是它们具有相同的秩 (在同型矩阵前提下, 这是充分必要条件). 矩阵相似是一种特殊的等价关系, 这很难通过初等变换来判别, 但我们可以通过对它们的特征矩阵 $\lambda\boldsymbol{E}-\boldsymbol{A}$ 和 $\lambda\boldsymbol{E}-\boldsymbol{B}$ 作初等变换来判别, 因为两个矩阵相似是它们的特征矩阵等价. 两个矩阵相似的共同特征是它们具有相同的特征值, 但具有相同特征值只是这两个矩阵相似的必要条件. 对于实对称矩阵, 具有相同的特征值是相似的充分必要条件. 矩阵合同同样是矩阵等价的一种特殊等价关系, 合同矩阵一定可以通过合同变换互化. 所谓合同变换, 是指对一个矩阵每作一次初等行变换, 同时作一次初等列变换. 两个对称矩阵合同的充分必要条件是它们对应的二次型有相同的规范形. 在复数范围内, 两个同型的对称矩阵合同的充分必要条件是它们有相同的秩; 在实数范围内, 两个同型的对称矩阵合同的充分必要条件是它们具有相同的正、负惯性指数 (即相同的正特征值个数和负特征值个数).

问题 5.4 二次型在二次曲线化简和分类中的应用.

关于 x,y 的 2 元二次型的标准形 $f(x,y)$ 必为下列情形之一:

(i) 当 $p=2$ 或 $q=2$ 时, $f(x,y)=\pm(ax^2+by^2)$;

(ii) 当 $R(f)=2,p=1$ 时, $f(x,y)=ax^2-by^2$;

(iii) 当 $R(f)=1$ 时, $f(x,y)=\pm ax^2$.

其中 $R(f)$ 是二次型 $f(x,y)$ 的秩, p 和 q 分别是它的正惯性指数和负惯性指数, 参数 $a>0,b>0$.

因此, 不难看到, 在 $\mathbb{R}^2$ 中, 全部非退化实二次曲线必为下列类型之一, 其中非退化是指该实二次曲线不能退化为点或直线:

(1) 椭圆: $ax^2+by^2-1=0$;

(2) 双曲线: $ax^2-by^2-1=0$;

(3) 抛物线: $ax^2-y=0$.

问题 5.5 二次型在二次曲面化简和分类中的应用.

我们知道, 关于 x,y,z 的 3 元二次型的标准形 $f(x,y,z)$ 必为下列情形之一:

(i) 当 $p=3$ 或 $q=3$ 时, $f(x,y,z)=\pm(ax^2+by^2+cz^2)$;

(ii) 当 $R(f)=3, p=2$ 时, $f(x,y,z)=ax^2+by^2-cz^2$;

(iii) 当 $R(f)=3, p=1$ 时, $f(x,y,z)=ax^2-by^2-cz^2$;

(iv) 当 $R(f)=2$ 且 $p=2$ 或 $q=2$ 时, $f(x,y,z)=\pm(ax^2+by^2)$;

(v) 当 $R(f)=2$ 且 $p=1$ 时, $f(x,y,z)=ax^2-by^2$;

(vi) 当 $R(f)=1$ 时, $f(x,y,z)=\pm ax^2$.

其中 $R(f)$ 是二次型 $f(x,y,z)$ 的秩, p 和 q 分别是它的正惯性指数和负惯性指数, 参数 $a>0, b>0, c>0$.

因此, 不难说明, 在 $\mathbb{R}^3$ 中, 全部非退化实二次曲面必为下列类型之一, 其中非退化是指该实二次曲面不能退化为点或平面:

(1) 椭球面: $ax^2+by^2+cz^2-1=0$;

(2) 单叶双曲面: $ax^2+by^2-cz^2-1=0$;

(3) 双叶双曲面: $ax^2-by^2-cz^2-1=0$;

(4) 椭圆抛物面: $ax^2+by^2-z=0$;

(5) 双曲抛物面: $ax^2-by^2-z=0$;

(6) 锥面: $ax^2+by^2-z^2=0$;

(7) 椭圆柱面: $ax^2+by^2-1=0$;

(8) 双曲柱面: $ax^2-by^2-1=0$;

(9) 抛物柱面: $ax^2-z=0$.

习 题 5

(A)

1. 写出下面二次型的矩阵:

(1) $f(x_1,x_2,x_3)=x_1^2+2x_1x_2+2x_2^2-4x_2x_3-x_3^2$;

(2) $f(x_1,x_2,x_3)=(x_1,x_2,x_3)\begin{pmatrix}1&2&3\\4&2&1\\1&3&3\end{pmatrix}\begin{pmatrix}x_1\\x_2\\x_3\end{pmatrix}$.

2. 设 a_1, a_2, a_3 为三个实数, 证明: $\begin{pmatrix}a_1&&\\&a_2&\\&&a_3\end{pmatrix}$ 与 $\begin{pmatrix}a_2&&\\&a_3&\\&&a_1\end{pmatrix}$ 合同.

3. 设矩阵 $\boldsymbol{A}$ 与 $\boldsymbol{B}$ 合同, 矩阵 $\boldsymbol{C}$ 与 $\boldsymbol{D}$ 合同, 证明: 矩阵 $\begin{pmatrix}\boldsymbol{A}&\boldsymbol{O}\\\boldsymbol{O}&\boldsymbol{C}\end{pmatrix}$ 与 $\begin{pmatrix}\boldsymbol{B}&\boldsymbol{O}\\\boldsymbol{O}&\boldsymbol{D}\end{pmatrix}$ 合同.

4. 用配方法化下列二次型为标准形, 并写出所用的可逆线性变换:

(1) $f(x_1,x_2,x_3)=x_1^2-3x_2^2-2x_1x_2+2x_1x_3-6x_2x_3$;

(2) $f(x_1,x_2,x_3)=2x_1x_2-6x_2x_3+2x_1x_3$.

5. 用正交变换化下列二次型为标准形, 并写出所用的正交变换:

(1) $f(x_1,x_2,x_3)=x_1^2+2x_2^2+3x_3^2-4x_1x_2-4x_2x_3$;

(2) $f(x_1,x_2,x_3)=2x_1^2+5x_2^2+5x_3^2+4x_1x_2-4x_1x_3-8x_2x_3$.

6. 已知二次型 $f(x_1,x_2,x_3)=2x_1^2+3ax_2^2+3x_3^2+2bx_2x_3$ 通过正交变换化为标准形 $f(y_1,y_2,y_3)=y_1^2+2y_2^2+5y_3^2$. 求参数 a, b 以及所用的正交变换矩阵.

7. 设二次型 $f(x_1,x_2,x_3)=ax_1^2+2x_2^2-2x_3^2+2bx_1x_3$ $(b>0)$ 的矩阵为 $\boldsymbol{A}$, 已知 $\boldsymbol{A}$ 的特征值的和为 1, 特征值的积为 -12.

(1) 求 a, b 的值;

(2) 用正交变换将二次型 $f(x_1,x_2,x_3)$ 化为标准形, 并写出所用的正交变换.

8. 用正交变换把二次型 $f(x_1,x_2,x_3)=3x_1^2+2x_2^2+x_3^2-4x_1x_2-4x_2x_3$ 化为标准形, 并判断方程 $f(x_1,x_2,x_3)=5$ 表示什么曲面?

9. 判断下列二次型是否正定:

(1) $f(x_1,x_2,x_3)=5x_1^2+x_2^2+5x_3^2+4x_1x_2-8x_1x_3+4x_2x_3$;

(2) $f(x_1,x_2,x_3)=x_1^2+x_2^2-x_3^2+4x_1x_3-2x_2x_3$;

(3) $f(x_1,x_2,\ldots,x_n)=x_1x_2+x_2x_3+\ldots+x_{n-1}x_n$.

10. 当 λ 为何值时, 二次型

$$f(x_1,x_2,x_3)=x_1^2+4x_2^2+4x_3^2+2\lambda x_1x_2-2x_1x_3+4x_2x_3$$

为正定二次型?

11. 设 $\boldsymbol{A}$ 是 n 阶正定矩阵. 证明: $\boldsymbol{A}^{-1}$, $\boldsymbol{A}^*$ 也是正定矩阵.

12. 设 $\boldsymbol{A}$, $\boldsymbol{B}$ 都是 n 阶正定矩阵. 证明: $\boldsymbol{A}+\boldsymbol{B}$ 也是正定矩阵.

13. 设 $\boldsymbol{A}$ 是 n 阶实对称矩阵. 证明: 对充分大的实数 t, $t\boldsymbol{E}+\boldsymbol{A}$ 是正定矩阵.

14. 设 $f(x)=\boldsymbol{x}^{\mathrm{T}}\boldsymbol{A}\boldsymbol{x}$ 是一个实二次型, 若有 $\boldsymbol{x}_1$, $\boldsymbol{x}_2\in\mathbb{R}^n$, 使 $f(\boldsymbol{x}_1)>0$, $f(\boldsymbol{x}_2)<0$, 则必存在 $\boldsymbol{x}_0\in\mathbb{R}^n$, 且 $\boldsymbol{x}_0\neq 0$, 使 $f(\boldsymbol{x}_0)=0$.

15. 设 $\boldsymbol{A}$ 是 n 阶实对称矩阵. 证明: 存在一个正实数 C, 使对任意 n 维实向量 $\boldsymbol{x}\in\mathbb{R}^n$, 都有

$$\left|\boldsymbol{x}^{\mathrm{T}}\boldsymbol{A}\boldsymbol{x}\right|\leqslant C\boldsymbol{x}^{\mathrm{T}}\boldsymbol{x}.$$

(B)

16. 已知 $f(x_1,x_2,x_3)=5x_1^2+5x_2^2+cx_3^2-2x_1x_2+6x_1x_3-6x_2x_3$ 的秩为 2.

(1) 求参数 c;

(2) 方程 $f(x_1,x_2,x_3)=1$ 表示何种二次曲面.

17. 已知矩阵 $\boldsymbol{A}=\begin{pmatrix}3&1&2\\1&a&-2\\2&-2&9\end{pmatrix}$ 正定, 方程组 $\begin{cases}(a+3)x_1+x_2+2x_3=0,\\2ax_1+(a-1)x_2+x_3=0,\\(a-3)x_1-3x_2+ax_3=0\end{cases}$ 有

非零解. 求 a, 并求在 $\boldsymbol{x}^{\mathrm{T}}\boldsymbol{x}=2$ 下 $\boldsymbol{x}^{\mathrm{T}}\boldsymbol{A}\boldsymbol{x}$ 的最大值.

18. 设矩阵 $\boldsymbol{A}=(a_{ij})$ 为 n 阶正定矩阵, 证明: 矩阵 $\boldsymbol{A}$ 的主对角线上元素全为正数.

19. 设矩阵 $\boldsymbol{A}$ 为实对称矩阵, 证明: $\boldsymbol{A}$ 正定的充分必要条件是对任意的正整数 m, 都存在正定矩阵 $\boldsymbol{B}$, 使 $\boldsymbol{A}=\boldsymbol{B}^m$.

20. 已知 $\boldsymbol{A}$ 是 n 阶正定矩阵, $\boldsymbol{x}=(x_1,x_2,\cdots,x_n)^{\mathrm{T}}$. 证明: $\begin{vmatrix}\boldsymbol{A} & \boldsymbol{x}\\ \boldsymbol{x}^{\mathrm{T}} & \boldsymbol{0}\end{vmatrix}\leqslant 0$.

21. 设 $\boldsymbol{A},\boldsymbol{B},\boldsymbol{C}$ 为 n 阶矩阵, $\boldsymbol{D}=\begin{pmatrix}\boldsymbol{A} & \boldsymbol{B}^{\mathrm{T}}\\ \boldsymbol{B} & \boldsymbol{C}\end{pmatrix}$, 其中 $\boldsymbol{A},\boldsymbol{D}$ 正定. 证明: $\boldsymbol{C}-\boldsymbol{B}\boldsymbol{A}^{-1}\boldsymbol{B}^{\mathrm{T}}$ 正定.

22. 设 $\boldsymbol{A}$ 为 n 阶实对称矩阵, $\boldsymbol{B}$ 为 n 阶实矩阵, 且 $\boldsymbol{A}$ 与 $\boldsymbol{A}-\boldsymbol{B}^{\mathrm{T}}\boldsymbol{A}\boldsymbol{B}$ 均为正定矩阵, λ 为 $\boldsymbol{B}$ 的一个实特征值. 证明: $|\lambda|<1$.

23. 设矩阵 $\boldsymbol{A}=(a_{ij})$ 为 n 阶正定矩阵, 证明: $\max\limits_{1\leqslant i,j\leqslant n} a_{ij}=\max\limits_{1\leqslant i\leqslant n} a_{ii}$.

24. 设 $\boldsymbol{A}=(a_{ij})$ 为 n 阶实对称矩阵, 其最大特征值为 λ, 证明: $\sum\limits_{i,j=1}^{n} a_{ij}\leqslant n\lambda$.

25. 设 n 阶矩阵 $\boldsymbol{A}$ 正定, 证明: $|\boldsymbol{A}|\leqslant\left(\dfrac{1}{n}\mathrm{tr}\boldsymbol{A}\right)^n$.

参 考 文 献

北京大学数学系几何与代数教研室前代数小组. 2003. 高等代数. 3 版. 北京: 高等教育出版社.

陈建龙等. 线性代数. 2007. 北京: 科学出版社.

居余马, 林翠琴. 2004. 线性代数简明教程. 北京: 清华大学出版社.

李师正等. 2004. 高等代数解题方法与技巧. 北京: 高等教育出版社.

刘法贵等. 2009. 高等代数选讲. 郑州: 黄河水利出版社.

马艳琴, 张荣艳, 陈东升. 2012. 线性代数案例教程. 北京: 清华大学出版社.

蒲和平. 2014. 线性代数疑难问题选讲. 北京: 高等教育出版社.

上海交通大学数学系. 2007. 线性代数. 2 版. 北京: 科学出版社.

王莲花, 梁志新. 2010. 线性代数. 北京: 化学工业出版社.

王卿文. 2012. 线性代数核心思想及应用. 北京: 科学出版社.

王艳军, 赵明华, 李文斌. 2011. 线性代数实验教程. 北京: 清华大学出版社.

杨永发, 张志海, 徐勇. 2012. 线性代数. 北京: 科学出版社.

俞正光等. 2007. 线性代数通用辅导讲义. 北京: 清华大学出版社.

张从军等. 2010. 线性代数. 上海: 复旦大学出版社.

Jain S K, Gunawardena A D. 2003. Linear Algebra. Beijing: China Machine Press.

Lang S. 1987. Linear Algebra. 3nd, ed. New York:Springer-Verlag.

Lax P D. 2007. Linear Algebra and its Applications. 2nd ed. Hoboken: John Wiley & Sons, Inc..

Leon S J. 2007. Linear Algebra with Applications. Beijing: China Machine Press.

附录 A　Matlab 实验

Matlab 是 Matrix Laboratory 的缩写, 是美国 MathWorks 公司自 20 世纪 80 年代中期推出的数学软件. 优越的数值计算能力和卓越的数据可视化能力, 使其很快在数学软件中脱颖而出, 成为一个功能强大的大型软件. 因此, 它是大学生必须掌握的一个基本数学工具. 本节简单介绍 Matlab 在线性代数中的一些应用.

1. 数值矩阵输入

任何矩阵都可以直接按行方式输入每个元素: 同一行中的元素用逗号 (,) 或者空格符分隔, 且空格符数不限; 不同行之间用分号 (;) 或者回车换行分隔. 所有元素处于一对方括号 ([ ]) 内. 特别注意, Matlab 中所有符号均在英文状态下输入. 如在命令窗口中输入:

```
>>A=[2,1,-5,0;3,5,6,8;0,-9,0,0]          % 输入一个 3×4 矩阵
```

结果显示为:

```
A =
 2   1   -5   0
 3   5    6   8
 0  -9    0   0
>> X = [2,1,5,6,0,0]                      % 输入一个 6 维行向量
```

结果显示为:

```
X =
2  1  5  6  0  0
```

符号 “>>” 是 Matlab 的提示符, 表示等待输入. 符号 “%” 后的所有文字为注释, 不参与运算.

2. 矩阵的简单运算

矩阵的加减运算, 如

```
>> A = [2,1,-5,0;3,5,6,8;0,-9,0,0];B = [3,1,4,1;2,5,0,3;0,8,8,2];
>> X = A + B.
```

结果显示为:

```
X =
```

```
5   2  -1   1
5  10   6  11
0  -1   8   2
```

注意, 多条命令可以放在同一行, 用逗号或分号分隔, 逗号表示要显示前一条语句的运行结果, 分号表示不显示运行结果.

矩阵的数乘运算, 如

```
>> A = [2,1,-5,0;3,5,6,8;0,-9,0,0];X = 2*A
```

结果显示为:

```
X =
4    2   -10    0
6   10    12   16
0  -18     0    0
```

矩阵的乘法运算, 如

```
>> A = [1,0,3,-1;2,1,0,2]; B = [4,1,0;-1,1,3;2,0,1;1,3,4];
>> A*B.
```

结果显示为:

```
ans=
 9  -2  -1
 9   9  11
```

符号 ans 用作结果的缺省变量名.

```
>> B*A
```

结果显示为:

```
???Error using ==> *
Inner matrix dimensions must agree.
```

以上信息显示矩阵 $\boldsymbol{A}$ 和矩阵 $\boldsymbol{B}$ 的维数不符合 $\boldsymbol{B}^*\boldsymbol{A}$ 乘法运算规则.

矩阵的逆运算 Matlab 提供了两种逆运算：左除 '\' 和右除 '/'. 一般情况下, $\boldsymbol{X}=\boldsymbol{A}\backslash\boldsymbol{B}$ 是方程 $\boldsymbol{AX}=\boldsymbol{B}$ 的解, 而 $\boldsymbol{X}=\boldsymbol{B}/\boldsymbol{A}$ 是方程 $\boldsymbol{XA}=\boldsymbol{B}$ 的解. 当然, 如果 $\boldsymbol{A}$ 可逆, $\boldsymbol{A}\backslash\boldsymbol{B}$ 和 $\boldsymbol{B}/\boldsymbol{A}$ 也可通过 $\boldsymbol{A}$ 的逆矩阵与 $\boldsymbol{B}$ 相乘得到:

A\B = inv(A) * B 或 A\B = A^{-1} * B,

B/A = B * inv(A) 或 B/A = B * A^{-1},

其中 inv(A) 和 A^{-1} 都表示 $\boldsymbol{A}$ 的逆矩阵.

3. Matlab 编程

Matlab 和其他语言一样, 提供了丰富的库函数, 尤其具有非常强大的符号功能. 同时, 可以自定义函数, 在需要的时候调用. 例如将矩阵 $\boldsymbol{A}$ 化为行最简形, 计算它的秩, 并指出列向量组的极大无关组对应的序号.

第一步, 定义函数 symrref, 在新的 M 文件单中写如下代码:

```
function [R,r,ser]=symrref(A)
% 这是一个自定义函数, 以下是函数体
% 给出 A 的行最简形 R, A 的秩 r, 并将列极大无关组对应的序号放在 ser 中
O=sym('0');E=sym('1');
R=rref(sym(A));
[mm,nn]=size(R);m=min([mm,nn]);r = 0;
for i = 1 : 1 : m
    for j = 1 : 1 : nn
        if R (i,j)~ = O
            r = r + 1; v (r) = i; break
        end
    end
end
r = length(v);
B = R (v, :);
e = sym(zeros(1, r)); ser=zeros(1, r);
for n = 1 : 1 : r
    i = 1 : 1 : r
        if i == n
            e(i) = E;
        else
            e(i) = O;
        end
    end
    for j = 1 : 1 : nn
        f = B (:, j); J = e*f;
        if J == E
            ser(n) = j; break
        end
    end
end
```

将上面写好的 M 文件单保存为名为 symrref 的 M 文件. 如果你的 Matlab 安装在 D 盘根目录下, 则 M 文件 symrref 就在默认地址 D: \ matlab \ work 中. 它不能单独运行.

第二步, 在一张新的 M 文件中写如下代码:

```
clear;
A=[1, 0, 1, 2, 1; 1, 1, 2, 1, 1; 0, 1, 1, 2, 1; 2, 2, 4, 5, 3];
[R,r,ser]=symrref(A);          % 调用自定义函数 symrref
R
Rank_of_A = r
Serial_numbers_in_the_max_independent_group=ser
```

第三步, 可用如下方式运行程序:

(1) 点击当前 M 文件窗口上 [Debug]-[Run];

(2) 点击当前 M 文件窗口上 [Run] 的快捷键;

(3) 点击键盘上的快捷键 [F5].

下面给出几个实验案例.

实验 1 求行列式 $\det(\boldsymbol{A})=\begin{vmatrix}1&2&3\\4&5&6\\7&8&9\end{vmatrix}$ 的值.

在 Matlab 命令窗口输入:

```
>> A = [1,2,3;4,5,6;7,8,9],
```

或

```
>> A = [1 2 3;4 5 6;7 8 9];
>> det(A)
```

结果显示为:

```
ans = 0
```

实验 2 用 Cramer 法则求解下列方程组 $\begin{cases}3x_1-2x_2+2x_3=10,\\x_1+2x_2-3x_3=-1,\\3x_1-2x_2+2x_3=10.\end{cases}$

在 Matlab 命令窗口输入:

```
clear                                   % 清除变量
n =input(' 方程个数 n =')               % 请用户输入方程的个数
A =input(' 系数矩阵 A =')               % 请用户输入方程组的系数矩阵
b =input(' 常数列向量 b =')             % 请用户输入常数列向量
if(size(A) ~= [n,n]) | (size(b) ~= [n,1]) % 判断 A 和 b 的输入格式是否正
确
```

```
        disp('输入不正确, 要求 A 是 n 阶方阵, b 是 n 维列向量')
    elseif det(A) == 0                    % 判断系数行列式是否为 0
        disp('系数行列式为 0, 不能用克莱姆法则解此方程组')
    else
        for i = 1 : n                     % 计算 x1, x2, ..., xn
            B = A;                        % 构造与 A 相等的矩阵 B
            B(:, i) = b;                  % 用列向量 b 代替矩阵 B 中的第 i 列
            x(i) = det(B)/det(A);         % 根据克莱姆法则计算 x1, x2, ..., xn
        end
    end
```

实验 3　向量组的秩. 对于一个 n 维列向量组 $\boldsymbol{\alpha}_1, \boldsymbol{\alpha}_2, \cdots, \boldsymbol{\alpha}_s$, 为计算其秩, 构造一 $n \times s$ 矩阵 $\boldsymbol{A}$ 来求.

在新建的 M 文件中输入:

```
clear;
x1=[1,0,2]';x2=[2,1,1]';x3=[2,0,-1]';
A=[x1,x2,x3];
rank(A)
```

实验 4　向量组的线性相关性. 给定一个 n 维向量组 $\boldsymbol{\alpha}_1, \boldsymbol{\alpha}_2, \cdots, \boldsymbol{\alpha}_m$, 判断其线性相关性, 并确定一个极大线性无关组. 由于对矩阵 $\boldsymbol{A}$ 实施初等行变换不改变其列之间的线性关系, 因此可以利用 Matlab 的库函数 rref 实现.

在新建的 M 文件中输入:

```
clear;
x1=[1,0,2]';x2=[2,1,1]';x3=[2,0,1]';x4=[3,1,1]';x5=[1,1,1]';
A=[x1,x2,x3,x4,x5];
[R,jb]=rref(A);len=length(jb);
if len<5
    'The vector group is linearly dependent and serial numbers are'
    jb
else
    'The vector group is linearly independent.'
end
```

运行结果为:

```
The vector group is linearly dependent and serial numbers are
jb=1 2 3
```

这就是说, 向量组 $\boldsymbol{\alpha}_1, \boldsymbol{\alpha}_2, \boldsymbol{\alpha}_3, \boldsymbol{\alpha}_4, \boldsymbol{\alpha}_5$ 是线性相关的, 而 $\boldsymbol{\alpha}_1, \boldsymbol{\alpha}_2, \boldsymbol{\alpha}_3$ 是一个极大线性无关组.

实验 5　在 Matlab 中将例 5.5 中的二次型化为标准形.

在新建的 M 文件中输入:

```
clear                      % 清空工作间的变量
A=[1,2,2;2,1,2;2,2,1]      % 输入二次型对应的矩阵
[q,d]=eig(A)               % 求矩阵 A 的特征值与特征向量
C=q'*A*q                   % 对角化运算的验证, q' 表示 q 的转置
```

运行结果为:

```
A=
 1  2  2
 2  1  2
 2  2  1
q=
  -0.5619   0.5924   0.5774
  -0.2321  -0.7828   0.5774
   0.7940   0.1904   0.5774
d=
  -1.0000        0        0
        0  -1.0000        0
        0        0   5.0000
C=
  -1.0000   0.0000   0.0000
   0.0000  -1.0000   0.0000
   0.0000   0.0000   5.0000
```

由以上结果知道, q 即为正交变换 $\boldsymbol{Q}$, 而 d 的对角线元素为矩阵 $\boldsymbol{A}$ 的特征值. d 对应对角矩阵 $\boldsymbol{D}$, 因此作变换 $x = Qy$, 则二次型可转换为标准形

$$-y_1^2 - y_2^2 + 5y_3^2.$$

需要特别注意的是, Matlab 中的结果多用浮点数来表示, 如, $\dfrac{1}{\sqrt{3}}$ 用 0.5774 表示.

实验 6　在 Matlab 中判断例 5.11 中的例子是否为正定二次型?

在新建的 M 文件中输入:

```
clear                           % 清空工作间的变量
A=[3 -2 0;-2 2 -2;0 -2 7]       % 输入二次型对应的矩阵
[q,d]=eig(A)                    % 求矩阵 A 的特征值与特征向量
```

```
v=diag(d);                        % 提取矩阵 A 的所有特征值
if all(v>0)                       % 判断矩阵 A 的特征值是否均为正
    disp('二次型为正定')
elseif all(v>=0)                  % 判断矩阵 A 的特征值是否均为非负
    disp('二次型为半正定')
elseif all(v<0)                   % 判断矩阵 A 的特征值是否均为负
    disp('二次型为负定')
elseif all(v<=0)                  % 判断矩阵 A 的特征值是否均为非正
    disp('二次型为半负定')
else
    disp('二次型为不定')
end
```

运行结果为：

二次型为正定.

实验 7　计算例 5.7 中的二次型的正惯性指数和负惯性指数.

在新建的 M 文件中输入：

```
clear                                     % 清空工作间的变量
A=[0 0.5 0.5;0.5 0 -1.5;0.5 -1.5 0]       % 输入二次型对应的矩阵
d=eig(A);                                 % 计算矩阵 A 的特征值
n=length(d);                              % 计算矩阵 A 的阶数
zheng=0;fu=0;                             % 将正负惯性指数初始值置为 0
for i=1:n                                 % 使用循环语句统计正负惯性指数
  if d(i)>0
     zheng=zheng+1;
  elseif d(i)<0
     fu=fu+1;
  end
end
zheng, fu                                 % 输出正负惯性指数
```

运行结果为：

```
zheng = 2
fu= 1
```

即正惯性指数为 2, 负惯性指数为 1.

更多 Matlab 实验见参考文献 (王艳军等, 2011).

附录 B 线性代数发展概述

通常, 当考虑关联多个因素的问题时, 一般需要考察多元函数. 如果所涉及的关联是线性的, 那么称这个问题为线性问题. 线性代数讨论的问题和对象一般是线性问题. 历史上, 线性代数中的第一个问题是关于解线性方程组的问题. 而线性方程组理论的发展又促成了作为工具的矩阵论和行列式理论的创立与发展. 这些内容现在已构成线性代数教材的主要部分. 最初关于线性方程组的具体问题, 大都是来源于生活实践. 实际上, 正是研究实际问题的需要, 刺激了线性代数这一学科的诞生与发展. 另外, 近现代数学分析与几何学等数学分支的需要, 进一步促进了线性代数的发展, 丰富了线性代数的内容和应用.

1. 线性方程组 (Linear Equations)

线性方程组早在中国古代的数学著作《九章算术》方程章中, 已有了比较完整的论述. 其中所载方法实质上相当于现在对方程组的增广矩阵施行初等行变换从而消去未知元的高斯 (C. F. Gauss, 1777—1855) 消元法. 在西方, 线性方程组的系统研究是在 17 世纪后期由德国数学家莱布尼茨 (G. W. Leibniz, 1646—1716) 开创的. 他曾研究含 2 个未知元的线性方程组成的方程组. 英国数学家麦克劳林 (C. Maclaurin, 1698—1746) 在 18 世纪上半叶研究了具有 2, 3, 4 个未知元的线性方程组, 得到了现在称为克拉默 (G. Cramer, 1704—1752) 法则的结果. 瑞士数学家克拉默是在麦克劳林之后不久才发表这个法则的. 18 世纪下半叶, 法国数学家贝祖 (E. Bezout, 1703—1783) 对线性方程组理论进行了一系列研究, 证明了 n 元齐次线性方程组有非零解的条件是其系数行列式等于 0.

19 世纪, 英国数学家史密斯 (H. Smith) 和道奇森 (C-L. Dodgson) 继续研究线性方程组理论. 前者引进了方程组的增广矩阵和非增广矩阵的概念, 后者证明了 n 个未知元 m 个方程的方程组相容的充要条件是系数矩阵和增广矩阵的秩相同, 这正是线性方程组现代理论中的重要结果之一.

大量的科学技术问题, 最终往往归结为解线性方程组问题. 但对于十分复杂的问题, 精确的求解往往是困难的. 因此在线性方程组解的结构等理论性工作取得令人满意的进展的同时, 线性方程组的数值解法也得到快速发展. 现在, 线性方程组的数值解法在计算数学中占有重要地位.

2. 行列式 (Determinant)

行列式出现于线性方程组的求解, 最早是一种速记的表达式, 现在已经是数学中一种非常有用的工具. 行列式是由莱布尼茨和日本数学家关孝和发明的. 1693 年 4 月, 莱布尼茨在写给洛比达 (L'Hospital) 的一封信中使用并给出了行列式, 并给出方程组的系数行列式为零的条件. 同时代的日本数学家关孝和在其著作《解伏题元法》中也提出了行列式的概念与算法.

1750 年, 克拉默在其著作《线性代数分析导引》中, 对行列式的定义和展开法则给出了比较完整、明确的阐述, 并给出了现在我们所称的解线性方程组的克拉默法则. 稍后, 数学家贝祖将确定行列式每一项符号的方法进行了系统化, 利用系数行列式概念指出了如何判断一个齐次线性方程组有非零解.

在行列式的发展史上, 第一个不仅仅只是对行列式作为解线性方程组的一种工具使用, 而是在理论上作出连贯的逻辑的阐述的人, 是法国数学家范德蒙德 (A-T. Vandermonde, 1735—1796). 他把行列式理论与线性方程组求解相分离, 并意识到行列式可以独立于线性方程组之外, 单独形成一门理论加以研究. 范德蒙德给出了用 2 阶子式和它们的余子式来展开行列式的法则. 就这一点来说, 他应是这门理论的奠基人. 1772 年, 法国数学家拉普拉斯 (P-S. Laplace, 1749—1827) 在一篇论文中证明了范德蒙德提出的一些规则, 推广了他展开行列式的方法.

继范德蒙德之后, 在行列式的理论方面, 又一位做出突出贡献的就是法国数学家柯西 (A. L. Cauchy, 1789—1857). 1815 年, 柯西在一篇论文中给出了行列式的第一个系统的、几乎是近代的处理, 其中主要结果之一是行列式的乘法定理. 另外, 他第一个把行列式的元素排成方阵, 采用双足标记法; 引进了行列式特征方程的术语; 给出了相似行列式概念; 改进了拉普拉斯的行列式展开定理, 并给出了一个证明等.

19 世纪的前半个多世纪中, 对行列式理论研究始终不渝的重要数学家之一是英国数学家西尔维斯特 (J. Sylvester, 1814—1894). 他的重要成就之一是改进了从一个 n 次和一个 m 次的多项式中消去 x 的方法, 他称为配析法, 并给出形成的行列式为零时这两个多项式方程有公共根的充分必要条件这一结果, 但没有给出证明.

继柯西之后, 在行列式理论方面最多产的人是德国数学家雅可比 (J. Jacobi, 1804—1851). 他引进了函数行列式, 即“雅可比行列式”, 指出函数行列式在多重积分的变量替换中的作用, 给出了函数行列式的导数公式. 雅可比的著名论文《论行列式的形成和性质》标志着行列式系统理论的建成. 由于行列式在数学分析、几何学、线性方程组理论、二次型理论等多方面的应用, 促使行列式理论自身在 19 世纪也得到了很大发展. 整个 19 世纪都有行列式的新结果. 除了一般行列式的大量定理之外, 还有许多有关特殊行列式的其他定理都相继得到.

3. 矩阵 (Matrix)

矩阵是数学中一个重要的基本概念, 是代数学的一个主要研究对象, 也是数学研究和应用的一个重要工具. “矩阵”这个词是由西尔维斯特首先使用的, 他是为了将数字的矩形阵列区别于行列式而发明了这个术语. 而实际上, 矩阵这个课题在诞生之前就已经发展得很好了. 从行列式的大量工作中能够明显表现出来的是, 为了很多目的, 不管行列式的值是否与问题有关, 但方阵本身都可以研究和使用. 矩阵的许多基本性质也是在行列式的发展中建立起来的. 在逻辑上, 矩阵的概念应先于行列式的概念, 然而在历史上次序正好相反.

英国数学家凯莱 (A. Cayley, 1821—1895) 一般被公认为是矩阵论的创立者, 因为他首先把矩阵作为一个独立的数学概念提出来, 并首先发表了关于这个题目的一系列文章. 凯莱与研究线性变换下的不变量相结合, 首先引进矩阵以简化记号. 1858 年, 他发表了关于这一课题的第一篇论文《矩阵论的研究报告》, 系统地阐述了关于矩阵的理论. 文中他定义了矩阵的相等、矩阵的运算法则、矩阵的转置以及矩阵的逆等一系列基本概念, 指出了矩阵加法的可交换性与可结合性. 另外, 凯莱还给出了方阵的特征方程和特征值以及有关矩阵的一些基本结果.

1855 年, 法国数学家埃尔米特 (C. Hermite, 1822—1901) 证明了其他的数学家发现的一些矩阵类的特征值的特殊性质, 如现在称为埃尔米特矩阵的特征根性质等. 后来, 克莱伯施 (A. Clebsch, 1831—1872)、布克海姆 (A. Buchheim) 等证明了对称矩阵的特征值性质. 泰伯 (H. Taber) 引入矩阵的迹的概念, 并给出了一些有关的结论.

在矩阵论的发展史上, 弗罗贝尼乌斯 (G. Frobenius, 1849—1917) 的贡献是不可磨灭的. 他讨论了最小多项式问题, 引进了矩阵的秩、不变因子和初等因子、正交矩阵、矩阵的相似变换、合同矩阵等概念, 以合乎逻辑的形式整理了不变因子和初等因子的理论, 并讨论了正交矩阵与合同矩阵的一些重要性质.

1854 年, 若尔当 (Jordan) 研究了矩阵化为标准形的问题. 1892 年, 梅茨勒 (H. Metzler) 引进了矩阵的超越函数概念, 并将其写成矩阵的幂级数的形式. 傅立叶、西尔和庞加莱 (J-H. Poincare, 1854—1912) 的著作中还讨论了无限阶矩阵问题, 这主要是适应方程发展的需要而开始的.

矩阵本身所具有的性质依赖于元素的性质, 矩阵由最初作为一种工具, 经过两个多世纪的发展, 现在已成为独立的一门数学分支 —— 矩阵论. 而矩阵论又可分为矩阵方程论、矩阵分解论和广义逆矩阵论等矩阵的现代理论. 矩阵及其理论现已广泛地应用于现代科技的各个领域.

4. 线性代数的进一步深入发展 —— 二次型

二次型也称为“二次形式”, 数域 P 上的 n 元二次齐次多项式称为数域 P 上的 n 元二次型.

二次型是线性代数教材的后继内容. 二次型的系统研究是从 18 世纪开始的, 它起源于对二次曲线和二次曲面的分类问题的讨论. 将二次曲线和二次曲面的方程变形, 选有主轴方向的轴作为坐标轴以简化方程的形状, 这个问题是在 18 世纪引进的. 柯西在其著作中给出结论: 当方程是标准形时, 二次曲面用二次项的符号来进行分类. 然而, 那时并不太清楚, 在化简成标准形时, 为何总是得到同样数目的正项和负项. 西尔维斯特回答了这个问题, 他给出了 n 个变数的二次型的惯性定律, 但没有证明. 这个定律后被雅可比重新发现和证明.

1801 年, 高斯在《算术研究》中引进了二次型的正定、负定、半正定和半负定等术语.

二次型化简的进一步研究涉及二次型或行列式的特征方程的概念. 特征方程的概念隐含地出现在欧拉 (Euler, 1707—1783) 的著作中, 拉格朗日 (Lagrange, 1735—1813) 在其关于线性微分方程组的著作中首先明确地给出了这个概念. 而 3 个变数的二次型的特征值的实性则是由阿歇特 (Hachette)、蒙日 (Monge, 1746—1818) 和泊松 (Poisson, 1781—1840) 建立的.

柯西在他人著作的基础上, 着手研究化简变数的二次型问题, 并证明了特征方程在直角坐标系的任何变换下的不变性. 后来, 他又证明了 n 个变数的两个二次型能用同一个线性变换同时化成平方和.

1851 年, 魏尔斯特拉斯 (Weierstrass, 1815—1897) 在研究二次曲线和二次曲面的切触和相交时需要考虑这种二次曲线和二次曲面束的分类. 在他的分类方法中他引进了初等因子和不变因子的概念, 但他没有证明"不变因子组成两个二次型的不变量的完全集"这一结论.

1858 年, 魏尔斯特拉斯对同时化两个二次型成平方和给出了一个一般方法, 并证明, 如果二次型之一是正定的, 那么即使某些特征值相等, 这个化简也是可能的. 魏尔斯特拉斯比较系统的完成了二次型的理论, 并将其推广到双线性型.

5. 线性代数的扩展 —— 从解方程到群论的产生

求根问题是方程理论的一个中心课题. 16 世纪, 数学家们给出了 3 次和 4 次方程的求根公式. 更高次方程的求根公式是否存在, 成为当时数学家们探讨的一个核心问题. 这个问题花费了不少数学家们大量的时间和精力. 经历了屡次失败, 但总是摆脱不了困境. 到了 18 世纪下半叶, 拉格朗日认真总结分析了前人失败的经验, 深入研究了高次方程的根与置换之间的关系, 提出了预解式概念, 并预见到预解式和各根在排列置换下的形式不变性有关. 但他最终没能解决高次方程问题. 拉格朗日的弟子鲁菲尼 (Ruffini, 1765—1862) 也做了许多努力, 但都以失败告终. 高次方程的根式解的讨论, 在挪威杰出数学家阿贝尔 (Abel, 1802—1829) 那里取得了很大进展. 阿贝尔只活了 27 岁, 他一生贫病交加, 但却留下了许多创造性工作. 1824 年, 阿贝尔证明了次数大于 4 次的一般代数方程不可能有根式解. 但问题仍没有彻底解决, 因为有些特殊方程可以用根式求解. 因此, 高于 4 次的代数方程何时没有根式解, 是需要进一步解决的问题. 这一问题由法国数学家伽罗瓦 (Galois, 1811—1832) 全面透彻地给予解决.

伽罗瓦仔细研究了拉格朗日和阿贝尔的著作, 建立了方程的根的"容许"置换, 提出了置换群的概念, 得到了代数方程用根式解的充分必要条件是置换群的自同构群可解. 从这种意义上, 我们说伽罗瓦是群论的创立者.

置换群的概念和结论是最终产生抽象群的第一个主要来源. 抽象群产生的第二个主要来源则是戴德金 (Dedekind, 1831—1916) 和克罗内克 (Kronecker, 1823—1891) 的有限群及有限交换群的抽象定义以及凯莱关于有限抽象群的研究工作. 另外, 克莱因 (Klein, 1849—1925) 和庞加莱给出了无限变换群和其他类型的无限群. 19 世纪 70 年代, 李 (Lie, 1842—1899) 开始研究连续变换群, 并建立了连续群的一般理论, 这些工作构成抽象群论的第三个主要来源.

1882—1883 年, 迪克 (Vondyck, 1856—1934) 的论文把上述三个主要来源的工作纳入抽象群的概念之中, 建立了抽象群的定义. 到 19 世纪 80 年代, 数学家们终于成功地概括出抽象群论的公理体系.

20 世纪 80 年代, 群的概念已经普遍地被认为是数学及其许多应用中最基本的概念之一. 它不但渗透到诸如几何学、代数拓扑学、函数论、泛函分析及其他许多数学分支中起着重要的作用, 而且还形成了一些新的学科, 如拓扑群、李群、代数群等, 它们还具有与群结构相联系的其他结构, 如拓扑、解析流形、代数簇等, 并且在结晶学、理论物理、量子化学以及编码学、自动机理论等方面, 都有重要作用.

以上材料取材于 http://wenku.baidu.com/view/134743.htm., 在文字上稍有改动.

附录 C　部分习题答案与提示

习题 1

1. (1) 0;　(2) 0;　(3) $2x^3-6x^2+6$;　(4) 0;　(5) $(-1)^{n-1}n!$;　(6) $x^2+y^2+z^2+1$;
(7) $-2(x^3+y^3)$;　(8) $(a_1a_4-b_1b_4)(a_2a_3-b_2b_3)$;　(9) $n!\prod\limits_{1\leqslant i<j\leqslant n}(j-i)$.

第 (9) 题提示: 每一行提出公因子 $i(1\leqslant i\leqslant n)$ 后, 利用范德蒙德行列式计算.

2. (1) 将第 2 列和第 3 列依次加到第 1 列即证.

(2) 将第 2 列和第 3 列依次加到第 1 列, 然后提出公因子 $1+a+b+c$ 即证.

(3) 将第一行的 -1 倍加到其余各行即证.

(4) 将行列式按第 1 行展开归纳递推可证.

3. $t=5$.

4. (1)4;　(2) -17.

5. (1) $x_1=2,\ x_2=-3,\ x_3=-1$;　(2) $x_1=1,\ x_2=2,\ x_3=2,\ x_4=-1$.

6. $k\neq 2$.

7. $4b=(a+1)^2$.

8. $f(x)=7-5x^2+2x^3$.

9. 设直线方程为 $y=kx+b$. 由方程组 $\begin{cases} m+xt+ys=0, \\ m+x_1t+y_1s=0, \\ m+x_2t+y_2s=0 \end{cases}$ 有非零解即证.

11. (1) 将第 1 列元素相应变形为 $1-a,0-1,0+0,0+0,0+0$, 并按第 1 列利用行列式的性质 1.5, 得

$$D_5=1-aD_4=1-a[1-aD_3]=1-a+a^2-a^3D_2=1-a+a^2-a^3+a^4-a^5.$$

(2) $D_n=(x-z)D_{n-1}+z(x-y)^{n-1}$, $D_n=(x-y)D_{n-1}+y(x-z)^{n-1}$. 联立求解, 得

$$D_n=(x-y)^{n-1}(x+(n-1)y).$$

(3) 实施 $c_1-\dfrac{c_2}{2}-\dfrac{c_3}{3}-\cdots-\dfrac{c_n}{n}$ 变换, 得

$$D_n=(1-\frac{3}{2}-\frac{5}{3}-\frac{2n-1}{n})n!.$$

(4) 第 $1,2,4,\cdots,n$ 行分别减第 3 行, 得 $D_n=6(n-3)!\ (n\geqslant 3)$.

直接计算 $D_1=1,\ D_2=-4$.

12. 利用行列式的性质化简后即知 $f(x)$ 根的个数为 2.

13. $x=4,y=1$.

14. 直接将 F_n 按第 1 列展开即证.

15. 由于

$$\sum_{j=1}^{n} a_{1j}A_{1j} = 4, \sum_{j=1}^{n} a_{ij}A_{ij} = 0\ (i = 2, 3, \cdots, n).$$

两式相加, 并注意条件, 得 $\sum\limits_{j=1}^{n} A_{ij} = 2$. 由此即有 $\sum\limits_{i,j=1}^{n} A_{ij} = 2n$.

16. 构造行列式 $F(x) = \begin{vmatrix} f_1(x) & f_1(a_2) & \cdots & f_1(a_n) \\ f_2(x) & f_2(a_2) & \cdots & f_2(a_n) \\ \vdots & \vdots & & \vdots \\ f_n(x) & f_n(a_2) & \cdots & f_n(a_n) \end{vmatrix}$. 易验证 $F(x)$ 是 $n-2$ 次多项式, 且 $F(a_2) = \cdots = F(a_n) = 0$, 即 $F(x) = 0$ 有 $n-1$ 个根, 从而 $F(x) \equiv 0$.

习题 2

1. (1) $\boldsymbol{O}$; (2) 4; (3) $-\dfrac{1}{3888}$; (4) $3^{n-1}\begin{pmatrix} 1 & \frac{1}{2} & \frac{1}{3} \\ 2 & 1 & \frac{2}{3} \\ 3 & \frac{3}{2} & 1 \end{pmatrix}$;(5) $|\boldsymbol{A}|^{n-2}\boldsymbol{A}$; (6) $-(\boldsymbol{A}+\boldsymbol{E})$;

(7) $\boldsymbol{O}$; (8) $\begin{pmatrix} 1 & \frac{1}{2} & 0 \\ -\frac{1}{2} & 1 & 0 \\ 0 & 0 & 2 \end{pmatrix}$; (9) $\begin{pmatrix} |\boldsymbol{B}|\boldsymbol{A}^* & \boldsymbol{O} \\ \boldsymbol{O} & |\boldsymbol{A}|\boldsymbol{B}^* \end{pmatrix}$; (10) 0; (11) $-\dfrac{1}{2}\boldsymbol{A}$;

(12) $\begin{pmatrix} \boldsymbol{A}^{-1} & \boldsymbol{O} \\ -\boldsymbol{B}^{-1}\boldsymbol{C}\boldsymbol{A}^{-1} & \boldsymbol{B}^{-1} \end{pmatrix}$; (13) -3; (14) $\dfrac{\boldsymbol{A}+2\boldsymbol{E}}{3}; -\dfrac{\boldsymbol{A}+6\boldsymbol{E}}{21}$; (15) $\dfrac{1}{1-n}$.

2. $3\boldsymbol{AB} - 2\boldsymbol{A} = \begin{pmatrix} 10 & 4 & 7 \\ -20 & -2 & 11 \\ 22 & 14 & 7 \end{pmatrix}$; $\boldsymbol{A}^{\mathrm{T}}\boldsymbol{B} = \boldsymbol{AB} = \begin{pmatrix} 4 & 2 & 3 \\ -6 & 0 & 3 \\ 8 & 4 & 3 \end{pmatrix}$.

3. (1) $\boldsymbol{B} = \begin{pmatrix} a & b \\ 0 & a \end{pmatrix}$; (2) $\boldsymbol{B} = \begin{pmatrix} a & b & c \\ 0 & a & b \\ 0 & 0 & a \end{pmatrix}$; (3) $\boldsymbol{B} = \begin{pmatrix} b - \dfrac{a}{3} & 0 & 0 \\ a & b & c \\ \dfrac{3c}{2} & \dfrac{c}{2} & b + \dfrac{c}{2} \end{pmatrix}$.

4. $\boldsymbol{\alpha}\boldsymbol{\beta}^{\mathrm{T}} = 4, \boldsymbol{\alpha}^{\mathrm{T}}\boldsymbol{\beta} = \begin{pmatrix} -2 & 3 \\ -4 & 6 \end{pmatrix}, (\boldsymbol{\alpha}^{\mathrm{T}}\boldsymbol{\beta})^{100} = 4^{99}\begin{pmatrix} -2 & 3 \\ -4 & 6 \end{pmatrix}$.

5. 记 $\boldsymbol{A} = (a_{ij})_{n\times n}$. 由 $\boldsymbol{A}\boldsymbol{A}^{\mathrm{T}} = \boldsymbol{O}$, 则

$$a_{i1}^2 + a_{i2}^2 + \cdots + a_{in}^2 = 0,\ i = 1, 2, \cdots, n.$$

所以 $a_{ij} = 0$, 从而 $\boldsymbol{A} = \boldsymbol{O}$.

7.(1) $\boldsymbol{A}^n = \boldsymbol{O}$. (2) $\boldsymbol{A}^3 = \begin{pmatrix} 1 & 3 & 6 & 10 \\ 0 & 1 & 3 & 6 \\ 0 & 0 & 1 & 3 \\ 0 & 0 & 0 & 1 \end{pmatrix}$.

(3) 记 $\boldsymbol{A}=\begin{pmatrix}\boldsymbol{A}_1 & \boldsymbol{A}_2\\ \boldsymbol{A}_2 & \boldsymbol{A}_1\end{pmatrix}$. 则 $\boldsymbol{A}^2=\begin{pmatrix}\boldsymbol{A}_1^2+\boldsymbol{A}_2^2 & \boldsymbol{O}\\ \boldsymbol{O} & \boldsymbol{A}_1^2+\boldsymbol{A}_2^2\end{pmatrix}=4\boldsymbol{E}$, 所以

$$\boldsymbol{A}^n=\begin{cases}4^{k-1}\boldsymbol{A}, & n=2k-1,k=1,2,\cdots;\\ 4^k\boldsymbol{E}, & n=2k,k=1,2,\cdots.\end{cases}$$

8. $f(\boldsymbol{A})=\boldsymbol{A}^2-5\boldsymbol{A}+3\boldsymbol{E}=\boldsymbol{O}$.

9.(1) $\dfrac{1}{10}\begin{pmatrix}4 & -2\\ 3 & 1\end{pmatrix}$. (2) $\begin{pmatrix}-1 & \frac{1}{2} & \frac{1}{2}\\ 3 & 0 & -1\\ -1 & -\frac{1}{2} & \frac{1}{2}\end{pmatrix}$. (3) $\begin{pmatrix}-4 & 2 & -1\\ 4 & -1 & 2\\ 3 & -1 & 1\end{pmatrix}$.

11. $\boldsymbol{A}^{11}=P\begin{pmatrix}-1 & 0\\ 0 & 2\end{pmatrix}^{11}P^{-1}=\begin{pmatrix}2731 & 2732\\ -683 & -684\end{pmatrix}$.

12. 标准形矩阵分别为 (1) $\begin{pmatrix}\boldsymbol{E}_3 & \boldsymbol{O}\\ \boldsymbol{O} & \boldsymbol{O}\end{pmatrix}$; (2) $\begin{pmatrix}\boldsymbol{E}_2 & \boldsymbol{O}\\ \boldsymbol{O} & \boldsymbol{O}\end{pmatrix}$; (3) $\begin{pmatrix}\boldsymbol{E}_2 & \boldsymbol{O}\\ \boldsymbol{O} & \boldsymbol{O}\end{pmatrix}$.

13. (1)2; (2)3; (3)2.

14. $\boldsymbol{A}^{100}=50\boldsymbol{A}^2-49\boldsymbol{E}=\begin{pmatrix}1 & 0 & 0\\ 50 & 1 & 0\\ 50 & 0 & 1\end{pmatrix}$.

15. $a=\pm1,b=0,c=\pm1$.

16.(1) $\boldsymbol{X}=\begin{pmatrix}2 & 3\\ -3 & -4\end{pmatrix}$; (2)$\boldsymbol{X}=\begin{pmatrix}-1 & -1\\ 5 & -5\\ -6 & 9\end{pmatrix}$; (3) $\boldsymbol{X}=\begin{pmatrix}2 & -1 & 0\\ 1 & 3 & -4\\ 1 & 0 & -2\end{pmatrix}$.

(4) $\boldsymbol{X}=\begin{pmatrix}3 & -1\\ 2 & 0\\ 1 & -1\end{pmatrix}$; (5) $\boldsymbol{X}=\begin{pmatrix}1 & 2 & 5\\ 0 & 1 & 2\\ 0 & 0 & 1\end{pmatrix}$.

17. $\lambda=5,\mu=1$.

18. 64.

19. $|\boldsymbol{A}+\boldsymbol{E}|=|\boldsymbol{A}+\boldsymbol{A}\boldsymbol{A}^T|=|\boldsymbol{A}||\boldsymbol{E}+\boldsymbol{A}^T|=|\boldsymbol{A}||\boldsymbol{A}+\boldsymbol{E}|$.

20. $\boldsymbol{A}\boldsymbol{B}=(\boldsymbol{E}(3,1(-2)))^{-1}\boldsymbol{A}_1\boldsymbol{B}_1(\boldsymbol{E}(1(-2)))^{-1}=\begin{pmatrix}0 & 3 & 1\\ -1 & 5 & 3\\ -2 & 14 & 8\end{pmatrix}$.

21. $\boldsymbol{B}=-4(\boldsymbol{E}+\boldsymbol{A})^{-1}=\begin{pmatrix}-2 & -4 & 6\\ 0 & 4 & -8\\ 0 & 0 & -2\end{pmatrix}$.

22. $\boldsymbol{A}^{-1}=\dfrac{4\boldsymbol{E}-\boldsymbol{A}}{3}$.

23. 可证 $\boldsymbol{C}=\boldsymbol{O}$, 因此 $|\boldsymbol{C}\boldsymbol{A}-\boldsymbol{B}|=(-1)^n$.

24. $\boldsymbol{B}=\boldsymbol{A}^{-1}(\boldsymbol{E}+\frac{1}{2}(\boldsymbol{A}^*)^*)^{-1}=\dfrac{1}{6}\begin{pmatrix}1 & 0 & 0\\ 2 & 3 & 9\\ 0 & 0 & 3\end{pmatrix}$.

26. 令$f(t) = |\boldsymbol{A} + t\boldsymbol{B}|$ $(t > 0)$, 利用反证法证明 $f(t) > 0$ 即可.

27. 设 $\boldsymbol{PA} = \boldsymbol{U}, \boldsymbol{QB} = \boldsymbol{V}$, 其中 $\boldsymbol{P}$ 为 m 阶可逆矩阵,$\boldsymbol{Q}$ 为 s 阶可逆矩阵,$\boldsymbol{U}, \boldsymbol{V}$ 均为行阶梯矩阵, 则

(1) $\begin{pmatrix} \boldsymbol{P} & \boldsymbol{O} \\ \boldsymbol{O} & \boldsymbol{Q} \end{pmatrix} \begin{pmatrix} \boldsymbol{A} & \boldsymbol{C} \\ \boldsymbol{O} & \boldsymbol{B} \end{pmatrix} = \begin{pmatrix} \boldsymbol{U} & \boldsymbol{PC} \\ \boldsymbol{O} & \boldsymbol{V} \end{pmatrix}$, 故

$$R\begin{pmatrix} \boldsymbol{A} & \boldsymbol{C} \\ \boldsymbol{O} & \boldsymbol{B} \end{pmatrix} = R\begin{pmatrix} \boldsymbol{U} & \boldsymbol{PC} \\ \boldsymbol{O} & \boldsymbol{V} \end{pmatrix} \geqslant R(\boldsymbol{U}) + R(\boldsymbol{V}) = R(\boldsymbol{A}) + R(\boldsymbol{B}).$$

(2) $\begin{pmatrix} \boldsymbol{P} & \boldsymbol{O} \\ \boldsymbol{O} & \boldsymbol{Q} \end{pmatrix} \begin{pmatrix} \boldsymbol{A} & \boldsymbol{O} \\ \boldsymbol{O} & \boldsymbol{B} \end{pmatrix} = \begin{pmatrix} \boldsymbol{U} & \boldsymbol{O} \\ \boldsymbol{O} & \boldsymbol{V} \end{pmatrix}$, 故

$$R\begin{pmatrix} \boldsymbol{A} & \boldsymbol{O} \\ \boldsymbol{O} & \boldsymbol{B} \end{pmatrix} = R\begin{pmatrix} \boldsymbol{U} & \boldsymbol{O} \\ \boldsymbol{O} & \boldsymbol{V} \end{pmatrix} = R(\boldsymbol{U}) + R(\boldsymbol{V}) = R(\boldsymbol{A}) + R(\boldsymbol{B}).$$

28. $|\boldsymbol{E} - \boldsymbol{A}| = |\boldsymbol{A}\boldsymbol{A}^{\mathrm{T}} - \boldsymbol{A}| = |\boldsymbol{A}||\boldsymbol{A}^{\mathrm{T}} - \boldsymbol{E}| = |\boldsymbol{A} - \boldsymbol{E}| = (-1)^n|\boldsymbol{E} - \boldsymbol{A}|$.

29. 设 $\boldsymbol{x} = (1, 1, \cdots, 1)^{\mathrm{T}}$, 则 $A\boldsymbol{x} = |A|\boldsymbol{x}$. 因此, 由 $\boldsymbol{A}^*\boldsymbol{x} = |\boldsymbol{A}|\boldsymbol{A}^{-1}\boldsymbol{x} = \boldsymbol{x}$ 即证 (1). 由 $\boldsymbol{A}^{-1}\boldsymbol{x} = \dfrac{1}{|\boldsymbol{A}|}\boldsymbol{x}$ 即证 (2).

习题 3

1. (1) $\boldsymbol{\xi} = (-10, -2, 10, 18)$; (2) $a = \dfrac{4}{3}$; (3) $b = 2a$; (4) 线性相关;
(7) $\begin{pmatrix} \dfrac{5}{3} & \dfrac{1}{3} \\ -\dfrac{4}{3} & \dfrac{1}{3} \end{pmatrix}$; (8) $(-\dfrac{3}{4}, \dfrac{5}{4})^{\mathrm{T}}$; (9) $p = -2,\ q = 1,\ r = 0$;
(10) $(c - b)(c - a)(b - a) = 0$; (11) $(1, 1, 1, 1)^{\mathrm{T}}$; (12) $abc \neq 0$.

2. (1) 相关; (2) 无关.

4. 不一定.

5. (1) 不正确. (2) 不正确. (3) 不正确. (4) 不正确. (5) 不正确. (6) 不正确.

6. $(\boldsymbol{\beta}_1, \boldsymbol{\beta}_2, \cdots, \boldsymbol{\beta}_s) = (\boldsymbol{\alpha}_1, \boldsymbol{\alpha}_2, \cdots, \boldsymbol{\alpha}_s)\boldsymbol{A}, \boldsymbol{A} = \begin{pmatrix} 1 & 1 & \cdots & 1 & 1 \\ 0 & 1 & \cdots & 1 & 1 \\ \vdots & \vdots & & \vdots & \vdots \\ 0 & 0 & \cdots & 0 & 1 \end{pmatrix}$ 可逆.

7. $a^3 + b^3 \neq 0$.

8. $\boldsymbol{\alpha}_1, \boldsymbol{\alpha}_2, \cdots, \boldsymbol{\alpha}_n$ 与 $\boldsymbol{e}_1, \boldsymbol{e}_2, \cdots, \boldsymbol{e}_n$ 等价.

9.(1) $R(\boldsymbol{\alpha}_1, \boldsymbol{\alpha}_2, \boldsymbol{\alpha}_3) = 3$; (2) $R(\boldsymbol{\alpha}_1, \boldsymbol{\alpha}_2, \boldsymbol{\alpha}_3) = 2$.

11. $a = \dfrac{31}{21}, b = \dfrac{39}{10}$.

12. $(\boldsymbol{\beta}_1, \boldsymbol{\beta}_2, \cdots, \boldsymbol{\beta}_n) = (\boldsymbol{\alpha}_1, \boldsymbol{\alpha}_2, \cdots, \boldsymbol{\alpha}_n)\boldsymbol{A}, \boldsymbol{A} = \begin{pmatrix} 0 & 1 & \cdots & 1 & 1 \\ 1 & 0 & \cdots & 1 & 1 \\ \vdots & \vdots & & \vdots & \vdots \\ 1 & 1 & \cdots & 1 & 0 \end{pmatrix}$ 可逆.

15.(1) $\begin{pmatrix} a & 1 & 1 & 1 \\ 1 & b & 1 & 1 \\ 1 & 1 & c & 1 \end{pmatrix} \to \begin{pmatrix} 1 & 1 & c & 1 \\ 0 & b-1 & 1-c & 0 \\ 0 & 1-a & 1-ac & 1-a \end{pmatrix}$.

当 $a+b+c-abc-2\neq 0$ 时, 有唯一解; 当 $a+b+c-abc-2=0$ 且 $a\neq 1$ 时, 无解; 当 $a=b=1$ 或 $a=c=1$ 时, 无穷多解.

(2) 当 $\lambda=-2$ 时, 无解; 当 $\lambda=1$ 时, 无穷多解.

16. 当 $\lambda=-2$ 时, 方程组有无穷多解.

18. 由 $(\boldsymbol{\eta}_1+\boldsymbol{\eta}_2,\boldsymbol{\eta}_2+\boldsymbol{\eta}_3,\boldsymbol{\eta}_3+\boldsymbol{\eta}_1)=(\boldsymbol{\eta}_1,\boldsymbol{\eta}_2,\boldsymbol{\eta}_3)\begin{pmatrix} 1 & 0 & 1 \\ 1 & 1 & 0 \\ 0 & 1 & 1 \end{pmatrix}$. 利用矩阵可逆可证两向量组等价.

19.(1) 利用反证法证明.

(2) 因为 $R(A)=n-1$, 所以 $\boldsymbol{\eta}$ 为基础解系. 于是 $\boldsymbol{\eta}_1-\boldsymbol{\eta}_2=k\boldsymbol{\eta}$.

20. 此问题等价于方程组 $\begin{cases} ax_1-2x_2-x_3=1, \\ 2x_1+x_2+2x_3=b, \\ 10x_1+5x_2+4x_3=c \end{cases}$ 何时有唯一解、无解和无穷多解. 易知, 当 $a\neq 4$ 时, 有唯一解; 当 $b-c\neq 2$ 时, 无解. 当 $b-c=2$ 时, 有无穷多解.

22.(1) 否. (2) 是. (3) 是.

23. 过渡矩阵为 $\begin{pmatrix} 1 & 2 & 1 \\ 2 & 3 & 0 \\ 1 & 1 & 1 \end{pmatrix}$. 坐标为 $\begin{pmatrix} 1 \\ 2 \\ 3 \end{pmatrix}, \begin{pmatrix} 4 \\ -2 \\ 1 \end{pmatrix}$.

24. 证明 $\boldsymbol{\alpha}_{r+1}-\boldsymbol{\alpha}_1,\boldsymbol{\alpha}_{r+1}-\boldsymbol{\alpha}_2,\cdots,\boldsymbol{\alpha}_{r+1}-\boldsymbol{\alpha}_r$ 线性无关, 且是方程组 $\boldsymbol{Ax}=\mathbf{0}$ 的解.

25. 证明 $R(\boldsymbol{B})=1\Rightarrow k=n-1$. 利用"任意 $n+1$ 个 n 维向量一定线性无关"结论即证.

26. 矩阵 $\boldsymbol{AP}=(\boldsymbol{Ax},\boldsymbol{A}^2\boldsymbol{x},\boldsymbol{A}^3\boldsymbol{x})=(\boldsymbol{x},\boldsymbol{Ax},\boldsymbol{A}^2\boldsymbol{x})\begin{pmatrix} 0 & 0 & 0 \\ 1 & 0 & 3 \\ 0 & 1 & -1 \end{pmatrix}=\boldsymbol{PB}$.

28. $\boldsymbol{Ax}=\boldsymbol{b}$ 有解 $\Leftrightarrow R(\boldsymbol{A})=R(\boldsymbol{A},\boldsymbol{b})=R\begin{pmatrix} \boldsymbol{A}^{\mathrm{T}} \\ \boldsymbol{b}^{\mathrm{T}} \end{pmatrix}$. 而

$$R\begin{pmatrix} \boldsymbol{A}^{\mathrm{T}} & \boldsymbol{O} \\ \boldsymbol{b}^{\mathrm{T}} & 1 \end{pmatrix}=R\begin{pmatrix} \boldsymbol{A}^{\mathrm{T}} & \boldsymbol{O} \\ \boldsymbol{O} & 1 \end{pmatrix}=R(\boldsymbol{A}^{\mathrm{T}})+1.$$

依此即证.

30. 注意到 $(\boldsymbol{A}-\boldsymbol{E})\boldsymbol{x}_1=\mathbf{0},(\boldsymbol{A}-\boldsymbol{E})\boldsymbol{x}_2=\boldsymbol{x}_1,(\boldsymbol{A}-\boldsymbol{E})\boldsymbol{x}_3=\boldsymbol{x}_2$, 在 $k_1\boldsymbol{x}_1+k_2\boldsymbol{x}_2+k_3\boldsymbol{x}_3=\mathbf{0}$ 两端同乘以 $\boldsymbol{A}-\boldsymbol{E}$ 即证.

32. 设 $R(\boldsymbol{A})=n-r,R(\boldsymbol{B})=n-s$, 且 $\boldsymbol{\alpha}_1,\boldsymbol{\alpha}_2,\cdots,\boldsymbol{\alpha}_r$ 和 $\boldsymbol{\beta}_1,\boldsymbol{\beta}_2,\cdots,\boldsymbol{\beta}_s$ 为别为 $\boldsymbol{Ax}=\mathbf{0}$

和 $\boldsymbol{Bx}=\mathbf{0}$ 的基础解系. 则由 $r+s>n$ 知方程组

$$k_1\boldsymbol{\alpha}_1+k_2\boldsymbol{\alpha}_2+\cdots+k_r\boldsymbol{\alpha}_r+l_1\boldsymbol{\beta}_1+l_2\boldsymbol{\beta}_2+\cdots+l_s\boldsymbol{\beta}_s=\mathbf{0}$$

有非零解.

33. (1) $R(\boldsymbol{AB})\leqslant\min(R(\boldsymbol{A}),R(\boldsymbol{B})),R(\boldsymbol{A})\leqslant n-l,\ R(\boldsymbol{B})\leqslant n-m\Rightarrow n-R(\boldsymbol{AB})\geqslant\max(l,m)$.

(2) $R(\boldsymbol{A}+\boldsymbol{B})\leqslant R(\boldsymbol{A})+R(\boldsymbol{B})\leqslant 2n-(l+m)\Rightarrow R(\boldsymbol{A}+\boldsymbol{B})<n$.

34. $\boldsymbol{x}=\boldsymbol{A}^{-1}\boldsymbol{b}=\dfrac{1}{|\boldsymbol{A}|}\boldsymbol{A}^*\boldsymbol{b}=(a_{31},a_{32},a_{33})^{\mathrm{T}}$. 因为 $|\boldsymbol{A}|=a_{31}^2+a_{32}^2+a_{33}^2=1$, 所以 $\boldsymbol{x}=(0,0,-1)^{\mathrm{T}}$.

35.(1) $a=2$; (2)$(1,2,0)^T+k(2,1,1)^T$.

36. 由 $R(\boldsymbol{A})=n$(方程组 $\boldsymbol{Ax}=\mathbf{0}$ 只有零解) 和 $\boldsymbol{ABC}=\boldsymbol{O}$ 得 $\boldsymbol{BC}=\boldsymbol{O}$. 同理由 $R(\boldsymbol{C})=p$ 和 $\boldsymbol{C}^{\mathrm{T}}\boldsymbol{B}^{\mathrm{T}}=\boldsymbol{O}$, 可知 $\boldsymbol{B}^{\mathrm{T}}=\boldsymbol{O}$, 从而 $\boldsymbol{B}=\boldsymbol{O}$.

习题 4

1. (1) $-1,3,6$; (2) 18; (3) $1,-2,0$; $|\boldsymbol{A}|=0; R(\boldsymbol{A})=2; \mathrm{tr}(\boldsymbol{A})=-1$;
(4) $t+2s=0$; (5) $a=-1,c=0,b=0$; (6) 0,1,1; (7) $(1,1,1)^{\mathrm{T}},5$.

3. (1) $\lambda_1=2$ 对应的特征向量为 $k_1\boldsymbol{p}_1$, $\boldsymbol{p}_1=(-1,1)^{\mathrm{T}}$, $k_1\neq0$;
$\lambda_2=4$ 对应的特征向量为 $k_2\boldsymbol{p}_2$, $\boldsymbol{p}_2=(1,1)^{\mathrm{T}}$, $k_2\neq0$.
(2) $\lambda_1=-1$ 对应的特征向量为 $k_1\boldsymbol{p}_1$ $(k_1\neq0),\boldsymbol{p}_1=(1,0,1)^{\mathrm{T}}$;
$\lambda_2=\lambda_3=2$ 对应的特征向量为 $k_2\boldsymbol{p}_2+k_3\boldsymbol{p}_3$ (k_2,k_3 不全为零),

$$\boldsymbol{p}_2=(0,1,-1)^{\mathrm{T}},\boldsymbol{p}_3=(1,0,4)^{\mathrm{T}}.$$

(3) $\lambda_1=1$ 对应的特征向量为 $k_1\boldsymbol{p}_1$ $(k_1\neq0),\boldsymbol{p}_1=(5,-5,1)^{\mathrm{T}}$;
$\lambda_2=3$ 对应的特征向量为 $k_2\boldsymbol{p}_2$ $(k_2\neq0),\boldsymbol{p}_2=(0,3,-5)^{\mathrm{T}})$;
$\lambda_3=6$ 对应的特征向量为 $k_3\boldsymbol{p}_3$ $(k_3\neq0),\boldsymbol{p}_3=(0,0,1)^{\mathrm{T}}$.

4. (1) $\boldsymbol{A}^2=\boldsymbol{O}$.
(2) 不妨设 $b_1\neq0$, 对应 $\lambda=0$ 的特征向量

$$k_1(-\frac{b_2}{b_1},1,0,\cdots,0)^{\mathrm{T}}+k_2(-\frac{b_3}{b_1},0,1,0,\cdots,0)^{\mathrm{T}}+\cdots+k_{n-1}(-\frac{b_n}{b_1},0,0,\cdots,0,1)^{\mathrm{T}},$$

$k_1,\cdots,k_{n-1}$ 为不全为零的常数.

5. (1) $\boldsymbol{B}=\begin{pmatrix}1&0&0\\1&2&2\\1&1&3\end{pmatrix}$.
(2) $\lambda_1=\lambda_2=1,\lambda_3=4$.
(3) $\boldsymbol{P}=(\boldsymbol{\alpha}_1,\boldsymbol{\alpha}_2,\boldsymbol{\alpha}_3)\begin{pmatrix}-1&-2&0\\1&0&1\\0&1&1\end{pmatrix}$.

6. (1) $\lambda_1 = a + (n-1)b,\ \lambda_2 = \lambda_3 = \cdots = \lambda_n = a - b$.

λ_1 对应的特征向量为 $\boldsymbol{p}_1 = (1, 1, \cdots, 1)^{\mathrm{T}}$.

$\lambda_2 = \lambda_3 = \cdots = \lambda_n$ 对应的特征向量为

$$\boldsymbol{p}_2 = (-1, 0, \cdots, 0, 1)^{\mathrm{T}}), \boldsymbol{p}_3 = (0, -1, 0, \cdots, 0, 1)^{\mathrm{T}}, \cdots, \boldsymbol{p}_n = (0, 0, \cdots, 0, -1, 1)^{\mathrm{T}}.$$

(2) $\boldsymbol{P} = (\boldsymbol{p}_1, \boldsymbol{p}_2, \boldsymbol{p}_3, \cdots, \boldsymbol{p}_n)$.

7. $\lambda_1 = 6,\ \lambda_2 = \lambda_3 = 1.\quad x = 3$.

8. $u_n = 3 - \dfrac{1}{2^{n-1}}; \lim\limits_{n\to\infty} u_n = 3$.

13. $x = 4, y = 5. \boldsymbol{P} = (\boldsymbol{p}_1, \boldsymbol{p}_2, \boldsymbol{p}_3), \boldsymbol{p}_1 \dfrac{1}{\sqrt{5}}(1, -2, 0)^{\mathrm{T}}, \boldsymbol{p}_2 = \dfrac{1}{3}(2, 1, 0)^{\mathrm{T}}, \boldsymbol{p}_3 = \dfrac{1}{3\sqrt{5}}(4, 2, -5)^{\mathrm{T}}$.

14. $\boldsymbol{A} = \dfrac{1}{3}\begin{pmatrix} 7 & 0 & -2 \\ 0 & 5 & -2 \\ -2 & -2 & 6 \end{pmatrix}$.

15. $\boldsymbol{A} = \dfrac{1}{3}\begin{pmatrix} -1 & 0 & 2 \\ 0 & 1 & 2 \\ 2 & 2 & 0 \end{pmatrix}$.

16. $\lambda_1 = \lambda_2 = 9, \lambda_3 = 3$.

17. $\lambda = 1, -1, 0.\ \boldsymbol{A} = \begin{pmatrix} 0 & 0 & 1 \\ 0 & 0 & 0 \\ 1 & 0 & 0 \end{pmatrix}$.

18. (1) $\lambda_{\boldsymbol{B}} = -2, 1, 1$.(2) $\boldsymbol{B} = \begin{pmatrix} 0 & 1 & -1 \\ 1 & 0 & 1 \\ -1 & 1 & 0 \end{pmatrix}$.

19. (1) $a = -3, b = 0, \lambda = -1$.(2) $\boldsymbol{A}$ 不能相似于对角矩阵.

20. (1) $\begin{cases} x_{n+1} = \dfrac{5}{6}x_n + \dfrac{2}{5}(\dfrac{1}{6}x_n + y_n) = \dfrac{9}{10}x_n + \dfrac{2}{5}y_n, \\ y_{n+1} = \dfrac{3}{5}(\dfrac{1}{6}x_n + y_n) = \dfrac{1}{10}x_n + \dfrac{3}{5}y_n. \end{cases}\qquad \boldsymbol{A} = \begin{pmatrix} \dfrac{9}{10} & \dfrac{2}{5} \\ \dfrac{1}{10} & \dfrac{3}{5} \end{pmatrix}$.

(2) $\lambda_1 = 1, \lambda_2 = \dfrac{1}{2}$.

(3) $\begin{pmatrix} x_{n+1} \\ y_{n+1} \end{pmatrix} = \dfrac{1}{10}\begin{pmatrix} 8 - \dfrac{3}{2^n} \\ 2 + \dfrac{3}{2^n} \end{pmatrix}$.

21. (1) $\lambda_1 = 3, \lambda_2 = \lambda_3 = 0. \boldsymbol{Q} = (\boldsymbol{p}_1, \boldsymbol{p}_2, \boldsymbol{p}_3), \boldsymbol{p}_1 \dfrac{1}{\sqrt{3}}(1, 1, 1)^{\mathrm{T}}, \boldsymbol{p}_2 = \dfrac{1}{\sqrt{6}}(-1, 2, -1)^{\mathrm{T}}, \boldsymbol{p}_3 = \dfrac{1}{\sqrt{2}}(-1, 0, 1)^{\mathrm{T}}$.

22. $|\boldsymbol{A} + \boldsymbol{B}| = -|\boldsymbol{A}\boldsymbol{B}||\boldsymbol{A} + \boldsymbol{B}| = -|\boldsymbol{A}^{\mathrm{T}}||\boldsymbol{A} + \boldsymbol{B}||\boldsymbol{B}^{\mathrm{T}}| = -|\boldsymbol{A} + \boldsymbol{B}|$.

23.(1) 当 $\lambda = 0$ 时,$|\lambda\boldsymbol{E} - \boldsymbol{A}\boldsymbol{B}| = |-\boldsymbol{A}\boldsymbol{B}| = |-\boldsymbol{B}\boldsymbol{A}| = |\lambda\boldsymbol{E} - \boldsymbol{B}\boldsymbol{A}|$;

(2) 当 $\lambda \neq 0$ 时, 对分块矩阵 $\begin{pmatrix} \boldsymbol{E} & \boldsymbol{B} \\ \boldsymbol{A} & \lambda\boldsymbol{E} \end{pmatrix}$ 作初等变换, 得

$$\begin{pmatrix} \boldsymbol{E} & \boldsymbol{B} \\ \boldsymbol{A} & \lambda\boldsymbol{E} \end{pmatrix} \longrightarrow \begin{pmatrix} \boldsymbol{E} & \boldsymbol{B} \\ \boldsymbol{0} & \lambda\boldsymbol{E}-\boldsymbol{AB} \end{pmatrix}, \quad \begin{pmatrix} \boldsymbol{E} & \boldsymbol{B} \\ \boldsymbol{A} & \lambda\boldsymbol{E} \end{pmatrix} \longrightarrow \begin{pmatrix} \boldsymbol{E}-\lambda^{-1}\boldsymbol{BA} & \boldsymbol{0} \\ \boldsymbol{A} & \lambda\boldsymbol{E} \end{pmatrix}.$$

因此, 有

$$|\lambda\boldsymbol{E}-\boldsymbol{AB}| = |\lambda\boldsymbol{E}||\boldsymbol{E}-\lambda^{-1}\boldsymbol{BA}| = |\lambda\boldsymbol{E}-\boldsymbol{BA}|.$$

24. $\boldsymbol{Ax}=\lambda\boldsymbol{x}$ $(\boldsymbol{x}\neq\boldsymbol{0})$. 令 $|x_k| = \max|x_j| > 0$. 考虑第 k 个方程, 即得

$$|\lambda| = \left|\frac{1}{x_k}\sum a_{ij}x_j\right|.$$

25. n 阶实对称矩阵 $\boldsymbol{A}$ 的特征值 $\lambda_1,\lambda_2,\cdots,\lambda_n$, $(\lambda_i\geqslant 0)$.

$$\boldsymbol{A}=\boldsymbol{P\Lambda P}^{\mathrm{T}}=\boldsymbol{P}\sqrt{\boldsymbol{\Lambda}}\boldsymbol{P}^{\mathrm{T}}\boldsymbol{P}\sqrt{\boldsymbol{\Lambda}}\boldsymbol{P}^{\mathrm{T}},\ \boldsymbol{P}\text{正交矩阵}.$$

26. $\boldsymbol{A\alpha}_1=\lambda_1\boldsymbol{\alpha}_1 \Rightarrow \lambda_1=0$, 同理 $\lambda_2=0,\lambda_3=-1$. 矩阵 $\boldsymbol{A}$ 非零得 $R(\boldsymbol{A})\geqslant 1$. 因此方程组 $\boldsymbol{Ax}=\boldsymbol{0}$ 的解空间的维数不超过 2. 而 $\boldsymbol{\alpha}_1,\boldsymbol{\alpha}_2$ 线性无关, 因此方程组的一般解为

$$\boldsymbol{x}=k_1\boldsymbol{\alpha}_1+k_2\boldsymbol{\alpha}_2-\boldsymbol{\alpha}_3.$$

27. (1) $R(\boldsymbol{A})\leqslant R(\boldsymbol{\alpha\beta}^{\mathrm{T}})+R(\boldsymbol{\beta\alpha}^{\mathrm{T}})=2<3$. (3) $\boldsymbol{A}$ 有 3 个互异特征值 $0,-1,1$.

29. (1) $\boldsymbol{A\alpha}=\lambda\boldsymbol{\alpha}\Rightarrow\boldsymbol{AB\alpha}=\lambda\boldsymbol{B\alpha}$. 由于 $\boldsymbol{A}$ 的特征值互异, 因此 $\boldsymbol{B\alpha}$ 必为 $\boldsymbol{A}$ 的某特征值对应的特征向量. 因此, 存在非零数 k 使 $\boldsymbol{B\alpha}=k\boldsymbol{\alpha}$.

(2) 由 (1) 即得.

习题 5

1. (1) $\begin{pmatrix} 1 & 1 & 0 \\ 1 & 2 & -2 \\ 0 & -2 & -1 \end{pmatrix}$; (2) $\begin{pmatrix} 1 & 3 & 2 \\ 3 & 2 & 2 \\ 2 & 2 & 3 \end{pmatrix}$.

2. 因为

$$\boldsymbol{P}^{\mathrm{T}}\begin{pmatrix} a_1 & & \\ & a_2 & \\ & & a_3 \end{pmatrix}\boldsymbol{P}=\begin{pmatrix} a_2 & & \\ & a_3 & \\ & & a_1 \end{pmatrix}, \quad \boldsymbol{P}=\begin{pmatrix} 0 & 0 & 1 \\ 1 & 0 & 0 \\ 0 & 1 & 0 \end{pmatrix}.$$

3. 因为 $\boldsymbol{A}$ 与 $\boldsymbol{B}$ 合同, $\boldsymbol{C}$ 与 $\boldsymbol{D}$ 合同, 则存在可逆矩阵 $\boldsymbol{P},\boldsymbol{Q}$, 使得 $\boldsymbol{P}^{\mathrm{T}}\boldsymbol{AP}=\boldsymbol{B},\boldsymbol{Q}^{\mathrm{T}}\boldsymbol{CQ}=\boldsymbol{D}$. 则

$$\begin{pmatrix} \boldsymbol{P} & \boldsymbol{O} \\ \boldsymbol{O} & \boldsymbol{Q} \end{pmatrix}^{\mathrm{T}}\begin{pmatrix} \boldsymbol{A} & \boldsymbol{O} \\ \boldsymbol{O} & \boldsymbol{C} \end{pmatrix}\begin{pmatrix} \boldsymbol{P} & \boldsymbol{O} \\ \boldsymbol{O} & \boldsymbol{Q} \end{pmatrix}=\begin{pmatrix} \boldsymbol{P}^{\mathrm{T}}\boldsymbol{AP} & \boldsymbol{0} \\ \boldsymbol{O} & \boldsymbol{Q}^{\mathrm{T}}\boldsymbol{CQ} \end{pmatrix}=\begin{pmatrix} \boldsymbol{B} & \boldsymbol{O} \\ \boldsymbol{O} & \boldsymbol{D} \end{pmatrix}.$$

因此结论成立.

5. (1) 标准形 $2y_1^2-y_2^2+5y_3^2$; (2) 标准形 $10y_1^2+y_2^2+y_3^2$.

6. (1)$a=1,b=2$. (2) 标准形 $y_1^2+2y_2^2+5y_3^2$.

7. (1)$a=1,b=2$. (2) 标准形 $2y_1^2+2y_2^2-3y_3^2$

8. $f(\boldsymbol{x})=5y_1^2+2y_2^2-y_3^2, f(\boldsymbol{x})=5$ 表示单叶双曲面.

9. (1) 不正定; (2) 不正定; (3) 不正定.

10. $-2<\lambda<1$.

14. 因为正负惯性指数都不为零, 作可逆线性变换 $\boldsymbol{x}=\boldsymbol{P}\boldsymbol{y}$, 则

$$f(\boldsymbol{x})=y_1^2+\cdots+y_p^2-y_{p+1}^2-\cdots+y_{p+q}^2\ (p>0,q>0).$$

因此, 取 $\boldsymbol{y}_0=(1,0,\cdots,0,\cdots,0,-1)^{\mathrm{T}}, \boldsymbol{x}_0=\boldsymbol{P}\boldsymbol{y}_0$.

16. $c=3$. 椭圆柱面.

17. $a=3$.

18. 因 $\boldsymbol{A}$ 为正定阵,$\forall \boldsymbol{x}\neq\boldsymbol{0}$, 总有 $f(\boldsymbol{x})>0$, 取 $\boldsymbol{x}=(0,\cdots,0,1,0,\cdots,0)^{\mathrm{T}}$(第 i 项为 1), 则 $f(\boldsymbol{x})=a_{ii}>0$, 即 $\boldsymbol{A}$ 主对角线上元素全为正数.

20. 第 1 行左乘 $-\boldsymbol{x}^{\mathrm{T}}\boldsymbol{A}^{-1}$ 加到第 2 行再展开, 得

$$\begin{vmatrix}\boldsymbol{A} & \boldsymbol{x}\\ \boldsymbol{x}^T & \boldsymbol{0}\end{vmatrix}=\begin{vmatrix}\boldsymbol{A} & \boldsymbol{x}\\ \boldsymbol{0} & -\boldsymbol{x}^T\boldsymbol{A}^{-1}\boldsymbol{x}\end{vmatrix}<0.$$

21. 证明 $\boldsymbol{D}$ 与 $\begin{pmatrix}\boldsymbol{A} & \boldsymbol{O}\\ \boldsymbol{O} & \boldsymbol{C}-\boldsymbol{B}\boldsymbol{A}^{-1}\boldsymbol{B}^{\mathrm{T}}\end{pmatrix}$ 合同.

22. 设 $\boldsymbol{\alpha}$ 为矩阵 $\boldsymbol{B}$ 的属于 λ 的特征向量, 则 $\boldsymbol{\alpha}^{\mathrm{T}}(\boldsymbol{A}-\boldsymbol{B}^{\mathrm{T}}\boldsymbol{A}\boldsymbol{B})\boldsymbol{\alpha}>0$ 即证.

23. 由于 $\boldsymbol{A}$ 为正定矩阵, 所以, $\boldsymbol{A}$ 的所有 2 阶主子式和主对角线上的元素全大于零, 故当 $i\neq j$ 时,

$$\begin{vmatrix}a_{ii} & a_{ij}\\ a_{ij} & a_{jj}\end{vmatrix}=a_{ii}a_{jj}-a_{ij}^2>0.$$

因此,

$$a_{ij}\leqslant|a_{ij}|<\sqrt{a_{ii}a_{jj}}\leqslant\max_{1\leqslant i\leqslant n}a_{ii}.$$

故 $\max\limits_{1\leqslant i,j\leqslant n}a_{ij}=\max\limits_{1\leqslant i\leqslant n}a_{ii}$.

24. 构造二次型 $f(\boldsymbol{x})=\boldsymbol{x}^{\mathrm{T}}\boldsymbol{A}\boldsymbol{x}$, 则 $f(\boldsymbol{x}_0)=\sum\limits_{i,j=1}^{n}a_{ij}, \boldsymbol{x}_0=(1,1,\cdots,1)^{\mathrm{T}}$. 另一方面, 存在正交变换 $\boldsymbol{x}=\boldsymbol{P}\boldsymbol{y}$ 使 $f(\boldsymbol{x})\leqslant\lambda\boldsymbol{y}^{\mathrm{T}}\boldsymbol{y}$. 则

$$f(\boldsymbol{x_0})\leqslant\lambda\boldsymbol{y_0}^{\mathrm{T}}\boldsymbol{y_0}=\lambda(\boldsymbol{P}^{-1}\boldsymbol{x_0})^{\mathrm{T}}\boldsymbol{P}^{-1}\boldsymbol{x_0}=\lambda(\boldsymbol{x_0})^{\mathrm{T}}\boldsymbol{P}\boldsymbol{P}^{-1}\boldsymbol{x_0}=\lambda(\boldsymbol{x_0})^{\mathrm{T}}\boldsymbol{x_0}=n\lambda$$

25. 矩阵 $\boldsymbol{A}$ 正定, 则其特征值 $\lambda_i>0\ (i=1,2,\cdots,n)$, 且

$$|\boldsymbol{A}|=\prod_{i=1}^{n}\lambda_i, \mathrm{tr}\boldsymbol{A}=\sum_{i=1}^{n}\lambda_i.$$

由几何平均与算术平均关系即证.

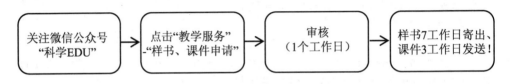